La paleontología en 100 preguntas

La paleontología en 100 preguntas

Adriana Oliver
Francesc Gascó

nowtilus

Colección: 100 preguntas esenciales
www.100Preguntas.com
www.nowtilus.com

Título: *La paleontología en 100 preguntas*
Autor: © Adriana Oliver, © Francesc Gascó
Director de la colección: Luis E. Íñigo Fernández

Copyright de la presente edición: © 2018 Ediciones Nowtilus, S.L.
Camino de los Vinateros 40, local 90, 28030 Madrid
www.nowtilus.com

Elaboración de textos: Santos Rodríguez

Diseño de cubierta: NEMO Edición y Comunicación

ISBN Papel: 978-84-9967-958-7
ISBN Impresión bajo demanda: 978-84-9967-959-4
ISBN Digital: 978-84-9967-960-0
Fecha de publicación: octubre 2018

Impreso en España
Imprime:
Depósito legal: M-29164-2018

Para Héctor, Iñaki y M.ª Antonia

Para Iñaki, Octavio, Julia y Pablo

Índice

VII. Mesozoico:
cuando los dinosaurios dominaban la Tierra

Prólogo

¡Bienvenido! El libro que tienes entre manos puede parecerte un libro común. Un libro corriente, con sus páginas, sus tapas… pero en cuanto empieces a leerlo, descubrirás que es mucho más.

Se trata de un libro sobre paleontología. Y la paleontología es la ciencia que se encarga de estudiar la vida en el pasado, a través de lo que nos queda de esas formas de vida: los fósiles. Y a través de este libro vamos a contarte cómo la paleontología es mucho más que clasificar y etiquetar fósiles. Porque vamos a hacerte el recorrido completo por todo lo que estudia nuestra ciencia. ¡De nuestra mano! Y es que nosotros mismos nos dedicamos a esto de la paleontología, en especialidades diferentes.

Vas a aprender cómo buscamos, localizamos y excavamos yacimientos de fósiles; y vas a conocer de primera mano los yacimientos que nosotros mismos hemos excavado y cuyos fósiles hemos estudiado. Vas a aprender todas las claves necesarias para entender el registro fósil: anatomía, biología evolutiva, geología… y aprenderás cómo hemos llegado a conocer nuestro pasado desde las primeras aproximaciones científicas al estudio de los fósiles, allá por el siglo xvii, hasta las últimas tecnologías que se aplican a la paleontología.

También te vamos a hacer una visita guiada por la historia de la vida en la Tierra, desde el origen mismo de las primeras formas de vida hasta nuestra aparición como actual especie dominante. Vamos a visitar lejanas épocas pobladas por animales de ensueño o de pesadilla, desde invertebrados marinos tan extraños que Alien parece un *perrete* a su lado, hasta los gigantescos dinosaurios saurópodos, que fueron los animales terrestres más grandes que han existido. Vas a conocer cómo la vida ha ido cambiando, evolucionando y adaptándose a una Tierra cambiante… o extinguiéndose en el intento. Y es que la historia de la vida puede llegar a ser aterradora a la par que fascinante.

Pero más allá de escribir un manual más de paleontología, hemos querido transmitir estos conceptos con dos ideas en mente. Por un lado, hemos querido aportar nuestra propia experiencia. Queremos que te emociones con esta ciencia del mismo modo que nos emociona a nosotros, hasta el punto de que hemos dedicado nuestra vida a su estudio. Y por otro lado, queremos eliminar las barreras que se suelen poner con la etiqueta de complicada no solo a la paleontología, sino al resto de ciencias. Los dos autores, además de investigar en paleontología, cada uno en su especialidad, somos divulgadores científicos. Vivimos para acercar la ciencia a la gente. Y para eso, tenemos que llegar a explicarla de una manera sencilla. Nos maravilla la cantidad de millones de años que tiene la tierra, o cómo las formas de vida han ido evolucionando a través de todo este tiempo. Y queremos que cuando leas este libro lo entiendas como nosotros, para que cada vez que te maravilles admirando un fosil o un animal actual, o cada vez que te sientas pequeñito al contemplar las maravillas de la naturaleza, notes un escalofrío como el que sentimos nosotros.

Así pues, esto es mucho más que un libro. Es un manual para interpretar fósiles. Es una guía de viajes en el tiempo. Es un billete para un viaje hasta el origen mismo de la vida para poder contemplar cómo hemos llegado a ser lo que somos durante millones de años.

Gracias por acompañarnos en este viaje. Abróchate el cinturón, prepara tu sombrero de explorador y tu cuaderno de campo. ¿Preparado?

I

Introducción

1

¿Cómo podemos conocer el pasado de nuestro planeta sin haber estado allí?

Esta pregunta tiene una respuesta muy sencilla. Podemos conocer cómo era la Tierra hace muchos millones de años gracias a los diferentes fósiles. Los fósiles son evidencias de organismos (animales o plantas) o de su actividad biológica (ya sean las huellas, los moldes o también sus guaridas, sus excrementos e incluso sus hojas o raíces) que vivieron en el pasado.

Para su correcta conservación es necesario que los restos sean enterrados lo más rápido posible e incluidos en los sedimentos (tierra o material sólido) que darán lugar a las rocas, tras mucha presión y temperatura, y donde millones de años después encontraremos los fósiles.

¿Cuánto tiempo crees que debe pasar para que se forme un fósil? Al menos tienen que pasar diez mil años para que un resto se considere fósil y, aunque parezca increíble, es muy difícil que se den las condiciones geológicas adecuadas para que un organismo pueda fosilizar, por lo tanto, únicamente un porcentaje muy bajo de los animales que vivían en el pasado se han conservado y han llegado hasta nuestros días.

La parte que más fácilmente suele fosilizar es la parte más dura del organismo, porque es la más mineralizada. En el caso de los invertebrados la parte más dura es la concha y el caparazón, y en el caso de los vertebrados son los huesos y los dientes.

Los fósiles son muy importantes porque nos hablan de la evolución de la vida a lo largo de la historia de la Tierra; nos muestran la aparición y desaparición de las diferentes especies a lo largo de la historia del planeta, y nos dan información sobre el clima y el ambiente. Además nos cuentan cómo era la fauna y la flora que habitaban en nuestro planeta o la distribución geográfica y temporal que tenían las especies en las distintas eras geológicas.

Los fósiles se clasifican de la misma manera que los seres vivos actuales, es decir, siguiendo las normas de nomenclatura zoológica. Los dos grupos principales son las plantas y los animales. De las plantas, algunas veces puede fosilizar la planta o el árbol ya sea parcial o completamente. Una única planta puede potencialmente producir muchos fósiles: las hojas, los frutos, las flores, la resina (ámbar), el tronco e incluso la marca de las raíces podrían fosilizar.

De los animales a veces se fosilizan las huellas que dejaron al desplazarse, las mudas o las madrigueras que habitaron. En el caso de los vertebrados, como ya hemos dicho, sobre todo fosilizan los huesos y los dientes, aunque en casos excepcionales se preservan las plumas, los huevos o las partes blandas. A veces también fosilizan restos de sus actividades biológicas como las huellas, sus piedras estomacales o incluso sus excrementos (que se llaman coprolitos).

Como ya hemos explicado, un mismo organismo puede producir numerosos restos susceptibles de fosilizar y convertirse en fósiles a lo largo del tiempo. Vamos a ver unos ejemplos:

Los trilobites, unos pequeños artrópodos con aspecto de cucarachas que vivieron hace 300 millones de años, cuando crecían mudaban su esqueleto externo, de la misma manera que lo hacen los insectos actuales. Sus mudas podían fosilizar. De hecho, así ha ocurrido, y son tan abundantes que se ha podido estudiar todo el estadio evolutivo de estos curiosos animales. Además, han fosilizado las huellas que dejaban al

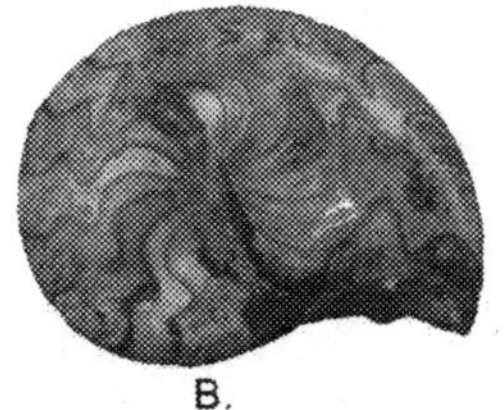
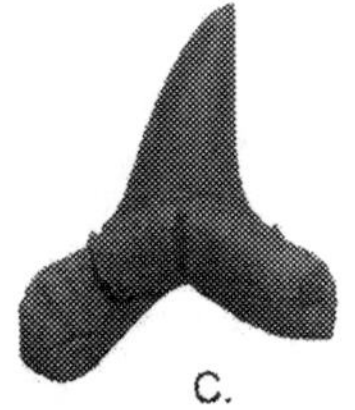

En la naturaleza solo fosilizan un 10 % de los animales y plantas que habitan en la Tierra. El proceso de fosilización es muy complicado e incluye cambios físicos y químicos en los fósiles, desde que el animal o planta muere, y posteriormente es enterrado, hasta que se convierte en roca y es desenterrado. Pese al complicado proceso que sufren los restos para convertirse en fósiles, el resultado puede ser tan maravilloso como los ejemplos que vemos aquí: A. Fósil de una planta, en concreto de un helecho fósil. B. Las partes duras del cuerpo, como las conchas, son las «más fáciles» de fosilizar. En la imagen vemos una concha fósil de un amonite, un animal invertebrado. C. En el caso de los animales vertebrados la parte más dura son los dientes y los huesos. En el ejemplo vemos un fósil de un diente de tiburón. Fotos: Adriana Oliver.

moverse por los fondos marinos. Es un fósil tan característico e importante en icnología (estudio de las huellas fósiles) que tiene su propio nombre, se llaman *cruzianas*, y en algunas rocas son tan abundantes ¡que forman auténticas autopistas!

Otro ejemplo puede ser el de los tiburones. Estos animales están generando y cambiando los dientes constantemente, ¡tienen hasta tres filas de dientes! Imagínate entonces lo habituales que suelen ser estos fósiles. Es mucho más sencillo encontrar un fósil de un diente de tiburón que encontrar un fósil de un tiburón entero.

Los dinosaurios como por ejemplo el terópodo *Oviraptor*, podrían producir fósiles de sus huesos y dientes, coprolitos de sus excrementos o huellas de sus pisadas. Estas últimas nos indicarían si el animal iba corriendo persiguiendo una presa o si en cambio iba andando, e incluso nos podría indicar el tamaño del animal. Pero también podría producir otro tipo de fósiles como los gastrolitos o piedras estomacales que ingería para facilitar su digestión. También podrían encontrarse restos de su nido y sus huevos, porque aunque su nombre significa 'ladrón de huevos' en realidad no robaba huevos a otros dinosaurios sino que empollaba sus propios huevos, como hacen las gallinas o avestruces. En casos excepcionales incluso pueden fosilizar sus plumas ¡o las impresiones de su piel!

Los mamíferos producen también muchos fósiles, reemplazan los dientes de leche, pueden dejar marcas de sus garras, dejan huellas al pasar, producen excrementos o incluso marcas en los animales que comen. Por ejemplo una acumulación de huesos de micromamíferos nos puede indicar que han sido comidos por una rapaz nocturna, como por ejemplo los búhos o las lechuzas, ya que estos animales tras cazar y comerse a sus presas (ratones, ratas, lirones, ardillas, musarañas...) regurgitan una egagrópila, es decir, expulsan por la boca los restos que no han podido digerir; normalmente, pelo, huesos y dientes. En muchos casos estos huesos y dientes tienen marcas de digestión o de corrosión. Los carnívoros también pueden dejar en los huesos de sus presas marcas de digestión ¡e incluso marcas de sus mordiscos! Y hasta los pequeños roedores pueden roer y dejar marcas en los huesos de otros animales. ¿Sabes por qué lo hacen?, pues para enriquecer su dieta en calcio ¿sorprendente, verdad?

2

¿Qué tienen en común Alan Grant (*Jurassic Park*) y Ross Geller (*Friends*)?

Aunque los dos personajes a los que hace mención la pregunta son ficticios, lo cierto es que tanto Alan Grant como Ross Geller comparten una profesión real: son paleontólogos.

El paleontólogo o paleontóloga es una persona que trabaja estudiando e interpretando el pasado de la vida sobre la Tierra a través de los fósiles.

La paleontología viene de tres palabras griegas. *Palaios* que significa 'antiguo', *onto* que significa 'ser' y *logos* que significa 'ciencia', por lo tanto se podría definir como la ciencia que estudia los seres vivos a lo largo del tiempo. Los paleontólogos estudiamos no solo los animales que poblaron la Tierra, sino también las plantas que allí habitaron y todas aquellas actividades que producen los seres vivos, desde una huella o una raíz hasta una cáscara de huevo o una madriguera.

Para ser paleontólogo hay que estudiar paleontología. La paleontología es una carrera de ciencias y hay dos itinerarios para llegar a ella, bien estudiando el grado de Geología, o bien estudiando el de Biología. Si luego queremos seguir haciendo investigación y doctorarnos tendríamos que hacer el Máster de Paleontología, que actualmente en España se oferta en Madrid, Valencia y Barcelona, y finalmente hacer la tesis doctoral, con la que conseguiríamos el grado académico de doctor en Paleontología.

¡Ojo! es muy importante no confundir la paleontología con la arqueología. En paleontología estudiamos los restos naturales, mientras que en arqueología estudian los restos culturales. Además la arqueología es una carrera de letras, a la que se accede estudiando Historia. Para acordarte piensa en los paleontólogos Alan Grant o Ross Geller, que estudian dinosaurios, o Ellie Sattler (*Parque Jurásico*), que estudia plantas, mientras que los arqueólogos como Indiana Jones o Tadeo Jones estudian antiguas civilizaciones. ¿A que ya no se te olvida?

La paleontología es una ciencia fascinante que conlleva tanto trabajo de campo como trabajo de laboratorio. Los paleontólogos excavamos en los yacimientos paleontológicos buscando fósiles, y utilizamos herramientas tan dispares como brochas, pinceles, destornilladores, escobillas, palas o bolsas de plástico.

Normalmente los yacimientos suelen estar en mitad del campo (recordemos que es extremadamente difícil la fosilización), pero en ocasiones pueden aparecer fósiles realizando obras civiles, como es el caso de la trinchera del ferrocarril de Atapuerca (Burgos), el intercambiador de Príncipe Pío o la estación del metro de Carpetana en Madrid, las obras del AVE que proporcionaron el yacimiento de Lo Hueco (Cuenca) o el vertedero de Can Mata en Els Hostalets de Pierola (Barcelona). ¡Y hasta estar en mitad de un campus universitario!, como es el yacimiento de Somosaguas en la Universidad Complutense de Madrid.

Caricatura de la catedrática Nieves López Martínez, paleontóloga de vertebrados. Cortesía de Such. Los paleontólogos usamos diferentes herramientas para extraer los fósiles dependiendo de si las excavaciones son de macrofósiles (fósiles grandes como un rinoceronte, un dinosaurio o un tiburón) o de microfósiles (fósiles pequeños como un roedor o un conejo). Para una excavación de «macro» utilizamos: escoba, capazo, badila o recogedor y destornillador. En cambio, para el estudio de los microfósiles en el laboratorio utilizamos pincel, cajas y lupa binocular. Foto: Wikimedia Commons.

No te creas que una vez que encontramos los fósiles nuestro trabajo termina ahí ¡todo lo contrario! Primero hay que extraerlos del sedimento con muchísimo cuidado. Aunque no lo parezca, los fósiles son extremadamente frágiles. Antes de guardarlos en los sobres (si son de pequeño tamaño) o en los bloques (si son grandes) se deben tomar una serie de medidas y apuntarlas en una hoja de excavación. Se debe apuntar la ubicación exacta del fósil (la longitud, la anchura y la profundidad), el fósil que se ha encontrado (la parte del cuerpo que se ha descubierto, como un cráneo, una falange o un húmero), el animal al que pertenece (por ejemplo si sabemos que el fósil pertenece a un animal o planta concreto escribiríamos el género y la especie, ej: *Velociraptor mongoliensis*, y si no lo sabemos escribimos «indeterminado»). Y en huesos que son largos y tienen una orientación debe tomarse además la longitud, la orientación y la inclinación.

Luego hay que llevarlos al laboratorio, donde se preparan, es decir, se los limpia, se los restaura, se les pegan los fragmentos (en caso de que haya alguna parte rota) y se los consolida mediante una resina para que aguanten en el exterior sin fracturarse.

Y finalmente llega la mejor parte ¡se investigan! Una de las primeras cosas que debe hacerse es medirlos y fotografiarlos. En el caso de los macrovertebrados (animales de gran tamaño como un dinosaurio, un humano o un tigre) se miden con un calibre o con un metro, y en el caso de los microvertebrados (animales de pequeño tamaño como un ratón, un erizo o un conejo) se miden con un micrómetro o con una lupa. Esto nos ayudará con los estudios sistemáticos (para saber qué fósiles son). En este tipo de estudios debe compararse con todas las especies de ese género, usando tanto bibliografía científica (método indirecto), como comparación directa con otros fósiles. En caso de que el fósil no se parezca a nada conocido, debes publicarlo para que lo conozca la comunidad científica. ¡Enhorabuena, has descubierto una nueva especie!

Pero los estudios sistemáticos no son los únicos análisis que pueden hacerse en los fósiles. Hay muchos otros: como los estudios bioestratigráficos que responden a la pregunta ¿qué edad puede tener el fósil? Y es que hay algunos animales que nos permiten averiguar la edad de las rocas y los yacimientos, por ejemplo los roedores. Estos pequeños animales son muy útiles, ya que al reproducirse muy rápidamente, producen cambios morfológicos muy rápidos a lo largo de su historia evolutiva (rápido en tiempo geológico, por supuesto) y tienen una duración temporal corta, lo que permite datar el rango temporal en el que se encuentra la especie y la edad del yacimiento.

Los estudios tafonómicos responden a la pregunta ¿cómo se ha formado el yacimiento?, y es que los yacimientos pueden formarse a la orilla de los lagos, en mares profundos o someros, en ríos o en cuevas.

Los estudios paleoecológicos nos permiten averiguar en qué ambiente vivían los fósiles. Y es que algunos animales son típicos de algún ambiente concreto, por ejemplo si encontramos restos de castores sabemos que el ambiente tenía que ser cercano a un río, ya que estos animales están muy ligados al agua. La presencia de ranas también nos indica una fuente cercana de agua. Los fósiles de plantas acuáticas o de distintos tipos de peces nos permiten incluso saber la profundidad de la columna de agua, si vivían a gran profundidad o en mares poco profundos. ¿A que es sorprendente?

Finalmente los estudios macroevolutivos nos permiten trabajar a gran escala y descubrir los ritmos y modos de evolución de los diferentes animales y plantas que vivían en el pasado.

¿A que es apasionante la paleontología?

3

¿Qué son los cíclopes del Etna? ¿Cuál es su historia?

La historia de los cíclopes del Etna se remonta hasta la antigua Grecia, hace 5000 años, cuando los marineros griegos descubrieron en una cueva de Sicilia, a los pies del Etna, unos enormes huesos que tenían un agujero enorme en la frente. Lo interpretaron sin duda alguna como cíclopes gigantes y salieron huyendo para evitar represalias por haber profanado sus tumbas.

La historia se transmitió de siglo en siglo, ampliándose a nuevos descubrimientos de cíclopes en Creta y Salamina, como reflejan los escritos de Tucídides, Homero, Plinio y Herodoto.

Tanto los árabes, como en la Edad Media y el Renacimiento se seguía hablando de las leyendas de la tierra de los cíclopes. Pero... ¿qué eran en realidad los cíclopes?

En la antigua Grecia creían que los extraños cráneos que había en Sicilia pertenecían a cíclopes, como el famoso Polifemo. En realidad eran cráneos de elefantes pigmeos, que sufrían de enanismo, un curioso fenómeno que se da algunas veces en las islas, y que se conoce como insularidad. Fotos: Wikimedia Commons.

Hoy sabemos que las cabezas de los cíclopes eran en realidad cráneos de elefantes enanos, y el agujero en mitad de la frente una abertura del nasal, donde los ojos aunque pequeños en comparación con el cráneo, estaban situados lateralmente y no en una posición central.

¿Y cómo es posible que hubiera elefantes tan pequeños? En las islas de la costa mediterránea se han encontrado restos que pertenecieron a elefantes enanos que vivieron durante el Pleistoceno Superior (hace entre 126 000 y 11 700 años). Es un curioso fenómeno que se denomina insularidad, por el que los animales de grandes dimensiones tienden a disminuir su tamaño para adaptarse a la limitación de recursos (como en el caso de los elefantes); mientras que los animales de pequeño tamaño (roedores, insectívoros o reptiles) tienden a aumentarlo, bien por falta de depredadores, o por falta de competencia.

Esta curiosa historia nos ilustra cómo a lo largo de los siglos se han encontrado seres míticos, gigantes y dragones, que en la mayoría de los casos eran fósiles de diferentes animales prehistóricos.

La paleontología es una ciencia experimental y deductiva que a través del estudio de los fósiles interpreta cómo eran los diferentes seres vivos que habitaban la Tierra. Los paleontólogos estudiamos las semejanzas y diferencias de la anatomía de los animales y plantas, permitiendo establecer diferencias y analogías entre ellos, o entre sus partes constituyentes. Esto permite identificar los organismos únicamente por una parte de su cuerpo (hueso, concha, etc.) o incluso un fragmento. El mayor problema que nos podemos encontrar es cuando se trata de fósiles que no tienen equivalentes con los organismos actuales. En ese caso hay que recurrir a comparaciones con otros grupos análogos hasta llegar a una interpretación plausible. A esta forma de trabajo se le llama anatomía comparada.

Otra manera en la que los paleontólogos podemos obtener información es estableciendo relaciones entre las estructuras y los órganos de un ser vivo. Esto nos permite reconocer los organismos por cualquiera de sus partes e incluso separar diferentes organismos. A esto se le llama correlación orgánica y fue enunciada por Georges Cuvier en 1798.

También podemos obtener mucha información estudiando las relaciones entre la forma del organismo y la función que desempeñaría en él. A esta disciplina se la conoce como morfología funcional.

Muy útil también es la cronología relativa. Está basada en las relaciones temporales de las rocas, los sedimentos y los fósiles. A su vez, la cronología relativa está basada en el principio de superposición estratigráfica. Este principio fue propuesto por Nicolás Steno y establece que en una secuencia normal, los estratos (las capas de rocas) más antiguos son los que están debajo, y que con el tiempo se van superponiendo unos encima de otros de manera que los más modernos están arriba. Los fósiles que estén en un estrato más bajo serán más antiguos que los que estén en un estrato superior.

El último principio que utilizamos los paleontólogos para obtener información de los fósiles es el actualismo, que fue planteado por James Hutton y desarrollado por Charles Lyell. Se puede resumir con la frase «el presente es la clave del pasado» y explica que los acontecimientos y procesos ocurridos en el transcurso de la historia de la Tierra, incluso los más lejanos en el tiempo, siguen produciéndose en la actualidad.

En el caso de los organismos del pasado supone que estos se regirían por las mismas leyes biológicas que los seres vivos actuales y que estarían organizados de forma equivalente y análoga.

Como puedes ver, en paleontología nos basamos en una gran cantidad de principios básicos de investigación, para que todos nuestros descubrimientos y deducciones tengan validez. ¡Y todo para desentrañar cómo era la vida en la Tierra en el pasado!

4

¿Cómo excavan los paleontólogos?

Seguro que has visto muchas excavaciones en películas. La imagen más habitual es la de esqueletos perfectamente conservados, con todos sus huesos en su sitio, cubiertos por arena como la de una playa paradisíaca, y paleontólogos ataviados con sombreros de aventureros desenterrándolos cómodamente con brochas. Sin embargo, la realidad puede llegar a ser muy diferente. ¡Ojalá fuese tan fácil extraer los fósiles de los yacimientos! ¡Y es que, de hecho, ni siquiera hay una única manera de excavar fósiles! ¿Cómo excavamos realmente?

Primero, hay que olvidarse de esas condiciones ideales. Por ejemplo, tenemos que olvidarnos de esa arena. Pocas veces nos encontramos con yacimientos en los que el sedimento esté tan suelto que podamos barrerlo sin más. Recordemos que los fósiles aparecen dentro de rocas sedimentarias. Si bien en su momento los restos quedaron enterrados en sedimentos, estos con el paso del tiempo y los procesos de diagénesis quedaron transformados en rocas sedimentarias, del mismo modo que los restos de seres vivos en su interior quedaron fosilizados. Y estas rocas, como rocas que son, pueden llegar a ser muy, muy duras. Pueden ser areniscas, más o menos duras. Pero también arcillas, margas, o incluso costras calizas.

Por otro lado, puede que el estrato en el que se encuentran los fósiles esté aflorando perfectamente horizontal, no aparezcan más capas de rocas por encima, y podamos excavar directamente en él, pero otras veces habrá que quitar el estrato que esté por encima para poder excavar el estrato que nos interesa de manera más cómoda. Eso sí, siempre con los ojos muy abiertos, ¡porque quién sabe si encontraremos algún fósil también en este otro estrato de roca! Si tenemos la suerte de que el estrato que hay por encima no tiene fósiles, podremos permitirnos quitarlo con la ayuda de picos y palas, o si es una roca muy dura, con la ayuda de martillos neumáticos. Incluso en algunos casos se usan retroexcavadoras, y antiguamente se solían dinamitar las capas que obstaculizaban el acceso a los fósiles. ¡Nadie dijo que una excavación no incluyera trabajo duro ni maquinaria pesada! Pero ojo, que las capas fosilíferas puedan estar tapadas no significa que nos pongamos a excavar a lo loco en el campo. ¡Nunca nos pondremos a excavar si no hay fósiles ya aflorando que nos indiquen que puede haber muchos más debajo!

En el caso de restos fósiles grandes, que llamamos macrofósiles, el proceso empieza con montar una cuadrícula sobre la zona a excavar. Estas cuadrículas son muy útiles porque nos permitirán dejar constancia en nuestro cuaderno de campo de cómo han aparecido los fósiles. Si juntos, separados, en diferente profundidad o con diferente orientación. ¡Es muy importante tomar todos estos datos de todos los fósiles que encontremos! Para ello, colocamos una serie de varillas en el perímetro exterior del yacimiento formando un cuadrado perfectamente orientado con los puntos cardinales. Estas varillas, separadas siempre a la misma distancia, las conectamos con la ayuda de cuerda o goma que forme la cuadrícula, y en los cruces de cuerdas podemos colocar otra varilla. Así, gracias a esta cuadrícula, cuando aflore algún fósil siempre tendremos cerca dos líneas de la cuadrícula para poder apuntar su posición exacta y su orientación.

¿Y qué usamos para excavar? Lo más habitual es que excavemos con la ayuda de un punzón o destornillador, y cuando la roca es especialmente dura, nos ayudamos de un martillo. La brocha sigue estando presente, pero sobre todo para limpiar bien la zona donde vayamos excavando de ese sedimento suelto que vamos soltando. En cuanto aparece un fósil, pasamos a usar destornilladores y punzones más finos para liberarlos del sedimento que hay a su alrededor con mucho más cuidado, llegando a usar palillos de madera o bambú cuando estamos limpiando con detalle el propio fósil. Y si es necesario y el fósil es frágil, lo fortalecemos con consolidantes.

Imagen de una excavación de fósiles de dinosaurio del Cretácico de Guadalajara, España. Una vez la capa fosilífera está expuesta y empiezan a aflorar fósiles, los paleontólogos usamos gran variedad de herramientas para excavarlos, principalmente punzones o destornilladores, o martillo y cincel. Para limpiar el frente de excavación del sedimento que vamos soltando, usamos pinceles y cepillos. Foto: Francesc Gascó.

Estos consolidantes son sencillamente resinas, que como están disueltas, calan hondo en el fósil a través de sus poros y grietas, endureciéndolo y evitando que se rompa durante su extracción. Una vez el fósil se ha extraído, se envuelve con mucho cuidado en papel y se etiqueta para su traslado al laboratorio, donde lo limpiarán adecuadamente y lo repararán si se ha roto durante su extracción y transporte.

Cuando se trata de fósiles grandes, aparatosos o especialmente frágiles, se cuida más su embalaje. En el caso de fósiles frágiles, se engasan antes de extraer con la ayuda de esas mismas resinas y de gasas semejantes a las que usamos en nuestros botiquines. Y en el caso de piezas grandes, su embalaje se hace en forma de carcasas de escayola o espuma de poliuretano antes de extraerlo por completo del sedimento. Los bloques muy grandes van a necesitar refuerzos de listones de madera o varillas metálicas para que las carcasas no colapsen, y si son muy voluminosos, en ocasiones usamos grúas para levantarlos y camiones para transportarlos hasta los laboratorios.

Por supuesto que estamos hablando en todo momento de una excavación de vertebrados fósiles, pero los fósiles de invertebrados también se excavan. Si la dureza del sedimento lo permite, se excavan como si de huesos se tratase. Pero muchas veces, muchos restos fósiles de invertebrados aparecen en rocas marinas muy duras. En ese caso, suelen sacarse todavía con parte de la roca en la que están incrustados, con la ayuda de martillos y cinceles, y se deja para el trabajo de laboratorio la tarea de liberar del todo el fósil de la roca. De hecho, muchas veces en los yacimientos de vertebrados se actúa de una manera parecida si el fósil es especialmente delicado o frágil: vale la pena dejar el trabajo fino para el laboratorio si corremos el riesgo de perder un fósil importante.

Si el yacimiento es de microfósiles, no obstante, no vamos a poder verlos siempre a simple vista. ¡Una excavación a esa escala sería lenta e interminable! Puede que en origen se hayan encontrado microfósiles durante una excavación rutinaria. Y si estos aparecieran bien conservados, en conexión anatómica, o hablásemos de esqueletos completos, deberíamos excavarlos como si de macrofósiles se tratase, solo que con especial cuidado. Pero no es lo habitual. En este caso, lo que hacemos es recoger una gran cantidad de sedimento de ese estrato para procesarlo. Ese sedimento se seca para que después se disuelva mejor en agua y se hace pasar por tamices (que son como grandes coladores con agujeritos de diferente tamaño), de manera que las partículas más pequeñas de barro y arena pasan a través, y se retienen los fósiles y fragmentos mayores. Si estamos hablando de una roca muy, muy dura, que no se disgrega únicamente por secarla y ponerla a remojo, tendremos que usar productos químicos que disuelvan esta roca sin afectar a los fósiles que haya en su interior. ¡Menos mal que tenemos conocimientos de química!

Una vez que se han lavado todas las muestras de sedimento del yacimiento, tenemos que buscar los fósiles en la muestra restante, y solemos hacerlo con mucha paciencia y la ayuda de una lupa, ya en nuestros laboratorios, durante largas sesiones de cribado, en las que se encuentran y separan los microfósiles.

5

¿Un hacha de sílex es un fósil?

Dedicarse a la paleontología no es muy habitual. Es por eso que, en reuniones de amigos, eventos familiares y demás ocasiones es toda una aventura explicar a qué nos dedicamos. Y es un tema de conversación muy frecuente.

Cuando la gente descubre que somos paleontólogos, siempre llega un momento en que hacen referencia a restos encontrados en lugares que conocen. Y una de esas referencias suele ser de este estilo: «pues en mi pueblo se encontró un poblado íbero» o «en la playa donde veraneo encontraron un montón de ánforas romanas». En ese momento, sacas tu mejor sonrisa y te interesas por los restos que mencionan, mientras te preparas para dar una clase magistral sobre la diferencia entre arqueología y paleontología.

Y es que es muy habitual que se confundan los yacimientos paleontológicos y arqueológicos. ¡Al fin y al cabo, tenemos la imagen de que todos ellos aparecen enterrados, por lo cual en ambos casos se excava! Sin embargo, la definición de fósil y restos arqueológicos es diferente. Veamos qué diferencia a la arqueología de la paleontología. ¡Empecemos por el principio, como debe ser!

La arqueología es la ciencia que estudia las civilizaciones antiguas a través de los restos materiales de estas culturas que se han conservado hasta la actualidad. ¡No se encargan del estudio de los restos de vida del pasado! Así pues, la arqueología se puede considerar una ciencia social o una rama de las humanidades, relacionada con disciplinas como la antropología, la historia y la historia del arte.

Nuestros ancestros empezaron a hacer herramientas hace unos 3 millones de años, por lo que antes de ello no existen «objetos o restos materiales de culturas» que estudiar. Estos primeros utensilios de piedra elaborados por los *Homo habilis* eran toscos, apenas cantos a los que se les añadía un filo golpeándolos con otras piedras, y a esta primera industria lítica la llamamos modo I u olduvayense. Pero esta industria fue perfeccionándose con el tiempo, hasta dar lugar a bifaces o a

La paleontología estudia los restos naturales (fósiles de plantas y animales y la actividad de estos). En cambio, la arqueología estudia los restos materiales de antiguas civilizaciones (restos de construcciones, armas, obras de arte y herramientas). Fotos: Wikimedia Commons.

las puntas de flecha tan elaboradas que encontramos en yacimientos de *Homo sapiens*.

Así que podríamos decir que la arqueología puede dedicarse al estudio histórico de restos materiales de todas las especies (dado que no solo los *Homo sapiens* hemos realizado utensilios), culturas y civilizaciones humanas desde hace 3 millones de años... ¿Pero hasta cuándo? Tradicionalmente se ha asociado la arqueología con el estudio de la prehistoria y la Antigüedad, pero también hay arqueología medieval, moderna o incluso industrial.

La paleontología por su parte se encarga de estudiar los restos fósiles. Los huesos de nuestros ancestros *Homo habilis* de hace 3 millones de años siguen siendo objeto de estudio de la paleontología, y más concretamente, de la paleoantropología o paleontología humana, y pueden ser estudiados como cualquier otro resto fósil de un ser vivo. Pero los utensilios que elaboraban estos humanos ya son objeto de estudio de los arqueólogos. Así que en un yacimiento de fósiles de nuestros ancestros homínidos podemos encontrar a paleontólogos y arqueólogos trabajando juntos codo con codo. Y luego hay quien cree que nos llevamos mal...

Todos los objetos, ruinas, restos arquitectónicos y manifestaciones artísticas que se encuentran desde hace tres millones de años son competencia de estudio de la arqueología, que trata de reconstruir cómo vivían estas civilizaciones: desde cómo pensaban, cómo gobernaban o qué grandes eventos tuvieron lugar en el pasado, hasta cómo era la vida de la gente sencilla en las diferentes épocas. Por eso entre los objetos estudiados por los arqueólogos hay una gran variedad de restos: desde utensilios de uso diario en los hogares, como monedas o agujas, hasta armas de uso en batallas, y lo que queda de cuatro paredes de un hogar hasta la gran pirámide de Kheops.

El paso del tiempo ha hecho que las construcciones e incluso los asentamientos, pueblos y ciudades de las diferentes culturas que han habitado antes que nosotros se hayan ido enterrando. En ocasiones, debajo de nuestras construcciones en nuestras ciudades se encuentran sus equivalentes del pasado. Y es por eso que los arqueólogos también excavan para encontrar los valiosos objetos que estudian. Aunque, debido a que estos sedimentos no han llegado a sufrir diagénesis, están mucho más sueltos y no podemos considerarlos rocas.

Los restos biológicos, como los huesos, ya sean humanos o de otros seres vivos de hace unos 10 000 años son los últimos estudiados por la paleontología. Tras pasar la última glaciación —la llamada Würm—, se considera que estos restos no llegan a fosilizar, y de hecho los sedimentos que los contienen ya no podemos ni considerarlos rocas todavía. Así pues, los últimos restos fósiles son aquellos de la última glaciación e incluyen fósiles de nuestros parientes *Homo sapiens* arcaicos y los seres vivos que convivieron con ellos, como los mamuts y demás faunas típicas de la última glaciación. Este límite nos viene bien también para poder identificar un resto de un ser vivo de alrededor de estas edades: si tiene más de 10 000 años, es realmente un fósil. Si no llega a tener 10 000 años, se le considera subfósil. ¿Y el límite más antiguo? ¡Pues las primeras evidencias de vida, de hace 3700 millones de años! ¡Casi nada!

6

¿Cómo puede fosilizar un dinosaurio?

Con tiempo, ya que la fosilización es un conjunto de procesos físicos y químicos que permite que se conserven restos o señales de organismos del pasado. Al menos tienen que pasar diez mil años para que un resto se considere fósil.

Los procesos de fosilización son muy variados. Por eso vamos a hablar en detalle de alguno de ellos:

Uno de los más importantes es la preservación de elementos esqueléticos, como las conchas y los caparazones en los animales invertebrados y los huesos y los dientes en los vertebrados. Debido a su resistencia y dureza, las partes más duras se conservan con más facilidad que los tejidos blandos, ya que estos últimos son más susceptibles de descomponerse, pudrirse, ser comidos por otros animales, etcétera.

Otro es la permineralización. Consiste en la precipitación de minerales en lugares porosos y oquedades como madera, huesos o conchas. Son muchos los minerales que pueden precipitar. Por ejemplo la silicificación (permineralización por sílice) es relativamente común en los tejidos vegetales haciendo que los troncos se conviertan en fósiles, (también llamados xilópalos). La fosfatación es el remplazamiento de los tejidos blandos por fosfato de calcio y es característico de sedimentos marinos. O la piritización, que se produce cuando la materia orgánica se descompone en condiciones sin oxígeno dando sulfuros de hierro como la pirita o la marcasita. ¡Es espectacular ver una concha de amonites brillando por la pirita!

La preservación de insectos en ámbar o brea es otro proceso de fosilización. Importantes ejemplos los encontramos en el yacimiento de El Soplao (Cantabria), donde hay todo tipo de organismos conservados en resina fósil (ámbar); o en el yacimiento de Rancho la Brea (California), donde todo tipo de mamífero (desde ratones a mastodontes) se ha preservado en la brea.

Finalmente hablaremos de la carbonificación. Este proceso puede darse tanto en el organismo completo como en partes de organismos blandas como hojas, raíces o troncos. Consiste en la sustitución de la celulosa por carbono, y para que se produzca es necesaria la ausencia de oxígeno.

Como acabamos de ver, los fósiles pueden estar constituidos por minerales muy variados y que incluyen la calcita, la dolomita, el apatito, el cuarzo, el ópalo, el yeso, la pirita o el hematites, entre otros.

La fosilización no implica necesariamente la muerte de un organismo. Por ejemplo, de un *Tyrannosaurus* podrían producirse fósiles de algún diente que se le rompiera al alimentarse, de las huellas que dejara al desplazarse o de sus puestas de huevos.

No todos los animales y plantas que habitan en la Tierra pueden fosilizar, únicamente un porcentaje muy pequeño lo consigue. Además, los procesos de fosilización que sufren los restos antes de convertirse en fósiles son muy variados y complejos. En la imagen vemos un helecho carbonificado. Esta es una forma de preservación muy común en las plantas. Foto: Adriana Oliver.

En algunas ocasiones, se preservan tan solo el molde del organismo y no el organismo en sí mismo. Esto se produce cuando el sedimento o los minerales recubren al organismo o lo rellenan. Por ejemplo, una cocha podría producir el fósil de la propia concha cuando el material original se sustituyera por otro mineral, pero si el material original disolviera la concha y el interior se rellenara reproduciendo los caracteres internos del organismo se denominaría molde interno, mientras que si hubicra rellenado el exterior mostrando la morfología externa y la ornamentación, se denominaría molde externo.

Por otro lado, los fósiles pueden presentar diferentes estados de conservación:

Se denomina fósil acumulado cuando el fósil no se mueve del sitio donde fue conservado, es decir, no ha sido ni removido ni desplazado.

Se denomina fósil resedimentado cuando antes de ser enterrado el resto es removilizado, es decir, que el resto es removido. Además, un mismo resto puede sufrir varias resedimentaciones.

Finalmente, se denomina fósil reelaborado cuando un resto parcialmente fosilizado sufre desenterramiento (con o sin desplazamiento) y posteriormente vuelve a ser enterrado. Implicaría que se podrían encontrar fósiles de una edad diferente al sedimento donde se haya emplazado. La reelaboración no es destructiva y un mismo fósil puede sufrir más de un proceso de reelaboración.

7

¿Puedes encontrarte un yacimiento paleontológico paseando por el campo?

En España tenemos la suerte de tener un gran registro fósil de prácticamente todas las eras geológicas. No obstante, encontrarse un yacimiento paleontológico no es tan fácil como parece. Si bien es cierto que durante muchos millones de años la península ibérica fue un mar somero (de poca profundidad) y en él habitaron numerosos animales invertebrados (trilobites, bivalvos, gasterópodos, braquiópodos, amonites...) que fueron extremadamente abundantes, en algunas provincias como Guadalajara, Burgos, Soria, Teruel... sus restos pueden encontrarse paseando por el campo. Conviene recordar que aunque coger un fósil pueda ser una gran tentación, debemos evitarlo puesto que los fósiles son Patrimonio Cultural y no solo nos pertenecen a todos, sino que además están protegidos.

Aquí vamos a hablar de algunos yacimientos especialmente relevantes que están protegidos, y que en muchos casos se pueden conocer mediante visitas guiadas o campañas de excavación.

En primer lugar tenemos Murero. Este formidable yacimiento está situado en la provincia de Zaragoza, y muestra cómo era la fauna del Cámbrico Medio, cuando la península ibérica estaba sumergida y solo había vida en el mar. Destacan los fósiles de moluscos, algas, equinodermos, braquiópodos y sobre todo trilobites, con más de setenta especies descritas. Tiene una edad de 510-530 millones de años.

El yacimiento fue declarado Bien de Interés Cultural en 1997 y tiene una ruta señalizada provista de paneles informativos. Además, cuenta con exposiciones permanentes en el Museo Paleontológico de la Universidad de Zaragoza-Gobierno de Aragón (sala Lucas Mallada y sala Longinos Navás).

Por otro lado tenemos Peñarroyas-Montalbán. El barranco de Peñarroyas-Montalbán en la comarca de Cuencas Mineras (Teruel) está formado por areniscas rojas de edad triásica que se depositaron sobre antiguos ríos. En ellas han quedado preservadas las huellas (icnitas) de las patas delanteras y traseras de dos reptiles primitivos, un pequeño carnívoro (posiblemente un arcosaurio), y un pequeño herbívoro del grupo de los rincosaurios (sin representantes actuales). En el Centro de Paleontología del Parque Cultural del Río Martín (Alacón) hay una réplica del bloque con las huellas, ya que el original se encuentra en el almacén de la Fundación Conjunto Paleontológico de Teruel-Dinópolis. Tiene una edad de 252-201 millones de años.

Otro yacimiento es Yátova. Este yacimiento valenciano de edad Jurásico Superior (160 millones de años) representa un paisaje marino en el primitivo mar Mediterráneo. En esta época grandes extensiones de Europa estaban sumergidas por mares poco profundos, de aguas templadas ideales para la vida marina. En Yátova destacan sobre todo los corales que han dado nombre a una formación geológica, la formación calizas con esponjas de Yátova. Pero además se han descubierto braquiópodos, equinodermos (tanto erizos de mar como lirios de mar), y moluscos de todo tipo, incluyendo bivalvos, gasterópodos y cefalópodos (como ammonoideos y belemnítidos).

También tenemos Las Hoyas. Este excepcional yacimiento situado en la provincia de Cuenca muestra cómo era la fauna en el Cretácico Inferior (con una edad de 125-130 millones de años). Los restos se han encontrado en lajas de calizas litográficas que al ser abiertas mostraban la increíble diversidad de la época de los dinosaurios. Se han encontrado numerosísimos fósiles entre los que destacan: fósiles de invertebrados; restos vegetales de ambiente acuático (como algas) y restos vegetales de borde de lago (como helechos, hepáticas, coníferas y las primeras plantas con flor); diversos tipos de crustáceos; gran variedad de insectos (acuáticos, semiacuáticos y terrestres); gran cantidad de peces; reptiles entre los que destacan los fósiles de dinosaurios, tanto sus huellas y rastros como los esqueletos (dos terópodos *Pelecanimimus* y *Concavenator*, y un ornitópodo *Mantellisaurus*), pterosaurios (reptiles voladores), lagartos y tortugas; restos de esqueletos de aves (*Iberomesornis*, *Concornis* y *Eoalulavis*) y plumas.

Todos los años se realizan campañas de excavación en las que pueden participar los alumnos. Además, en el Museo de las Ciencias de Castilla-La Mancha hay una sala dedicada al yacimiento.

Otros importantes yacimientos son los de Els Ports. Estos yacimientos de dinosaurios de edad Cretácico Inferior están localizados en la comarca de Els Ports (Castellón) y tienen una edad de 114-110 millones de años. Fueron descubiertos a finales del siglo XIX y sus excavaciones, aunque de manera discontinua, continuaron en el siglo XX y XXI. En la actualidad se conocen yacimientos en la localidad de Morella, Cinctorres, Forcall, Todolella, Portell y La Mata. Estos yacimientos han proporcionado restos de saurópodos titanosaurios (como braquiosáridos), terópodos (como espinosauroideos, carnosuaurios y coelurosaurios) y ornitisquios (como anquilosaurios e iguanodóntidos), y reflejan un ecosistema de delta, parecido al delta del Ebro.

El Museu Temps de Dinosaures en Morella alberga las colecciones de fósiles de dinosaurios descubiertos en Els Ports.

De otro yacimiento del que podemos hablar es Utrillas. Este yacimiento turolense encontrado en una mina de carbón cerca de Utrillas puede presumir, junto con Morella, de ser uno de los primeros lugares en España donde se encontraron fósiles de dinosaurios, en la década de 1870. Desde estos primeros descubrimientos pasó casi un siglo hasta que se retomaron las excavaciones. Los restos encontrados han permitido descubrir cómo era la vida del Cretácico Inferior, un paisaje tropical cercano al mar con abundantes zonas pantanosas. Allí vivieron dinosaurios ornitópodos como los iguanodontidos, de unos diez metros de longitud, destacando especialmente *Iguanodon*. Más escasos y fragmentarios han sido los restos de los saurópodos titanosaurios y de terópodos carcharodontosáuridos. También se han encontrado numerosos insectos preservados en ámbar ¡y hasta una tela de araña! Tiene una edad de 110 millones de años.

Otro ejemplo es el yacimiento Lo Hueco. Este asombroso yacimiento ubicado en Fuentes (Cuenca), se descubrió como consecuencia de las obras de construcción del AVE Madrid-Levante. En él han aparecido más de siete mil quinientos restos de enormes saurópodos titanosaurios (*Lohuecotitan pandafilandi* entre otros), terópodos dromeosáuridos y ornitópodos, pero también otros reptiles como lagartos, cocodrilos y tortugas, además de anfibios, peces, moluscos y plantas. Representa una maravillosa ventana al Cretácico Superior en una llanura de inundación fangosa donde abundaban los canales arenosos. Estas llanuras eran ocasionalmente inundadas por agua del mar o por agua dulce e incluso sufrían períodos de desecación. Tiene una edad de 75 millones de años.

Otro yacimiento es Libros. En las minas de azufre de Libros, en la provincia de Teruel, se han encontrado restos de anfibios, entre los que destacan las ranas (*Rana pueyoi* y *Rana quellembergi*) y las salamandras. También se han recuperado serpientes, aves e insectos (libélulas, arañas, dípteros y coleópteros). En las pizarras del yacimiento se han conservado los restos completos de los animales, así como el contorno del cuerpo.

Las colecciones fósiles se encuentran en el Museo del Colegio La Salle de Teruel y en el Museo Nacional de Ciencias Naturales de Madrid. Además, esta espectacular colección puede contemplarse en Dinópolis (Teruel). Tiene una edad de 10 millones de años.

El yacimiento madrileño de Somosaguas presenta un inmejorable acceso, ya que se encuentra en mitad del campus de Somosaguas de la Universidad Complutense de Madrid. La excepcionalidad de los yacimientos de Somosaguas viene determinada por la triple vertiente de acción desarrollada por el equipo que los estudia: científica, académica y divulgativa.

En Somosaguas los restos fósiles registrados derivan de huesos y dientes de vertebrados, con un claro predominio de las especies de mamíferos sobre los reptiles. Son un total de treinta y dos especies que incluyen parientes lejanos de los elefantes, rinocerontes de patas cortas, caballos primitivos, grandes carnívoros, pequeños roedores, ratas lunares y tortugas gigantes, entre otros. Esta singular fauna sería característica de una sabana casi desértica.

Todos los años durante quince días se realizan campañas de excavación gratuitas en las que pueden participar los alumnos consiguiendo a cambio créditos optativos. En el yacimiento se realizan tanto visitas guiadas como jornadas de puertas abiertas. Además, participa en actividades de la Semana de la Ciencia. Este yacimiento cuenta con una pasarela para permitir el acceso a las sillas de ruedas, paneles explicativos y un mural de la fauna y flora con realidad aumentada. Tiene una edad de 17 millones de años.

Otro yacimiento es Can Llobateres, un conjunto de yacimientos paleontológicos emplazados en Barcelona. Proporciona una amplia visión del ecosistema del Mioceno europeo, más húmedo que el resto de yacimientos de la península ibérica. Entre los restos fósiles encontrados destacan los félidos dientes de sable, hienas, caballos primitivos de tres dedos, tapires, dinoterios, jiráfidos u hominoideos como *Hispanopithecus*. Tiene una edad de 9,5 millones de años.

Por otra parte tenemos el yacimiento Cerro de los Batallones. Este increíble conjunto de yacimientos está ubicado en Madrid, en la localidad de Torrejón de Velasco. Son nueve trampas naturales en las que quedaron atrapados carnívoros tras entrar en ellas en busca de presas. El 90 % de la fauna encontrada corresponde a estos animales, sobre todo tigres dientes de sable (*Machairodus* y *Promegantethereon*), perros-oso (*Magericyon*), osos, hienas primitivas, mustélidos gigantes y antepasados de los pandas rojos. Pero también se han encontrado mastodontes (*Tetralopodon*), jirafas de cuello corto (*Decennatherium rex*), caballos de tres dedos (*Hipparion*), pikas, lirones, ardillas, castores, hámsteres, erizos y musarañas. Tiene una edad de 9 millones de años.

Finalmente, podemos hablar del yacimiento Venta del Moro. El yacimiento está localizado en la localidad valenciana de Venta del Moro. Corresponde a un yacimiento de finales del Mioceno, con una edad de 6 millones de años, en el que se encuentra abundante fauna de micromamíferos como ratones, ratas, hámsteres, lirones, puercoespines, castores, insectívoros y conejos. Macromamíferos como mastodontes, jabalíes, camellos, hipopótamos, ciervos, antecesores de los toros, caballos primitivos, rinocerontes, monos y carnívoros como los osos gigantes (*Agriotherium*), hienas, mustélidos o tigres dientes de sable. Además se han encontrado fósiles de reptiles (cocodrilos y tortugas), peces, moluscos, ostrácodos y plantas. Reflejan un paisaje de una antigua laguna con una fuerte alternancia de sequías y lluvias.

8

Es posible que fosilice una pluma de dinosaurio?

Sí, es posible que algo tan excepcional como una pluma pueda fosilizar aunque desde luego no es muy común. Lo más normal es que fosilicen las partes más duras de los animales, ya sea la concha o el caparazón en los animales invertebrados, o los huesos y los dientes en el caso de los vertebrados. Hay algunos yacimientos excepcionales en los que se conservan las partes blandas como las plumas e incluso pueden verse los auténticos colores de los animales.

A continuación vamos a ver algunos de los yacimientos más importantes del mundo:

En primer lugar tenemos Ediacara, un yacimiento australiano en el que se han encontrado fósiles de moldes, impresiones y huellas de organismos pluricelulares de cuerpo blando de edad Precámbrica. Estos fósiles presentan tamaños que van desde pocos milímetros a metros, con formas muy dispares (discos, tubulares, hojas, alargadas...) entre los que se incluyen los ancestros de los cnidarios (corales y medusas), artrópodos o moluscos y otros que no tienen representantes actuales. Tiene una edad de 635-542 millones de años.

Por otro lado está Burgess Shale. En este yacimiento se han conservado de manera excepcional organismos de cuerpo blando del Cámbrico Medio. Algunos de los fósiles encontrados en este yacimiento canadiense pertenecen a grupos con especies actuales como es el caso de los artrópodos, las esponjas, los moluscos o los cordados (donde se incluyen los vertebrados). Y otros fósiles pertenecen a organismos sin representantes actuales, como pueden ser el terrible cazador *Anomalocaris* de un metro de longitud, *Opabinia* con cinco ojos en la cabeza y una especie de trompa frontal o *Hallucigenia* con tentáculos en la parte dorsal y espinas en la ventral. Tiene una antigüedad de 530 millones de años.

También podemos hablar de Rhynie Chert. Es un yacimiento escocés de edad Devónica, con una edad de 419-393 millones de años, en el que aparece representado en un ecosistema de aguas termales la colonización del medio terrestre tanto por plantas como por animales. Se han encontrado fósiles de las primeras plantas terrestres (plantas vasculares y nematófitas), hongos, algas y el liquen más antiguo del mundo, además de varios tipos de artrópodos, entre los que se incluyen los crustáceos, los miriápodos y los ácaros fósiles más antiguos.

Otro yacimiento es Grès à Voltzia. Este yacimiento está ubicado cerca de Strasbourg, en la región francesa de Alsacia. En él ha quedado preservado un ambiente sedimentario deltaico de edad triásica, con sinuosos canales y estanques. Destacan los fósiles de plantas, sobre todo las coníferas, y los fósiles de animales, tanto invertebrados como las medusas, braquiópodos, moluscos o artrópodos (escorpiones, arañas, cangrejos herradura, cangrejos, miriápodos y numerosos insectos tanto acuáticos como terrestres), como los vertebrados, como los peces o los anfibios. Tiene una edad de 240 millones de años.

Otro importante yacimiento es Holzmaden Shale, también conocido como Posidonia Shale. Es un yacimiento de edad Jurásica Inferior ubicado en Holzmaden, Alemania. En esta cantera ha quedado preservada una increíble fauna marina, con fósiles de peces (desde tiburones a peces de esqueleto óseo), bivalvos, crinoides (también llamados lirios de mar) o cefalópodos (sobre todo amonites). Aunque sin duda, los fósiles de reptiles son los más llamativos, destacando los cocodrilos, los plesiosaurios (reptiles marinos con aspecto intermedio entre una serpiente y una tortuga), los ictiosaurios (con aspecto de pez y delfín), los pterosaurios (reptiles voladores) y el dinosaurio saurópodo *Ohmdenosaurus*. Además, se han preservado fósiles de plantas de equisetos y de gimnospermas como los ginkgos o las coníferas. Tiene una antigüedad de 180 millones de años.

Otro yacimiento que podemos mencionar es la formación Morrison. Estos yacimientos estadounidenses de edad Jurásica Superior son quizás uno de los yacimientos de dinosaurios más importantes del mundo. Es una gigantesca extensión de 1,5 millones de kilómetros cuadrados que abarca desde Montana en el norte hasta Arizona y Nuevo México en el sur. Y desde Utah en el oeste a Kansas en el este. Se han obtenido toneladas de fósiles, entre los que destacan los dinosaurios terópodos como *Allosaurus*; los saurópodos como *Diplodocus, Apatosaurus, Camarasaurus, Brontosaurus* y *Brachiosaurus*; los ornitisquios como *Stegosaurus*; así como otros reptiles (cocodrilos, lagartos, tortugas, pterosaurios); anfibios (ranas); peces de varios tipos; mamíferos extremadamente primitivos; moluscos; ostrácodos y plantas (briofitas, equisetos, helechos, cícadas y ginkgos), que sugiere que habitaban en un paisaje fluvio-lacustre con períodos cortos de clima húmedo y tropical. Tiene una edad de 160-145 millones de años.

Otro yacimiento es Solnhofen. En esta localidad alemana se encuentran importantes canteras de calizas, que han proporcionado numerosos fósiles dispersos a lo largo de todo el área minera.

Los fósiles de edad Jurásico Superior representan más de seiscientas especies diferentes, incluyendo plantas, medusas, lirios de mar, cefalópodos (belemnites y amonites), crustáceos, peces, tortugas, reptiles voladores y el dinosaurio *Compsognathus*. Pero sin duda los fósiles más importantes son los de aves, destacando los restos de *Archaeopterix*. Esta ave primitiva se caracteriza por tener caracteres intermedios entre un dinosaurio y un ave moderna, como son la presencia de dientes en el pico y las garras en las extremidades anteriores. Tiene una antigüedad de 150-145 millones de años.

También tenemos el yacimiento Gobi. El actual desierto del Gobi en Mongolia contiene diferentes formaciones geológicas con yacimientos paleontológicos del Cretácico Superior. Destacan especialmente los fósiles de dinosaurios, ya sean huevos o esqueletos completos. Algunas de las especies más emblemáticas son: los carnívoros *Velociraptor, Oviraptor* o *Tarbosaurus*, los herbívoros *Protoceratos* o *Pinacosaurus* y los omnívoros *Gallimimus*. Pero además se han encontrado peces, tortugas, aves (*Gurilynia* y *Judinornis*) y pequeños mamíferos. Tiene una edad de 80-66 millones de años.

El yacimiento de Rancho la Brean está situado en pleno corazón de la ciudad de Los Ángeles. A la izquierda se puede ver una reconstrucción de un mastodonte atrapado en la brea. A la derecha el Museo George C. Page donde están expuestos los fósiles. Fotos: Adriana Oliver.

Otro yacimiento es Messel. En este yacimiento alemán se encuentran conservados esqueletos completos con restos de tejidos blandos, pelo, plumas y hasta fetos de animales. Representa de manera excepcional la fauna europea del Eoceno, donde habitaban peces, insectos, cocodrilos, ranas y tortugas. Marsupiales y pangolines, armadillos, roedores, murciélagos, aves gigantes y cazadoras incapaces de volar (*Gastornis*), pequeños perisodáctilos como *Propalaeotherium* o el primate *Darwinius*. Tiene una antigüedad de 47 millones de años.

Ámbar Báltico es un conjunto de yacimientos de ámbar fósil que se encuentra en la costa báltica, concretamente en la península de Sambia, en Rusia. Representan el 80 % de las reservas de ámbar del mundo. En ellos han quedado preservados de manera excepcional numerosos vestigios de la flora y fauna de la época, entre los que destacan las inclusiones de líquenes, fungi, musgos, gimnospermas (plantas vasculares con semillas), angiospermas (plantas con flor), moluscos, crustáceos o insectos de todo tipo (desde termitas a moscas, pasando por escarabajos, moscas o arañas). Tiene una edad de 40–30 millones de años.

Finalmente podemos hablar de los yacimientos Rancho la Brea. Estos yacimientos se encuentran en la ciudad de Los Ángeles (Estados Unidos) y engloban numerosos pozos de alquitrán, en los que los animales quedaban atrapados y morían.

Representa la fauna norteamericana de la Edad del Hielo, entre la que se incluyen plantas (tanto polen como semillas), moluscos, artrópodos (insectos y arañas), peces, reptiles (serpientes y tortugas), anfibios (ranas y sapos) y aves (cóndores, águilas, halcones, garzas o patos). Además de numerosos tipos de mamíferos, como los enormes mamuts y mastodontes, el tigre dientes de sable *Smilodon*, lobos (lobo gigante y lobo gris), coyotes, mustélidos (mapaches, tejones y comadrejas), tres tipos de osos, perezosos gigantes, caballos, tapires, pecaries, camellos, llamas, ciervos, roedores (ratas, ratones, ardillas y conejos), murciélagos y hasta un esqueleto humano de una mujer, conocido como la mujer de La Brea. Estos yacimientos tienen una edad de 40 000-10 000 años.

9

¿SI ME ENCUENTRO UN FÓSIL ME LO PUEDO LLEVAR A CASA?

Sabemos que es una gran tentación cogerlos y llevárnoslos a casa, pero no debemos hacerlo. Especialmente los yacimientos de vertebrados están protegidos. Los paleontólogos cuando vamos a excavar a un yacimiento, o incluso cuando vamos a prospectar (reconocer un terreno y buscar si es un sitio propenso a que haya fósiles), tenemos que tener un permiso de la comunidad autónoma pertinente. No podemos excavar en cualquier lado. Si no lo tuviéramos y la policía nos parara ¡nos podrían detener!

Tanto los fósiles como los yacimientos paleontológicos forman parte del patrimonio paleontológico. Los fósiles sirven para conocer cómo era la vida en la Tierra, y normalmente van asociados a recursos minerales, a veces incluso forman minerales y rocas, como petróleo o carbón, y multitud de rocas ornamentales. Además, tienen un gran valor museístico y educativo. Los yacimientos paleontológicos se encuentran dentro de los cuerpos rocosos, y pueden sufrir explotaciones mineras, construcción de infraestructuras, desarrollo urbanístico... Por lo tanto, el desarrollo humano tiene un impacto ambiental en

Ejemplos de intervenciones paleontológicas en la Comunidad de Madrid. A la izquierda, ampliación del intercambiador de Príncipe Pío. Durante las obras de ampliación del intercambiador se descubrió un espectacular yacimiento paleontológico, con numerosos fósiles de rinocerontes. Foto cortesía de Susana Fraile. A la derecha, construcción de infraestructuras en la antigua hidroeléctrica de Madrid capital. Foto: Adriana Oliver.

dos sentidos: puede ser destructivo al arrasar yacimientos y fósiles, pero también permite descubrir nuevos y valiosos hallazgos.

El patrimonio paleontológico junto con el patrimonio geológico y arqueológico están incluidos dentro de la Ley del Patrimonio Histórico Español de 1985. Además, los monumentos geológicos y los fósiles están protegidos dentro de la Ley de Patrimonio Natural y de la Biodiversidad de 2007.

Estas leyes de ámbito estatal son las que responden ante situaciones de exportación ilegal o expolio (robo de fósiles), así como gestión de los bienes paleontológicos de Patrimonio Nacional o de servicios públicos (como los museos nacionales).

Pero además, cada comunidad autónoma tiene su propia ley de patrimonio histórico, que gestiona sus propios bienes autonómicos y algunos de titularidad estatal. Por lo tanto, cada comunidad debe gestionar, proteger, desarrollar y divulgar el patrimonio paleontológico. De tal manera que cada vez que se realiza una obra pública (construcción de edificios, ampliación de estaciones de metro o autobús, explotación minera...) es necesario, por ley, la presencia de un paleontólogo (y un arqueólogo) que realicen un seguimiento a pie de obra por si aparecen restos de algún tipo.

Para definir la gestión de los yacimientos paleontológicos hay una serie de criterios que deben ser tenidos en cuenta, entre los que se distinguen dos tipos: criterios científicos y criterios socioculturales. Entre los criterios científicos se incluyen las especies descritas en el yacimiento, el interés bioestratigráfico (si se puede saber la edad), el interés geológico y tafonómico (la historia sobre cómo se ha formado), el estado de preservación o incluso el estado de las colecciones.

En los criterios socioculturales pueden englobarse la singularidad histórica de los yacimientos, si está asociado a otros patrimonios, si tiene interés didáctico y turístico y en qué medida, si está asociado a algún proyecto que lo financie o la accesibilidad al yacimiento, entre otros.

Estos criterios no solo valoran el valor patrimonial de los yacimientos sino también el nivel de protección que necesitan, ya que tanto los yacimientos como los fósiles son públicos y de todos, y debemos protegerlos.

Por lo tanto, si nos encontramos un fósil lo mejor es no cogerlo y notificarlo a la administración, ya sea a través de los museos, la universidad o incluso los ayuntamientos. La institución pertinente evaluará el hallazgo descubierto y actuará en consecuencia. ¿A que sería genial aparecer en los agradecimientos de un artículo por haber descubierto un yacimiento paleontológico?

10

¿Qué relación hay entre Nicolas Cage, Mongolia y la paleontología?

Nicolas Cage protagonizó muy a su pesar una historia relacionada con dinosaurios y Mongolia. Este actor es un gran coleccionista de fósiles y admirador de dinosaurios en general. En 2007 en una galería de subastas de Beverly Hills (California) adquirió un cráneo de dinosaurio por la friolera de 276 000 dólares, es decir, unos 233 779 euros. Era un cráneo de *Tarbosaurus bataar*, un pariente asiático ligeramente más pequeño que el terrible *Tyrannosaurus rex*. Este depredador de hasta 12 m de longitud

Cráneo de *Tarbosaurus bataar*. Homónimo asiático de *Tyrannosaurus rex*.
Foto: Wikimedia Commons.

habitó las estepas de Mongolia y China a finales del Cretácico Superior (hace entre 72 y 66 millones de años).

En 2014, el Departamento de Seguridad Nacional estadounidense contactó con el actor para comunicarle que el cráneo que tenía en su poder probablemente había sido robado. El Servicio de Inmigración y Control de Aduanas de Estados Unidos determinó que el fósil había sido sacado ilegalmente de Mongolia y le exigió su entrega para ser devuelto a la autoridad competente mongola.

Las autoridades estadounidenses dijeron que al enterarse de las circunstancias del espécimen, Nicolas Cage accedió a retornar la pieza. Afortunadamente para ellos, ni el actor ni la galería de subastas fueron acusados de haber cometido actos ilegales.

¿Quieres saber qué ocurrió con el cráneo de dinosaurio? El fósil fue descubierto en el desierto del Gobi de Mongolia y sacado ilegalmente del país. Llegó a Florida (Estados Unidos) en 2006 procedente de Japón, con un documento que decía que era una piedra fosilizada.

Desde el 2012 el Departamento de Seguridad Nacional estadounidense ha recuperado más de una docena de fósiles procedentes de Mongolia, incluyendo tres esqueletos completos de *Tarbosaurus bataar*.

Mongolia criminalizó la exportación de fósiles de dinosaurios en 1924. Considera que todos los fósiles, y especialmente aquellos que provengan del desierto del Gobi y la formación geológica de Nemegt, son propiedad del Gobierno mongol y está prohibida su exportación.

En cambio, en Estados Unidos los fósiles son propiedad del que los encuentra, normalmente suele ser el propietario de la tierra donde se halla el fósil y puede venderlo a su antojo.

Desgraciadamente cada país tiene una ley distinta de protección de fósiles, que en algunos países permite su venta, mientras que en otros está totalmente prohibida.

A parte del ejemplo de Estados Unidos y Mongolia vamos a ver algunos casos más dentro de la Unión Europea:

En España tenemos la Ley de Patrimonio Histórico Español que protege los fósiles y no permite la venta de fósiles nacionales. Sin embargo, es frecuente que haya mercadillos y exposiciones que vendan fósiles de otros países.

En la República Checa los yacimientos paleontológicos no están protegidos automáticamente por la ley como ocurre con los yacimientos arqueológicos, sino que debe establecerse la figura de protección. Únicamente los yacimientos paleontológicos más excepcionales son monumentos naturales, estando prohibidas todo tipo de actividades en ellos. En el resto de yacimientos es posible recolectar fósiles en las escombreras (siempre que se haga con las manos o con martillo, nunca con herramientas mayores) e incluso pueden venderse. La venta fuera del país es legal aunque muy complicada, ya que debe ser aprobada por el Ministerio de Cultura.

En cambio, en Reino Unido es legal comprar y vender fósiles y minerales. De hecho en Inglaterra durante los siglos XIX y XX era muy común esta práctica por parte de los mismos paleontólogos.

En Austria y Alemania los fósiles pertenecen a los propietarios de las tierras, de ahí que muchos paleontólogos y paleontólogas vayan prospectando y comprando los terrenos para formar sus colecciones privadas, que en la mayoría de los casos donan a los museos.

El hecho de que haya leyes tan dispares entre los países dificulta el trabajo de los paleontólogos, por lo tanto, nos gustaría resaltarte a ti, lector, la importancia que tiene que todos protejamos los fósiles e intentemos no comprarlos, ¡ya que son únicos e irrepetibles!

II

PALEONTOLOGÍA GENERAL

11

¿PUEDE HABER FÓSILES EN TODAS LAS ROCAS?

Los fósiles aparecen en las rocas, por eso para poder encontrarlos rastreamos afloramientos rocosos y los excavamos, pero no todos los tipos de rocas pueden contener fósiles. ¿Entonces, en cuáles podemos encontrarlos? Pues para contestarlo, vamos a ver la variedad de rocas que podemos encontrarnos.

¿Qué tipos de rocas existen? Pues esto depende de su origen, ya que se forman rocas tanto en la superficie de la Tierra, como en su interior, y en cada lugar las condiciones y materia a partir de la cual se forman es diferente.

Por un lado, tenemos las rocas ígneas, formadas a partir del magma. Llamamos magma a las rocas fundidas del interior de la Tierra. Y es este magma, cuando se enfría, el que forma las rocas ígneas. ¡Así de sencillo! Pero dependiendo de las condiciones en que ocurra este enfriamiento se forman un tipo de rocas ígneas u otras.

Por ejemplo, las rocas plutónicas se forman cuando el enfriamiento del magma es lento y se produce en profundidad. Al ser tan lento, da tiempo a que lleguen a formarse grandes

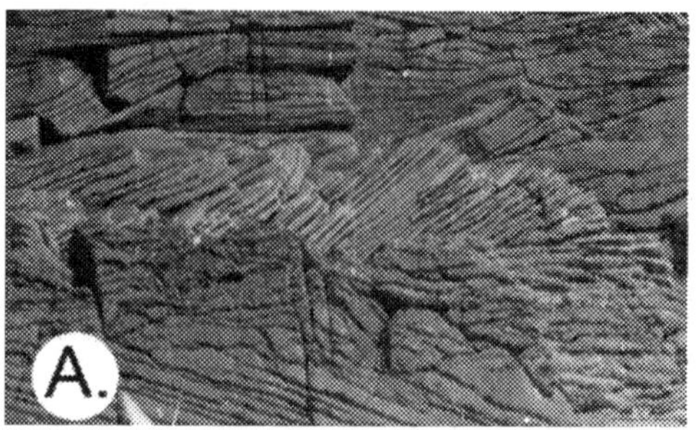

cristales de minerales, y es por eso que, en general, podemos llegar a observar de qué minerales está formada una roca plutónica.

Por otro lado, las rocas volcánicas se forman por un enfriamiento rápido cuando este magma sale a la superficie y da lugar a la lava. Al ser rápido, no da tiempo a la formación de cristales grandes, quedándose como granos pequeños o microcristales, de modo que no se pueden observar los minerales de los que están compuestas a simple vista, teniendo un aspecto uniforme, en ocasiones incluso vidrioso, como es el caso de la obsidiana o vidrio volcánico.

¿Podemos encontrar fósiles en estos tipos de rocas? Pues la verdad es que no. Por un lado no podemos encontrarlos en rocas plutónicas, porque los seres vivos no viven en el interior de la Tierra. Las condiciones de presión y temperatura no son muy amables con las formas de vida que conocemos. E incluso en el caso de las volcánicas, que se forman en la superficie, si la lava cubre los restos de cualquier ser vivo, estos son destruidos. El magma y la vida no son compatibles, vaya.

Otro gran grupo de rocas son las sedimentarias: son rocas formadas por la acumulación y consolidación de sedimentos procedentes de restos de otras rocas. También se incluyen en esta categoría las rocas formadas por precipitados químicos y, en todos los casos, se forman en la superficie terrestre.

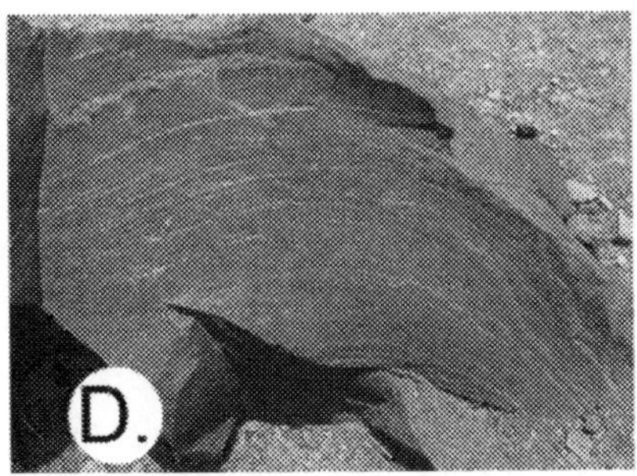

Hay tres tipos de rocas: A. Rocas sedimentarias, en la imagen una arenisca. B. Rocas metamórficas, como los gneis. Por último, encontramos las rocas ígneas o magmáticas, que a su vez se dividen en dos: C. Las rocas plutónicas como los granitos. D. Las rocas volcánicas como los basaltos. Fotos: Wikimedia Commons.

Aquellas que se forman por la sedimentación de fragmentos procedentes de la erosión, transporte y sedimentación de otras rocas las llamamos rocas sedimentarias detríticas. A este grupo pertenecen los conglomerados, las arcillas o las areniscas.

Por otro lado, las no detríticas incluyen las que se producen ya sea por la precipitación de compuestos químicos o por la acumulación de restos de organismos. A este grupo pertenecen las calizas, las tobas calcáreas, las evaporitas, la creta, el carbón o el petróleo.

Y sí, es en este grupo donde encontramos los fósiles, ya que el proceso de fosilización necesita del enterramiento de los restos de los seres vivos, y estos pasan a formar parte de estas rocas sedimentarias. ¡De hecho, algunas de estas rocas están formadas mayoritariamente por fósiles!

El grupo de rocas que nos queda por mencionar es el de las metamórficas: este tipo de roca se forma a partir de otras rocas, cuando se ven sometidas a condiciones de altas temperaturas y presiones. Dependiendo de la roca de la que procedan y del grado de metamorfismo podrán contener fósiles o no. Por ejemplo, las rocas metamórficas que proceden de rocas plutónicas o volcánicas no pueden contener fósiles, pero las rocas metamórficas procedentes de rocas sedimentarias y que se ven sometidas a un bajo grado de metamorfismo, como las pizarras, pueden contener fósiles. ¡De hecho hay muchos fósiles de helechos en pizarras del carbonífero!

Todos estos tipos de rocas están relacionados mediante el ciclo de las rocas. Una roca, independientemente de su origen, puede erosionarse, y sus restos formar una roca sedimentaria al depositarse. Pero también puede ser sometida a condiciones de altas temperaturas y presiones, y transformarse en una roca metamórfica, o llegar a fundirse en el interior de la Tierra para formar parte del magma, que al enfriarse, formaría rocas ígneas.

Como hemos visto, los fósiles aparecerán en rocas sedimentarias (o rocas metamórficas que procedan de rocas sedimentarias y no hayan sido demasiado alteradas). Y dependiendo del medio y condiciones en las que se han formado estas rocas sedimentarias, estas serán diferentes. Aparte de ser detríticas o no detríticas, de grano grande o fino, el lugar en el que se depositen influirá en su estructura. A este aspecto diferente de una roca sedimentaria se le suele denominar facies. Así, a partir de la composición, textura y estructura, los geólogos son capaces de identificar facies fluviales en rocas sedimentarias formadas en cauces de ríos, facies deltaicas, facies de estuario… y esto es de gran interés para reconstruir las condiciones ambientales en las que se formaron los yacimientos.

12

¿Cuál ha sido la principal aportación de los geólogos y geólogas a la ciencia?

Cuando uno trata de contemplar de un vistazo las distintas fases por las que ha pasado la Tierra es normal que se sienta abrumado. La longevidad de la Tierra (4600 millones de años) es tan grande que es difícil hacerse una idea de lo que estamos hablando. Por eso, tener en cuenta la vida de la Tierra a escala humana no tiene sentido. De hecho, los paleontólogos no utilizamos una escala humana, sino una escala geológica, una herramienta que nos permite apreciar los cambios en grandes períodos de tiempo. Cuando alguien nos dice que una cosa sucedió hace un millón de años y que otra cosa sucedió hace mil millones de años los números comienzan a bailarnos y todo se nos vuelve confuso. Esto nos sucede siempre que no tenemos puntos de referencia, por lo tanto, vamos dar una serie de datos que consideramos fundamentales para que nos sirvan de ancla a la hora de poder apreciar y poner en valor datos posteriores.

Cuanto más nos vamos hacia atrás en el tiempo más nos cuesta comprender la cantidad de años que han pasado. Pongamos un ejemplo para verlo más claro. Cuando uno piensa en Egipto, a las personas les suele venir a la cabeza una serie de imágenes arquetípicas como las pirámides, las momias, Ramsés o Cleopatra. De hecho, cuando pensamos en todas estas cosas tendemos a situarlas temporalmente en el mismo período, aunque sabemos que el Imperio egipcio fue uno de los más largos que ha habido. Sin embargo, Cleopatra, que vivió en el año 50 antes de Cristo, está más cerca temporalmente hablando, de un Iphone 7 del 2017, que de las pirámides de Keops (que se construyeron en el 2750 antes de Cristo).

Con la escala geológica sucede algo parecido, aunque no lo parezca. Por lo tanto, vamos a dar unos datos sencillos y por todos conocidos que nos ayudarán a situarnos en la enorme escala geológica de la que hablábamos antes. Los datos a tener en cuenta son:

- Edad de la Tierra: 4600 millones de años.
- Aparición de la vida en la Tierra: 3700 millones de años.
- Primeros seres acorazados: 542 millones de años.
- Aparición de los dinosaurios: 252 millones de años.
- Aparición de los primeros homininos: 3,7 millones de años.
- Aparición del *Homo sapiens*: 200 000 años.

Ahora imaginémonos un reloj con sus veinticuatro horas, la formación de la Tierra marcaría el inicio de las horas, serían las 0:00. Las primeras formas de vida son las cianobacterias y aparecieron hace 3700 millones de años. Eran unas bacterias muy especiales gracias a las cuales comienza a liberarse oxígeno en la atmósfera, serían las 4:00. Hasta que la Tierra no tuvo el suficiente oxígeno en la atmósfera, las únicas formas de vida eran muy sencillas.

No fue hasta hace 542 millones de años cuando aparecieron los primeros seres acorazados, como los trilobites, serían las 21:04. Los dinosaurios, esos grandes reptiles que dominaron el planeta hace 252 millones de años, habrían aparecido a las 22:56 de la noche.

Los *Australopithecus* son los primeros homininos, nuestros antepasados más antiguos, de los que descendemos los humanos. Pues bien, aparecieron hace únicamente 3,7 millones de años en África, serían las 23:45 de la noche.

Finalmente nuestra especie, los *Homo sapiens*, los humanos modernos, que aparecimos hace 200 000 años, habríamos aparecido en nuestro reloj de la vida a las 23:59 de la noche.

¿A que ahora te ha parecido mucho más sencillo? Pues eso es la escala de tiempo geológico. Solo que, en vez de hacerlo con forma de reloj, los geólogos lo hemos hecho de forma lineal, dividiendo la historia de la Tierra en diferentes etapas a partir de grandes eventos biológicos y geológicos.

De hecho, la Tierra la dividimos en diferentes unidades jerárquicas desde su formación hace 4600 millones de años hasta la actualidad. Las unidades mayores serían los eones, luego las eras, los períodos y seguidamente las subdivisiones menores. De manera sencilla y rápida la Tierra se dividiría en dos eones: el Precámbrico y el Fanerozoico.

El Precámbrico es un eón muy largo que abarca más del 85 % de la historia de la Tierra y que se divide en tres, el Hádico, el Arcaico y el Proterozoico.

En el Fanerozoico se produce la explosión de vida. Se divide en tres grandes eras, el Paleozoico caracterizado por la aparición de los primeros organismos con cuerpo duro, donde dominan los invertebrados marinos como los trilobites, los moluscos o los braquiópodos. Pero además en esta era los primeros organismos comienzan a colonizar la Tierra, ¡las plantas, los anfibios y los reptiles empiezan a andar en tierra firme!

El Mesozoico es conocido como la edad de los reptiles, con el dominio absoluto de los dinosaurios y la aparición casi simultánea de los primeros mamíferos, aunque de tamaño y aspecto de ratones.

Finalmente, el Cenozoico, que es conocido como la era de los mamíferos, donde aparecen los grandes grupos y aparecemos nosotros.

13

¿Un *sherpa* que suba al Everest puede encontrarse allí un fósil de un molusco marino?

Un comentario muy habitual cuando la gente se interesa por nuestro trabajo es hacer referencia a experiencias propias suyas: las veces que ellos mismos vieron fósiles en museos o las veces que ellos mismos en el campo encontraron restos fósiles. Así no hablan, por ejemplo, de que han visto fósiles de animales marinos (conchas de moluscos, principalmente) que se encuentran en lo alto de las montañas. La explicación más popularmente extendida que la gente suele darle es que «el mar llegaba hasta allí». Pero ¿qué hay de cierto en esta afirmación? Para responderlo tenemos que hablar del movimiento de las placas tectónicas de la corteza terrestre.

Porque sí, la Tierra se mueve. Seguro que has oído hablar de las placas tectónicas o de la deriva continental, ¿no es así? Sin embargo, se trata de conceptos relativamente nuevos. No fue hasta 1912 que el científico alemán Alfred Wegener propuso su teoría de la deriva continental para explicar cómo los continentes habían estado juntos en el pasado, aunque ahora los veamos separados. Para llegar a proponer esta teoría, Wegener había recopilado muchos datos que le sugerían que los continentes se habían movido a lo largo de la historia de la Tierra. Entre estos datos estaba la presencia de fósiles de plantas y animales comunes en varios yacimientos de Sudamérica, África, la India, Antártida y Australia, lugares que hoy aparecen separados por grandes extensiones de mar. Y las propias formaciones geológicas donde se encontraron estos fósiles eran muy parecidas, como si unas fueran la continuación de las otras, a pesar de tener masas de agua que los separan.

A partir de estos datos, Wegener propuso que en el pasado todos los continentes estuvieron unidos en un gran supercontinente, al que llamó Pangea, que significa 'toda la Tierra' en griego antiguo. Según propuso Wegener, con el tiempo Pangea fue dividiéndose y los continentes habían ido fragmentándose y moviéndose hasta su configuración actual, pero desconocía qué

mecanismo podía ser el que los moviera. Y por eso al pobre no se le hizo demasiado caso durante casi cincuenta años...

Tuvimos que esperar hasta 1960 para que se presentara una nueva teoría que explicara la propuesta por Wegener. Gracias al trabajo de varios científicos, como Marie Tharp, Harry Hess o Maurice Ewing, se propuso la actual teoría de la tectónica

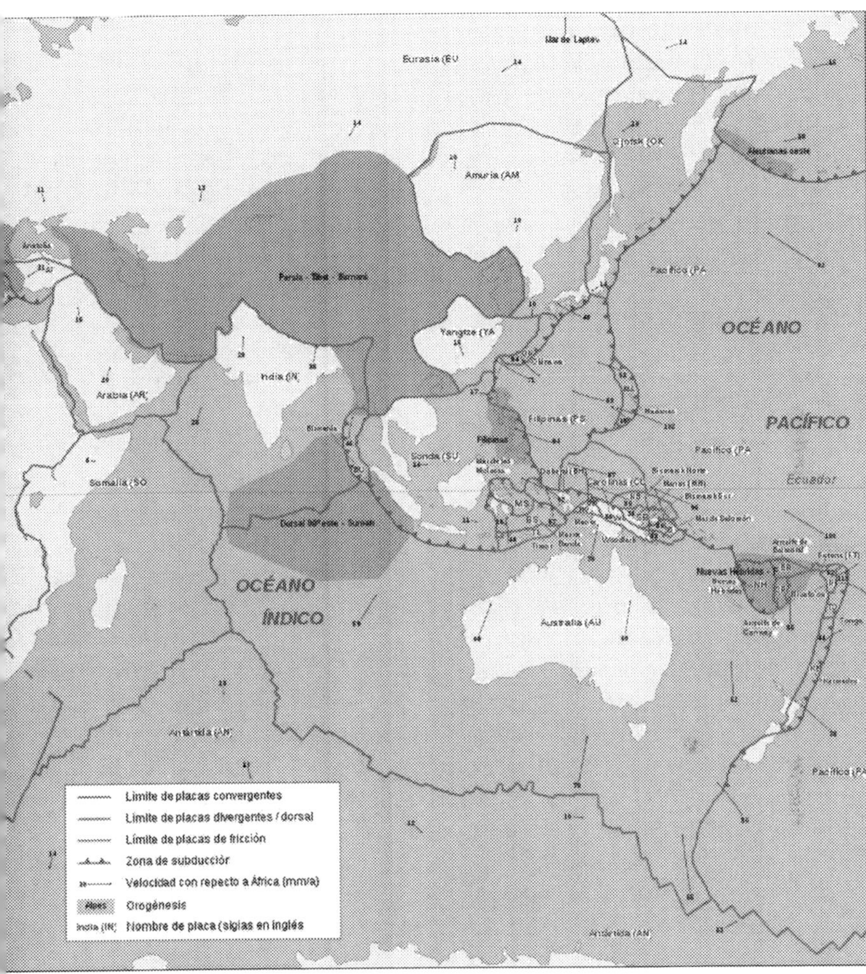

En la Tierra hay numerosas placas tectónicas, quince principales y cuarenta y dos secundarias. Pueden ser de dos tipos, placas oceánicas (formadas por corteza oceánica) y placas mixtas (formadas por corteza oceánica y corteza continental). Foto: Wikimedia Commons.

de placas. Con ella se explica cómo las masas continentales y el fondo oceánico están fragmentados en placas tectónicas que forman la superficie terrestre, mientras que su desplazamiento tiene lugar a lo largo de millones de años, provocado por las fuerzas de convección del interior del manto terrestre.

59

El manto terrestre es la parte del interior de la Tierra entre la corteza y el núcleo, y tiene una parte interna elástica y más sólida, y una parte externa más fluida y viscosa en la que se producen estos movimientos de convección, en parte debidos a diferencias de temperatura de los materiales de los que está compuesto el manto. Esta convección es la responsable de los movimientos de la parte más externa, que es la litosfera. Así, en los lugares en que esta convección separa las masas de la litosfera se genera superficie nueva, como por ejemplo en las dorsales oceánicas. En otros lugares, la corteza se subduce, llegando a fundirse de nuevo en el manto. Estas fuerzas hacen que la corteza terrestre vaya moviéndose y también que las placas vayan fragmentándose en placas menores.

Los límites entre dos placas pueden ser de distintos tipos. Por ejemplo, pueden ser divergentes o constructivos, en los cuales se forma corteza oceánica por su separación, límites transformantes o pasivos, en los que una placa se mueve deslizándose una respecto a la otra, y límites convergentes o destructivos, en los que dos placas chocan y una generalmente subduce bajo la otra. En este proceso de choque de placas, la placa descendente acaba por fundirse en el manto, mientras que la placa que queda en superficie se eleva, proceso que puede formar cordilleras en los continentes o arcos de islas en la corteza oceánica. Y así es como sedimentos depositados en llano, ya sea en ríos o lagos, pueden acabar levantados formando parte de montañas. ¡Tan altas como el Everest!

Por eso a veces en montañas muy altas encontramos fósiles marinos: no significa que en el pasado el mar haya llegado hasta tan alto. ¡Harían falta millones y millones de litros de agua! La explicación es más sencilla: esas rocas que encontramos en la montaña estuvieron a nivel del mar o incluso en el fondo oceánico hace millones de años. Y por el choque de placas tectónicas la corteza terrestre se arrugó y estos depósitos de sedimentos se elevaron centenares de metros lentamente.

De hecho, toda la cordillera del Himalaya es como una gigantesca arruga, resultado de la colisión de la placa índica, que en su momento formaba parte de Gondwana, con el continente asiático. Esta colisión formó parte de la gran orogenia alpina, que ocurrió durante el Cenozoico, y en la cual colisionaron África, la India y Cimmeria con el gran continente eurasiático. En esta colisión se formaron las grandes cordilleras del sur de Europa y Asia, como el Atlas, el Rif, las cordilleras Béticas, los Pirineos, los Alpes, los Cárpatos, el Cáucaso o el ya mencionado Himalaya. ¡También fue cuando se elevaron las islas Baleares desde el lecho del Mediterráneo! Durante este choque, los sedimentos que se encontraban en medio fueron empujados centenares de metros sobre el nivel del mar, elevando con ellos los fósiles que contenían.

Así, y del mismo modo que acabaron sedimentos marinos con fósiles marinos en el Himalaya, también ocurrió en nuestras montañas más cercanas. ¡No es que hubiera tanta agua en la tierra en el pasado, que el nivel del mar estuviese centenares de metros por encima del nivel actual, sino todo lo contrario! Y ahora, cuando alguien saque el tema, también sabrás dar la respuesta.

14

¿Cómo llegaron estos fósiles aquí?

Esa es una pregunta que todo paleontólogo que se precie debe hacerse. ¿Cómo llegaron hasta aquí los fósiles? ¿Qué modificaciones han sufrido? ¿En qué ambiente se encuentran? La respuesta a todas estas preguntas nos las da la tafonomía.

La tafonomía es la parte de la paleontología que se ocupa de los procesos de fosilización que dan lugar a los fósiles. Este término viene de las palabras griegas *taphos* y *nomos* y significa 'las leyes del enterramiento'. Fue propuesto por el paleontólogo ruso Efremov en 1940. La tafonomía se ocupa de estudiar lo que le ocurre a los organismos, cómo han sido producidos, en qué ambiente se produjeron (sabana, bosque, pradera...) y qué modificaciones han experimentado desde que son enterrados hasta que son descubiertos por los paleontólogos.

Para hacer una clasificación más rigurosa de todo esto la tafonomía divide en dos partes todo el proceso. Por un lado está la fase bioestratinómica, que es la que se produce antes del enterramiento y por otro la fase fosildiagenética, que es la que tiene lugar durante el enterramiento.

La fase que estudia los procesos antes del enterramiento (fase bioestratinómica) se centra en la transformación que sufrieron los organismos (o sus partes) antes de ser enterrados. ¿Quieres saber cuáles son estos procesos?

Durante esta fase puede haber cambios en la forma y estructura de los organismos. Por ejemplo, si un resto se rompe y forma nuevos fósiles. Además de la fragmentación, también puede haber descomposiciones y biodegradaciones. O cambios en la composición, como relleno sedimentario o encostramiento (proceso por el que los fósiles son recubiertos por minerales como costras o envolturas).

Los fósiles también pueden sufrir rellenos de sus cavidades con diferentes materiales o incluso sufrir cambios en la ubicación espaciotemporal de los restos. Igualmente, un resto puede desplazarse o sufrir transporte lateral. Por ejemplo, un pez que muere y cae al fondo sufre un desplazamiento pero no un transporte lateral, en este caso se consideraría un fósil autóctono. Mientras que un *Triceratops* que muere y sus huesos al desarticularse se desplazan río abajo durante kilómetros, sufriría un desplazamiento lateral, y el fósil sería alóctono.

Por lo tanto, y a modo de conclusión, podríamos decir que la fase que estudia los procesos antes del enterramiento proporciona información sobre las causas de la muerte del organismo o el tipo de transporte que sufrieron sus restos hasta su enterramiento.

En cambio, la fase que tiene lugar durante el enterramiento (fase fosildiagenética) estudia todos aquellos procesos que tienen lugar desde que los restos son definitivamente enterrados hasta que se encuentran en los yacimientos paleontológicos. En esta fase pueden continuar los procesos de descomposición y de degradación. La oxidación fomenta la descomposición, mientras que la reducción facilita la conservación. El enterramiento rápido suele conservar los fósiles en la mayoría de los casos, aunque todo depende del ambiente, ya que en algunos casos a setenta metros de profundidad sigue produciéndose la acción microbiana y la descomposición.

El proceso más frecuente de esta fase es la mineralización de los restos, que consiste en la adición o sustitución de componentes minerales en la composición y estructura de los elementos conservados. Pero también puede haber relleno sedimentario, recristalización que es cualquier cambio en la

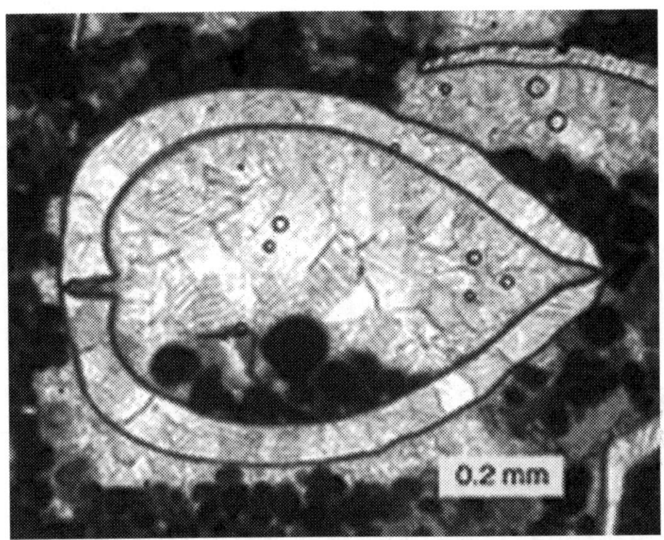

Durante la fase del enterramiento (fase fosildiagenética) este fósil de bivalvo ha sufrido reorientación, relleno con pellets y cementación de calcita. Foto: Wikimedia Commons.

forma, orientación o tamaño de los componentes minerales de un elemento conservado.

Por otro lado, también se encuentra la inversión mineralógica, que es la sustitución de un mineral por otro de distinta estructura cristalina pero más estable. O el remplazamiento de un mineral por otro de distinta composición química. Además, puede producirse la carbonificación de los restos, que es un cambio en la composición química, típico de los restos vegetales o de los animales con esqueleto de quitina (insectos).

En cualquier momento de la fase fosildiagenética (posenterramiento) los restos pueden sufrir una disolución total o parcial y no llegar a fosilizar.

A lo largo de esta fase los fósiles pueden sufrir deformaciones, compresiones o distorsiones debido a la cantidad de tierra que tienen encima o a la tectónica.

Además, los fósiles pueden sufrir altas temperaturas (debidas al vulcanismo y al metamorfismo) y aún así conservarse. Por ejemplo, los lagartos conservados en lava de la isla de Gran Canaria.

Para que te hagas una idea, los tafónomos y tafónomas son como detectives, siempre buscando pistas sobre cómo ocurrió y qué procesos han sufrido los fósiles, a veces consiguen desentrañar todo lo referente a un yacimiento y sus fósiles, y a veces solo una pequeña parte del misterio de la vida en la Tierra. Apasionante, ¿a que sí?

15

¿PODEMOS ESTAR SEGUROS DE LA FORMA Y ASPECTO DE UN ANIMAL ESTUDIANDO SOLO LOS HUESOS?

Todos tenemos muy clara la forma de un hueso desde bien niños, y siempre la dibujamos del mismo modo: una especie de palo o caña, con dos formas redondeadas a ambos lados. Pero como ya somos mayores, vamos a empezar a llamar a las cosas por su nombre, ¿de acuerdo? A la caña la llamamos diáfisis, y a los extremos, epífisis. Esas formas redondeadas, que son los lugares donde se conectan las articulaciones, las llamamos cóndilos. Esta es la forma básica que suelen tener los huesos largos de las extremidades. ¡Solo los de las extremidades, porque los huesos de nuestra columna vertebral, las vértebras y costillas, son muy distintos! Pero además, esto es solo una simplificación. Si miramos de cerca un hueso real de una extremidad, por ejemplo, un fémur, que es el hueso del muslo, y lo comparamos con otro hueso de otra extremidad, como un húmero, su equivalente en el brazo, veremos que en realidad hay diferencias. Y es que los huesos varían mucho en su forma dependiendo de la posición en el cuerpo. Los huesos de una pata delantera no son como los de la pata trasera, y los huesos de la columna vertebral (las vértebras) varían también según su posición. Las vértebras del cuello, que llamamos cervicales, no son como las de la cola, a las que llamamos vértebras caudales. Y por si esto fuera poco, si comparamos el mismo hueso en dos animales distintos, ¡encontramos más diferencias!

Esta es la base de la anatomía comparada, la disciplina que se encarga del estudio de las semejanzas y diferencias en la anatomía de los animales. Si bien los animales y plantas se han clasificado por semejanzas desde hace siglos, esta disciplina científica no nació como tal hasta el siglo XIX. En ese momento, durante el auge del movimiento de la Ilustración, un científico francés, Georges Cuvier, sentó sus bases.

Gracias a este estudio comparado de la anatomía de todos los animales actuales fuimos capaces de identificar a qué grupo pertenecen los huesos fósiles que encontramos. Y es que, por mucho que tanto los dinosaurios como nosotros —o los gatos— tengamos todos vértebras cervicales, por ejemplo, estas son muy diferentes en cada grupo, de manera que podemos llegar a diferenciarlas perfectamente. Y de la misma manera, cuando encontramos huesos aislados en un yacimiento, podemos correlacionarlos con otros esqueletos más completos. ¡Y es que no siempre encontramos esqueletos total o parcialmente completos! Ya nos gustaría…

Incluso dentro de un mismo grupo de animales, o una misma familia, somos capaces de encontrar diferencias en algunos huesos, así como características generales que tengan todos sus miembros en común. Y esto nos permite tanto identificar los grupos a los que pertenecen huesos aislados como proponer cómo podía ser el resto del esqueleto. Porque la anatomía es más parecida cuanto más cercanamente emparentados están los animales y dentro de un mismo grupo la anatomía general es muy conservadora. Por ejemplo, encontrando solo un extremo de un hueso de una extremidad es posible que sepamos identificar si es de una extremidad anterior o posterior, así como el grupo de vertebrados al que pertenece. Y cuanto más podamos afinar el grupo al que pertenece, más fácil será proponer el aspecto del esqueleto completo. ¿Y del resto del animal? ¡Pues también! Pero eso sí, esta reconstrucción del esqueleto deberá ser tratada como una hipótesis de trabajo, que puede ser contrastada, confirmada o refutada conforme se encuentren nuevos restos fósiles del mismo animal.

¡Y la cosa no queda ahí! Los estudios de anatomía comparada no solo se aplican a huesos, sino también al resto del cuerpo, al resto de órganos y sistemas. Y los huesos, lejos de ser lisos, tienen un montón de marcas, bultos y rugosidades en su superficie, dejadas sobre todo por músculos y tendones. Así, comparando estas marcas en los huesos con las de animales actuales, podemos llegar a reconstruir la musculatura

Reconstruccion de *Iguanodon* del siglo XIX. Como no se conocían muchos dinosaurios, su parecido con los reptiles actuales y sus dientes semejantes a los de las iguanas hizo que se reconstruyera como una iguana gigante.

y posteriormente incluso el aspecto de una especie que se extinguió hace millones de años.

En la actualidad, existe una metodología concreta basada en anatomía comparada para reconstruir tejidos blandos en organismos fósiles, que llamamos EPB, siglas en inglés de *Extant Phylogenetic Bracket*, que viene a significar 'paréntesis filogenético de parientes actuales' o 'ahorquillado filogenético de parientes actuales'. Esta metodología sirve para tener un criterio a la hora de reconstruir la existencia de un órgano o tejido blando en un organismo extinto, y se basa en rodearlo de dos representantes actuales, uno más derivado y uno más primitivo. Por ejemplo, para reconstruir tejidos blandos en dinosaurios usamos como marco comparativo a los cocodrilos y a las aves. Y básicamente buscamos esta estructura en estos dos grupos del ahorquillado, para así tomar la decisión de reconstruirlo o no. Cuanto más relacionada esté la presencia de este tejido blando con una estructura en el hueso y si aparece en ambos grupos actuales, menos especulativo será reconstruirla en el organismo fósil que estamos estudiando. Y esta es la metodología que seguimos para reconstruir cada músculo hasta reconstruir el aspecto externo de un organismo extinto, como por ejemplo, un dinosaurio. Normalmente en reptiles, salvo las zonas de acumulación de tejido adiposo o los pliegues de piel, la mayor parte de su morfología externa viene dada por la reconstrucción de su musculatura, por lo que una reconstrucción precisa es menos complicada en estos casos...

Todo esto es posible porque llevamos acumulando décadas de estudio de esqueletos más completos, de estudios musculares de animales actuales, de reconstrucciones del aspecto de estos animales... de manera que cuando identificamos ese fragmento de hueso tenemos toda esa información esperando. ¡No es por arte de magia o por simple imaginación!

En cuanto a los patrones de coloración, es en este caso en el que más especulación necesitamos. La mayoría de las veces se aplica un razonamiento lógico, que combina el estudio de la coloración en sus parientes actuales con inferencias ecológicas referentes a camuflaje. En el caso de los grandes dinosaurios saurópodos, por ejemplo, dado que en la actualidad los animales de mayor tamaño no presentan coloraciones vistosas, se suele representar a los grandes saurópodos con un patrón de coloración poco llamativo, acercándolo a coloraciones pardas y grisáceas. No obstante, incluso eso está cambiando: se han descubierto fósiles de conservación excepcional en el que se conservan los melanosomas, que son los orgánulos que aparecen en los derivados tegumentarios (escamas, plumas) y que portan los pigmentos. Y, dependiendo de la forma y tamaño de estos melanosomas, se puede establecer una correlación con los colores de los animales que los poseen. Asi, por ejemplo, se ha reconstruido a *Microraptor* con plumas de color negruzco con iridiscencias azuladas.

En resumen, la tarea de reconstruir anatómicamente un organismo extinto en la actualidad puede dividirse en una serie de cuatro pasos, con un nivel de inferencia y complejidad ascendentes que parten de la reconstrucción esquelética para realizar una correcta reconstrucción articular y postural, una reconstrucción de los tejidos blandos, musculatura y aspecto externo del animal y, finalmente, su integración en su paleoecosistema.

En cuanto a las metodologías para plasmar estas reconstrucciones representan un abanico de técnicas artísticas que varían desde el simple boceto a lápiz a la escultura, así como sus modernos equivalentes digitales. De hecho, en los últimos años ha sufrido un gran auge tanto la ilustración digital como el modelado en 3D.

Incluso hoy en día la parte de este trabajo que consiste en la comparación y reconstrucción se realiza mayoritariamente gracias al escaneo de esqueletos. Nuevas técnicas permiten articular y reconstruir en 3D la anatomía de estos animales sin tener que estar manejando huesos o réplicas manualmente, y permite hacerlo de manera mucho más precisa. Sin embargo, estas técnicas novedosas necesitan de los mismos conocimientos de anatomía animal que si se realizara una reconstrucción clásica.

16

¿SON TAN BONITOS LOS FÓSILES COMO LOS ENCONTRAMOS EN LOS YACIMIENTOS?

Pues depende. Es cierto que los fósiles son espectaculares y únicos, pero dependiendo de cómo sea el yacimiento, de cómo se haya extraído el fósil y de las propias condiciones de fosilización, estos pueden encontrarse rotos, tener fracturas, estar alterados por las raíces de las plantas, estar erosionados o parcialmente disueltos, aplastados e incluso deformados. Y normalmente necesitan ser consolidados, es decir, que necesitan que se les eche un tipo de pegamento especial para endurecer sus diferentes partes.

Aunque los paleontólogos tenemos todo el cuidado posible, se requiere el trabajo de manos más expertas aún en el tratamiento de conservación y cuidado de los fósiles, por lo tanto, es muy importante el papel del restaurador o restauradora. Esta persona es un especialista que se dedica a conservar y preparar los fósiles usando diferentes técnicas para extraer de la mejor manera posible los fósiles de la excavación, y llevarlas al laboratorio.

Estás técnicas van desde el engasado de los fósiles en el campo, a la preparación en el laboratorio, e incluso la realización de réplicas de resina.

De manera general podemos decir que los pasos que debe seguir un fósil desde que es desenterrado en el yacimiento hasta que es expuesto en el museo son los siguientes:

Lo primero que debemos hacer una vez que hemos descubierto un hueso fósil es excavar con mucho cuidado alrededor suyo, formando un pequeño bloque de tierra, de manera que el fósil quede en una peana o pedestal dentro del resto de la excavación (Figura A). Normalmente este hueso debe ser consolidado para darle rigidez y consistencia, y para ello usamos una resina acrílica diluida en acetona. En ocasiones, con esto no basta, y hay que engasar el fósil, usando gasa de algodón y pegándolo con el consolidante (Figura B).

Una vez que tenemos el fósil listo para la extracción, debemos apuntar sus datos en la hoja de excavación. Estos datos son: elemento anatómico, es decir, qué parte del cuerpo es, a qué animal perteneció, en qué estado de conservación está el fósil, coordinarlo en el espacio (anchura, longitud y profundidad) y, si es necesario, apuntar el tamaño que tiene, la orientación y la inclinación. Para esto nos ayudaremos de una brújula.

Dependiendo del tamaño del fósil, lo trasladaremos al laboratorio de una manera u otra: si es de pequeño tamaño, lo meteremos en un sobre de papel (Figura C); en cambio, si es muy voluminoso o muy frágil, lo trasladaremos en forma de bloque. Este proceso requiere cubrir el fósil con papel higiénico (Figura D) y luego embalar con papel de aluminio y cinta (Figura E). A veces es necesario hacer una momia de escayola o usar un poliuretano para recubrir los fósiles y protegerlos (Figura F).

Una vez en el laboratorio, los fósiles se sacan de los sobres o de los bloques y el restaurador procede a limpiarlos y restaurarlos. Para eliminar los restos de tierra y las concreciones de carbonato se emplean desde bisturíes hasta percutores, ¡e incluso se aplican ácidos!

A continuación, se limpia el fósil con algodón y acetona y en el caso de que sea necesario se pegan los fragmentos rotos. Además, los huecos y las fisuras se rellenan con escayola.

Finalmente, los fósiles se vuelven a consolidar y se siglan. Este proceso es muy importante y consiste en asignarles un

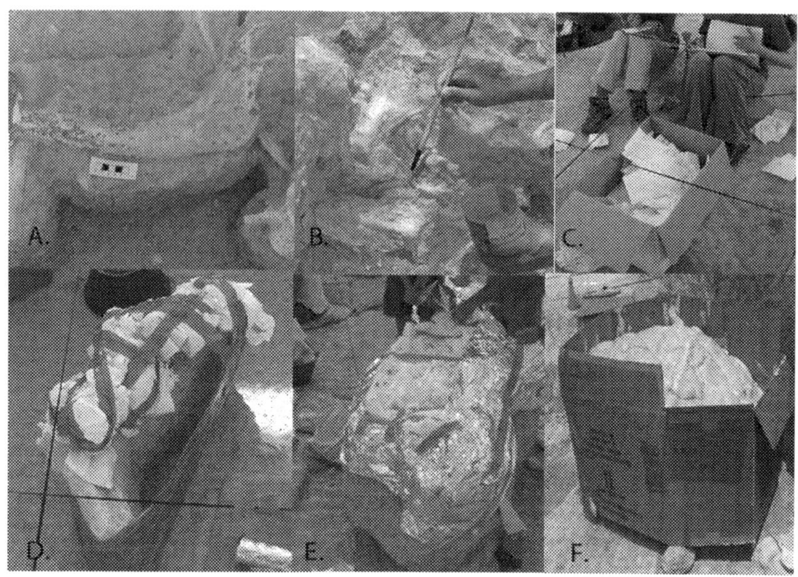

Técnicas de conservación y restauración paleontológicas, tanto en el campo como en el laboratorio. A. Mandíbula de jirafa alrededor de la cual se ha hecho un bloque para extraer el fósil sin romperlo. B. Proceso de engasado de fósiles. Esta técnica consiste en aplicar con un pincel el consolidante sobre la gasa de algodón, que a su vez está colocada encima de la pieza a engasar. C. Toma de datos de los fósiles en las hojas de excavación y posterior guardado de estos en sobres de papel. D. El embalaje de los bloques requiere varias fases. La primera consiste en que los fósiles se envuelvan en papel higiénico. E. En una fase posterior el bloque se embala con papel de aluminio y cinta. F. Finalmente el bloque se recubre con poliuretano. Esta técnica de embalaje se emplea cuando los bloques son muy pesados o frágiles, ya que aunque esta metodología es más cara que hacer una momia de escayola, permite proteger los bloques más fácilmente. Fotos: Adriana Oliver.

número de inventario que servirá para identificar el fósil, como si fuera su DNI.

Muchas veces a los fósiles más excepcionales, característicos, raros o frágiles se les realiza una réplica de resina. Esto permite desde manipular el ejemplar sin riesgo a que sufra desperfectos hasta intercambiar copias con otros museos.

¡Ahora sí, los fósiles ya están listos para su estudio o exposición en el museo!

17

¿Una huella de un animal es un fósil?

Tendemos a relacionar los restos fósiles con la muerte del animal que los forma. ¿Pero es necesario que un animal muera para que dé lugar a un fósil? Pues lo cierto es que no: un mismo animal, hace millones de años, pudo dar lugar a restos biológicos, potenciales fósiles, a lo largo de toda su vida. ¡No solo al convertirse en cadáver! Si recordamos el concepto de fósil, hablábamos de restos directos… pero también de restos indirectos.

Pero empecemos por el principio, hablando de restos directos. Así pues, ¿podemos tener restos directos de un animal mientras todavía estaba vivo? Por supuesto. Por ejemplo, ¡podía haber perdido un diente! ¡Como nosotros cuando vamos al dentista! Pero además, ese mismo animal pudo dejar infinidad de restos indirectos o evidencias de su actividad, como excrementos o huellas.

De hecho, hay toda una disciplina dentro de la paleontología dedicada al estudio de las huellas: la paleoicnología. Estas huellas fósiles reciben el nombre de icnitas. Para formarse, es necesario que un animal haya dejado huellas o rastros de su paso sobre un sedimento o sustrato lo bastante blando como para que se queden impresas las marcas de su desplazamiento —como arena mojada o barro—, y que este quedara enterrado, pasando a formar parte de las rocas sedimentarias. ¡Como cualquier fósil!

Estas huellas pueden ser las que dejaran los vertebrados al andar o correr sobre sustratos más o menos blandos, como arcillas, barros o fangos de las orillas de ríos, lagos o playas, pero también pueden ser las marcas de desplazamiento y alimentación de invertebrados, o incluso las galerías en las que vivían algunos de ellos, como los anélidos (los gusanos). Con la cantidad de invertebrados que viven enterrados en el fango o sobre el fondo marino, imagina la cantidad de potenciales fósiles que hay. A veces estos icnofósiles de invertebrados son tan abundantes que podemos caracterizar una roca sedimentaria por la asociación de estos, formando lo que denominamos

Rastro de huellas de dinosaurio terópodo (carnívoro) del Cretácico Inferior de La Rioja, España. Foto: PXHere.

icnofacies, que son como ventanas a las comunidades de animales que vivían en un cierto lugar en un momento concreto. ¡Un pedacito de un ecosistema, conservado en el tiempo, a través de marcas que dejaron estos animales cuando todavía estaban vivos!

Un icnofósil muy conocido son las cruzianas, la huella dejada por el desplazamiento de los trilobites.

Sin embargo, los icnofósiles más famosos son las huellas de los vertebrados, como las huellas de los dinosaurios. Y es que son igualmente abundantes en rocas del Mesozoico. De las huellas podemos obtener mucha información, porque podemos considerarlas como fósiles del comportamiento de estos animales. ¡Son restos formados por el propio dinosaurio cuando todavía estaba vivo!

Gracias al estudio de las propias huellas, su profundidad, su forma, su tamaño o la distancia entre los pasos, podemos llegar a inferir el tamaño del animal que las dejó, si era bípedo o cuadrúpedo, o si iba corriendo o andando tranquilamente.

Además, gracias a la comparación con los huesos de las patas, se puede llegar a averiguar qué clase de animal fue el que dejó las huellas. Eso sí, es prácticamente imposible llegar a identificar la especie, pero sí que podemos proponer el grupo si sabemos qué animales vivieron en esa zona en la misma edad. Por ejemplo, los terópodos, grupo al que pertenecen los dinosaurios carnívoros, tenían patas traseras con tres dedos, acabados en garras afiladas, de modo que las huellas de tres dedos con marcas de garras habrán sido dejadas muy probablemente por dinosaurios terópodos. A partir de ahí, podemos llegar a afinar más si tenemos un buen registro de patas traseras de dinosaurios terópodos. Así, estudiar la longitud de los dedos del pie o el ángulo que pudieron formar al estar articulados puede darnos pistas sobre qué grupo de terópodos fue el que dejó nuestras huellas. Por ejemplo, durante décadas se encontraron huellas de dinosaurio terópodo de gran tamaño en yacimientos de finales del Jurásico de la península ibérica, como en Alpuente (Valencia) o El Castellar (Teruel). La comparación con los huesos de las patas traseras de dinosaurios terópodos de estas edades y el estudio de los dientes de terópodo, encontrados en yacimientos cercanos de estas mismas edades, permitió sugerir que estas huellas pudieron dejarlas grandes megalosaurios.

Un caso excepcional son los terópodos del grupo de los deinonicosaurios: uno de sus dedos portaba una garra enorme, y lo llevaban levantado para que esta garra no fuera rozando con el suelo. De manera que, si encontramos huellas de tipo terópodo, pero con marcas de apoyo de solo dos dedos, lo más probable es que sean huellas de un deinonicosaurio. A este grupo pertenecen los dromeosaurios, como *Velociraptor*. ¿A que ya te suenan más?

Del mismo modo que hay asociaciones de icnofósiles de invertebrados, podemos llegar a tener asociaciones de huellas de vertebrados, lo que nos permite saber qué animales convivieron, y en algunos casos excepcionales, estudiar sus comportamientos. Por ejemplo, en algunos yacimientos con huellas de dinosaurios fitófagos —herbívoros— pertenecientes a los saurópodos —gigantescos dinosaurios de cuello largo— o hadrosaurios —los comúnmente llamados dinosaurios con pico de pato— se han encontrado huellas de diferente tamaño juntas, lo que indica una posible vida en comunidad con individuos de varias edades formando parte de una misma manada.

Hay algunos yacimientos excepcionales, como el yacimiento Virgen del Campo en Enciso, La Rioja, en los que se reúnen muchas características de interés. Por ejemplo, en él hay descritas más de quinientas icnitas de dinosaurio. Además de las propias huellas han quedado fosilizadas impresiones de su piel, señales del arrastre de la cola e incluso arañazos de las garras de los dinosaurios al nadar. También están fosilizadas las huellas que han sido interpretadas como el inicio de una pelea entre un dinosaurio terópodo y otro ornitópodo. Incluso en ese mismo yacimiento hay marcas dejadas por el barro deslizado debido a un fuerte terremoto, así como las habituales rizaduras producidas por el oleaje. ¡Toda una joya de yacimiento!

En la actualidad, se están aplicando escaneos, modelos 3D y estudios biomecánicos para averiguar cómo andaban los dinosaurios y cómo dejaron las huellas que encontramos en estos yacimientos. ¡Pero no solo de dinosaurios viven los paleoicnólogos! Se conocen huellas de muchos grupos de vertebrados. ¡Incluso de homínidos! De hecho, hay un yacimiento en Laetoli (Tanzania, África) en el que se han conservado huellas de homínidos de hace 3,7 millones de años ¡que demuestran que ya éramos bípedos por aquel entonces!

18

Si descubro un nuevo fósil ¿cómo se le llama?

Desde la Antigüedad a los humanos siempre nos ha interesado ordenar y clasificar otros seres vivos. Hoy sabemos que los animales y las plantas solo representan una pequeña parte de la inmensa variedad de seres vivos que hay en la tierra. A día de hoy, se han logrado identificar alrededor de 1,8 millones de especies en todo el mundo, pero se cree que podría haber entre 4 y 100 millones de especies. Eso sin contar con las especies extintas.

Por cada especie que habita la Tierra a día de hoy hubo noventa y nueve especies que desaparecieron anteriormente, por lo que el cálculo se podría disparar hasta unos números elevadísimos.

Por supuesto, para poder estudiar esta ingente cantidad de seres vivos, los seres humanos han buscado a lo largo de los siglos características que emparentaran unas criaturas con otras. Estas clasificaciones fueron variando con el tiempo en función de los conocimientos que se tenían en la época.

El primero en intentar clasificar la naturaleza fue Aristóteles. El filósofo naturalista clasificó los seres vivos en dos reinos tras observar quinientas veinte especies distintas: el reino vegetal y el reino animal.

Tras múltiples intentos, finalmente se aceptó la clasificación propuesta por Carlos Linneo (en realidad Carl Nilson Linnæus) en 1731. A este importante naturalista sueco se le considera el padre de la taxonomía. El término taxonomía proviene de dos palabras griegas, *taxis* que significa 'ordenamiento' y *norma* que significa 'regla', y es la ciencia que se encarga de nombrar, describir y clasificar los seres vivos. Linneo desarrolló el sistema de nomenclatura binominal, que consiste en la clasificación jerárquica de los seres vivos, de manera que cada categoría incluya a la categoría inferior en ordenación escalonada.

Veamos un sencillo ejemplo: nosotros los humanos pertenecemos a la especie *Homo sapiens*, si desglosamos de mayor a menor pertenecemos al reino: animal; filo: cordado; clase: mamífero; orden: primates; familia: homínidos; tribu: hominini; género: *Homo*.

El nombre de la especie consta de dos nombres latinos; el primero es el nombre del género y el segundo es el epíteto específico. El nombre de la especie es el conjunto de esas dos palabras y se escribe en cursiva (Ej: *Homo sapiens*). ¿Sabes por qué los nombres científicos están siempre escritos en latín o griego?, para que así los científicos de diferentes partes del mundo se entiendan cuando hablen de ellos.

Igual que a los organismos vivos, a los fósiles también se les denomina con este sistema binomial. Si hacemos una ordenación del *Tyrannosaurus rex* igual que hicimos con el *Homo sapiens* descubrimos que el tiranosaurio pertenece al reino: animal; filo: cordado; clase: sauropsida; orden: saurischia; familia: tyrannosauridae; género: *Tyrannosaurus;* especie: *Tyrannosaurus rex*.

En muchos fósiles no se puede decidir a qué especie pertenecieron y en esos casos solo se usa el nombre del género (Ejemplo: *Megacricetodon* sp.).

Cuando tras mucho investigar, un científico descubre una nueva especie, lo primero que tiene que hacer es comparar los fósiles de los huesos o dientes con las demás especies de ese género para comprobar que no es la misma especie.

Lo ideal es hacer una comparación directa de las medidas y morfología, es decir, comparar físicamente si los fósiles son diferentes o no. En caso de que esta comparación directa no sea posible, por ejemplo, porque los fósiles estén almacenados en un museo o universidad de otro país, se deben examinar y comparar todas las especies relacionadas que hayan sido publicadas en artículos científicos.

Una vez que tenemos claro que es una nueva especie hay que darle un nombre de acuerdo al Código Internacional de Nomenclatura Zoológica. Este nombre debe estar en latín y declinado de acuerdo con las normas de declinación latinas.

El nombre de la especie puede darse en honor a una persona (por ejemplo el hámster *Cricetodon soriae* fue dedicado a la paleontóloga Dolores Soria, *soriae* es la declinación latina del apellido Soria). Puede dedicarse a un lugar, como por ejemplo el país donde se descubrió el fósil (en el caso del *Velociraptor mongoliensis*, Mongolia es el país del descubrimiento). O puede dedicarse a cualquier otra cosa (el dinosaurio *Dracorex howartsia* por la escuela donde estudiaba Harry Potter; el dinosaurio *Sauroniops pachytholus* por el ojo de Sauron de *El señor de los anillos*; el artrópodo fósil *Han solo* de *La guerra de las galaxias*; o los trilobites *Avalanchurus lennoni* y *Avalanchurus starri* dedicado a los Beatles John Lennon y Ringo Starr). ¡Pero ojo con los ataques de ego, una norma no escrita es la de no autodedicarse especies!

Por otro lado, los artículos científicos tienen una estructura muy concisa y clara, que consta de los siguientes apartados: una primera página en la que aparece el título, los autores del trabajo y sus afiliaciones, un resumen del trabajo y unas palabras clave.

A continuación la introducción, donde se habla de los antecedentes, los objetivos y la localización.

En el apartado de material y métodos se comenta el material estudiado, dónde se almacena, la metodología que se

SYSTEMATIC PALEONTOLOGY

Order RODENTIA Bowdich, 1821
Family MURIDAE Illiger, 1811
Subfamily CRICETODONTINAE Schaub, 1925
MEGACRICETODON Fahlbusch, 1964
MEGACRICETODON VANDERMEULENI, sp. nov.
(Fig. 5A–T)

Megacricetodon sp. A Van der Meulen and Daams, 1992:230, 240, 242, fig. 1, table 2, appendix 1, table A1.

Megacricetodon sp. Daams et al., 1999a:126, fig. 1, 127.

Megacricetodon n. sp. 1 Van der Meulen et al., 2012:8.

Holotype—m1 dext, FTE4-177 (Fig. 5O).

Etymology—Dedicated to our colleague and friend Dr. Albert J. van der Meulen.

Type Locality and Horizon—Fuente Sierra 4, province of Zaragoza, Calatayud-Montalbán Basin, Spain (local zone Db, MN5, middle Aragonian, middle Miocene).

Paratype—M1: FTE4-36, FTE4-63, FTE4-65, FTE4-67

Other Localities—From the Calatayud-Montalbán Basin: La Col D (Fig. 6N–Z) and Valdemoros 8A (Fig. 6A–M)

Measurements—See Table 1.

Diagnosis—Large-sized species of *Megacricetodon* (M1 mean length <1.70 mm), with robust and swollen cusps. Elongated first lower molars (long anterolophulids), anteroconid of m1 (never deeply split) with 'crescent' shape. Mesolophids of short to medium length in m1 and m2.

Ejemplo de publicación científica de una nueva especie. En la imagen vemos un detalle del apartado de paleontología sistemática, con los subapartados correspondientes. En este caso la nueva especie es un hámster descubierto en Zaragoza, en la cuenca de Calatayud-Montalbán, de una edad comprendida entre 15,8 y 15,6 millones de años. Modificado de una publicación de Oliver & Peláez–Campomanes del 2013.

ha usado para medir los huesos o dientes y para describirlos, los aparatos que se han empleado para hacer fotos, medir o hacer reconstrucciones en 3D, entre otros.

El apartado de paleontología sistemática es uno de los más importantes cuando describimos una nueva especie, e incluye los siguientes subapartados: clasificación lineana del fósil; holotipo, que es el fósil de referencia que se usa para describir una nueva especie, puede ser un único diente, un cráneo, un hueso o un esqueleto completo (en el ejemplo es un único diente). Etimología, por qué se llama así la especie (en el ejemplo está dedicada al paleontólogo holandés Albert J. van der Meulen). Localidad tipo y edad, que es donde se ha encontrado la nueva especie y la edad que tiene. Paratipo, son aquellos fósiles que pertenecen a la misma especie pero no son el fósil de referencia, (en el ejemplo de la figura, los paratipos son otros dientes que se han encontrado en el mismo yacimiento, y el resto pertenecen a otros yacimientos pero de la misma cuenca sedimentaria). Medidas del holotipo, son las medidas que tiene el fósil de referencia. Diagnosis de la nueva especie, es una breve descripción de la nueva especie, especificando qué rasgos la diferencian y la hacen única. Diagnosis diferencial, consiste en comparar la nueva especie con otras especies del mismo género. Descripción del material, es la descripción detallada de la nueva especie, ya sean los dientes, las partes del esqueleto o del cráneo. El orden de estos subapartados puede variar en función de la revista científica en la que se publique.

Los siguientes apartados son discusión y resultados, y dependiendo de la revista científica suelen estar juntos o separados. En ellos se presentan los resultados, mostrando gráficas y figuras. Puede tener subapartados en los que se incluyan entre otros las hipótesis filogenéticas (relaciones con otras especies), la bioestratigrafía (qué edad tiene la nueva especie y qué relación estratigráfica presenta), la paleogeografía (en qué zonas geográficas se encuentran) o la paleoecología (qué ambiente y ecosistema ocupaba la especie).

Los tres últimos apartados de los artículos son las conclusiones, los agradecimientos y las referencias bibliográficas. Todos ellos imprescindibles y necesarios.

Pero el trabajo del científico no acaba ahí, una vez que el artículo está escrito debe enviarse a una revista y tanto el editor como los revisores del artículo (otros científicos expertos en el tema) valorarán y comentarán la validez del mismo, rechazándolo o pidiendo diversas modificaciones. En el mejor de los casos publicar un artículo en una revista puede llevar de cuatro a seis meses, pero en la mayoría de las ocasiones el trabajo puede retrasarse de uno a dos años. ¡Aun así todo investigador no olvidará jamás su primera publicación en una revista científica!

19

Si Noé tuviera que meter todos los animales que han existido en un arca, ¿cuántas parejas metería?

En realidad las especies tienen una duración limitada, con lo cual es imposible que todas puedan convivir juntas en el tiempo y en el espacio.

De media podemos decir que una especie vive (o sobrevive) un millón de años. Pero ¡ojo!, cuando hablamos de la vida de una especie no hablamos únicamente de un solo individuo, sino del conjunto de individuos que forman una especie, que suelen ser muchos miles o millones. Aunque por supuesto hay excepciones y hay especies más longevas que otras. Veamos algunos ejemplos: nuestra especie, el *Homo sapiens*, apareció hace 300 000 años en África, así que *solo* han pasado 302 018 años, con lo que podemos decir que somos una especie joven.

El temible *Tyrannosaurus rex* vivió como especie dos millones de años (de los 68 a los 66 millones de años).

En cambio, el gonfoterio *Gomphotherium angustidens*, un pariente lejano de los elefantes, vivió once millones de años (de los 20,5 a los 9,5 millones de años).

La tortuga terrestre gigante *Titanochelon bolivari* vivió 6,9 millones de años (de los 15,90 a los 9 millones de años).

Y en cambio, el hámster *Cricetodon soriae* descubierto en el yacimiento del Campus Universitario de Somosaguas, de la Universidad Complutense de Madrid, vivió únicamente 93 000 años (de los 14,01 a los 13,8 millones de años). Como vemos, cada especie es tremendamente variable y diferente.

La duración de las especies es por tanto limitada, y pasa por un ciclo vital, que incluye su aparición, expansión, desarrollo, dispersión, declive de la especie y finalmente su extinción.

Todos los grupos de seres vivos han tenido un período de apogeo, un momento donde la competencia por los recursos con otros grupos era menor y se producía una expansión en el número de formas y en la variedad de especies: los dinosaurios tuvieron su momento de esplendor en el Mesozoico, un período que va desde los 252 hasta los 66 millones de años). En aquel período la Tierra se había vuelto más seca y calurosa, con el consiguiente declive de los anfibios, momento que aprovecharon los dinosaurios para desarrollarse en todo su esplendor.

Con los mamíferos ocurrió lo mismo. Necesitaron la extinción de los dinosaurios para poder expandirse y colonizar la tierra, el aire y el mar. Hasta entonces, ocupaban un espacio menor en la importancia de la vida en el planeta. Sorprendentemente, los mamíferos aparecieron prácticamente a la vez que los dinosaurios, hace unos 220 millones de años, pero mientras vivieron estos, los mamíferos eran pequeños animales nocturnos que se escondían en madrigueras o en ramas para no ser comidos por sus primos los reptiles. A partir de la gran extinción que se produjo hace 66 millones de años, los mamíferos comenzaron a expandirse adquiriendo formas y tamaños nunca vistos hasta entonces y colonizando todos los ambientes. De hecho, el período en el que vivimos ahora, llamado Cenozoico, y que abarca desde los 66 millones de años hasta la actualidad, es conocido como la era de los mamíferos.

Por otro lado, las diferencias existentes entre la fauna fósil y los animales actuales son más acusadas cuanto más nos alejamos en el tiempo. Como ya hemos comentado otras veces, hay muchos fósiles que no tienen representantes actuales: desde el *Anomalocaris*, un asombroso y terrible depredador de los primeros océanos, hasta los felinos dientes de sable o los anfiónidos perros–osos que colonizaron la península ibérica hace nueve millones de años.

Además, aunque la evolución no está dirigida, los animales de organización más compleja suelen ser más recientes. No obstante, un hecho fascinante que se produce en la evolución, y que a veces la gente olvida, es que los cambios evolutivos no siempre van hacia delante como una línea recta, sino que también puede haber regresiones. Tanto los órganos como las diferentes estructuras anatómicas se han desarrollado varias veces a lo largo de la historia evolutiva de la vida en la Tierra, tendiendo a desaparecer aquellas que están en desuso. De hecho, puede suceder que una misma estructura anatómica haya aparecido varias veces a lo largo de la historia evolutiva debido a diversas regresiones. Por ejemplo, los primeros seres vivos no tenían órganos para la vista porque no los necesitaban. Con el paso del tiempo la evolución fue moldeando este sentido desde un simple receptor de luz primitivo hasta los hiperdesarrollados ojos de las águilas o los complejos ojos de los pulpos, porque la visión daba una ventaja evolutiva a quien la tenía. No obstante, se sabe de arañas, cangrejos y peces ciegos, que han perdido la visión por falta de uso, ya sea por vivir en cuevas o en grandes profundidades, donde no alcanza la luz. Algunas especies desarrollaron ojos y otras los perdieron y este ciclo sucede constantemente.

Sin embargo, no es el único ejemplo que podemos poner, las alas han aparecido varias veces a lo largo del tiempo. En los insectos por ejemplo aparecieron hace unos 400 millones de años; en los reptiles alados aparecieron alrededor de unos 220 millones de años; en las aves hace 150 millones de años y en los mamíferos (murciélagos) hace unos 55 millones de años.

20

¿Son primas las ballenas y las vacas?

Hace tiempo, identificar semejanzas en los huesos de dos animales se usaba para clasificarlos juntos. Pero hoy en día esta interpretación llega más lejos: cuantas más características nuevas en común tienen dos animales, estos serán parientes más cercanos y compartirán un ancestro común. Así que, el parecido entre esos huesos no puede deberse a características antiguas que hayan heredado de ancestros suyos, si queremos que sean buenos para agruparlos. ¡No nos sirve cualquier parecido! ¿Y de dónde viene todo esto?

Gracias a las observaciones realizadas durante su viaje alrededor del mundo a bordo del HMS *Beagle*, el naturalista británico Charles Darwin llegó a la conclusión de que las especies de animales y plantas actuales habían surgido a partir de otras en el pasado mediante evolución por selección natural. Otro naturalista, Alfred Russell Wallace había llegado a una conclusión muy parecida en sus estudios de la flora y fauna del Amazonas y el archipiélago malayo y, en 1858, Charles Darwin presentó su teoría ante la Sociedad Lineana de Londres, incluyendo a Wallace como codescubridor. Mucho ha llovido desde entonces y, en la actualidad, mucho más que una teoría, la evolución es ya un hecho científico comprobado, avalado por miles de pruebas, tanto físicas como moleculares.

La evolución de las formas de vida hasta dar lugar a las especies que viven hoy en día puede rastrearse en el registro fósil, apareciendo en él ancestros de los animales y plantas actuales, junto a otras formas extintas que no tuvieron descendencia.

Actualmente, y teniendo en cuenta este hecho, que todos los animales están emparentados y tienen un ancestro común, la clasificación ya no se basa en un mero parecido. A la hora de observar las características anatómicas de un animal se identifican las características primitivas y las más novedosas. Y la clasificación, para que esta tenga sentido, se hace usando estas novedades. Por ejemplo, no usaremos el carácter de que los humanos tenemos cinco dedos en las manos, porque es una característica muy antigua rastreable en los primeros vertebrados que anduvieron sobre la superficie terrestre, pero por ejemplo, que los caballos hayan ido reduciendo los dedos hasta tener uno solo soportando su casco sí que es una característica novedosa muy útil, que ha ocurrido exclusivamente en su linaje. Y así, usando este tipo de características, es como se van realizando lo que llamamos las filogenias.

Una filogenia es la reconstrucción de las relaciones de parentesco de una serie de especies o géneros, y se realiza teniendo en cuenta estas novedades evolutivas. Estas reconstrucciones pueden basarse en caracteres físicos, como los osteológicos, o bien en caracteres moleculares. Por supuesto, cuando una filogenia incluye seres vivos únicamente conocidos en el registro fósil, se usan caracteres físicos. ¡Pero para elaborar filogenias de especies actuales podemos recurrir a datos moleculares!

En el caso de los datos moleculares, estos se basan en la lectura de las secuencias de biomoléculas hereditarias, principalmente del ADN, aunque también se han usado secuencias de proteínas. El ADN o ácido desoxirribonucleico es una molécula muy compleja, formada por nucleótidos, y que posee codificada a través de esta secuencia de nucleótidos toda la información genética para el desarrollo y funcionamiento de un ser vivo. Seres vivos muy cercanamente emparentados poseen un mayor porcentaje de ADN en común, mientras que seres vivos muy lejanamente emparentados tendrán menos secuencia en común. ¡Gracias a esto podemos estudiar el parecido genético entre seres vivos como si se tratara de caracteres morfológicos!

Los nucleótidos que forman el ADN están compuestos por una molécula del grupo de los azúcares y una base nitrogenada, que puede variar entre adenina, timina, citosina o guanina. Es la secuencia alternante de estas bases nitrogenadas —abreviadas como ATCG— la que va cambiando. Y las secuencias de nucleótidos que tienen una función concreta, como por ejemplo la expresión de una proteína, constituyen un gen.

Las proteínas, por su parte, están formadas por una secuencia de moléculas llamadas aminoácidos, que han sido escogidas a partir de una secuencia concreta de nucleótidos, como si pudieses traducir una secuencia de nucleótidos a una secuencia de aminoácidos. Y es por eso que una proteína concreta, con su secuencia de aminoácidos, corresponde con una secuencia de ADN. Y por ello también se pueden secuenciar y usar proteínas para estos estudios. Pero claro, no vale cualquier proteína, debe ser una bastante grande y variable de unos organismos a otros.

Sea como sea, es comparando este tipo de secuencias de genes o proteínas como podemos agrupar los seres vivos con mayor semejanza del mismo modo que agrupamos aquellos que tengan características físicas novedosas compartidas. Del resultado de estos análisis filogenéticos obtenemos árboles, cuyas ramas representan las relaciones de parentesco entre estos seres vivos, y que denominamos árboles filogenéticos o cladogramas. Los puntos de unión de ramas en estos árboles corresponden a grupos o clados, y los extremos de todas las ramas incluidas en su interior son las especies que forman parte de este clado.

Normalmente para la elaboración de estos árboles barajamos centenares de datos, hecho por el cual se suelen realizar con programas informáticos basados en estadísticas y algoritmos concretos. Esto resulta muy útil para nosotros, ya que, por ejemplo, cuando encontramos los fósiles de un animal nuevo, podemos observar las características que presenta, codificarlas junto al resto de sus parientes, y el programa informático nos resolverá el parentesco de este animal incluyéndolo en uno de estos árboles. ¡El clasificar a mano se acabó hace años!

Y es gracias a estos métodos que hemos podido reconstruir las relaciones de parentesco entre seres vivos actuales, pudiendo contrastar si obtenemos la misma información del registro fósil. Así, un análisis de ADN confirmó en la década de 1990 que los cetáceos —grupo al que pertenecen ballenas y delfines— eran el grupo hermano de los artiodáctilos —al que pertenecen las gacelas, las cabras y las vacas—. Así que sí, en cierta manera, podemos afirmar que las ballenas y las vacas son *primas*.

21

¿QUÉ TIENEN EN COMÚN UN MURCIÉLAGO Y UNA PALOMA?

El murciélago y la paloma tienen en común que los dos son animales, que tienen estructuras adaptadas a volar y que los dos vuelan. Y hasta ahí las cosas en común, ya que el murciélago es un mamífero nocturno, el único mamífero capaz de volar, muy sensible a los cambios ambientales, que utiliza la ecolocalización para cazar, es decir, que emite sonidos y a la vez escucha el eco que producen los objetos y los animales de su alrededor, calculando la distancia a la que se encuentran. Mientras que la paloma es un ave diurna, que se adapta con facilidad a todo tipo de ambientes, distribuida prácticamente por todo el mundo.

Los mamíferos y las aves son dos grupos que están separados evolutivamente desde hace mucho tiempo. Entonces, ¿por qué animales aparentemente tan diferentes tienen algo en común tan importante como las alas y la capacidad de volar?

Muy sencillo, el ala de los murciélagos y las palomas son estructuras análogas, o dicho con otras palabras, son estructuras con la misma forma, pero con orígenes muy diferentes y que además los grupos que las presentan no guardan un origen evolutivo común.

En los murciélagos, las alas están formadas por una membrana de piel flexible y elástica compuesta por dos capas de piel. Esta membrana está estirada entre los huesos de los brazos y los dedos, que a su vez son extremadamente alargados (exceptuando el pulgar).

Las alas de los murciélagos y de las aves tienen una forma muy parecida, en el caso de los murciélagos, el ala es una membrana, y en el caso de las aves, está formada por plumas. Pero sobre todo sirven para lo mismo: que el animal pueda volar. A pesar de ello, ambas estructuras tienen un origen muy diferente. Es lo que se conoce como estructuras análogas. Foto: Wikimedia Commons.

En cambio, el ala de las aves está formada por una veleta central compuesta por los huesos largos del brazo (que son el húmero, el radio y el cúbito —que en animales se llama ulna— y los dedos). Las plumas rodean toda el ala y son de varios tipos dependiendo de la función que desempeñen en el vuelo.

Como acabamos de ver, las dos estructuras son parecidas pero tienen orígenes evolutivos independientes, y externamente se parecen porque evolucionaron para realizar la misma función. Estas analogías son el resultado de la evolución convergente.

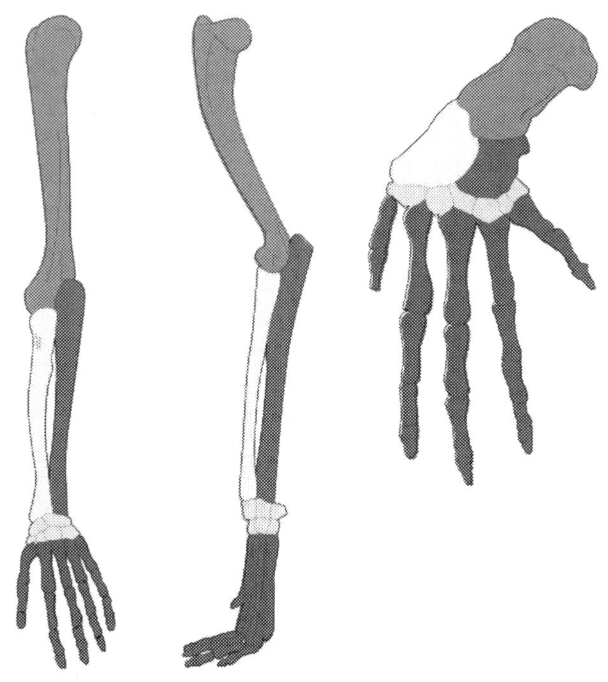

El brazo de un humano, la pata delantera de un perro y la aleta de la ballena son un ejemplo de estructuras homólogas. Las tres tienen funciones y formas diferentes pero todas tienen el mismo origen evolutivo. En marrón está representado el hueso del húmero; en rojo está representado el cúbito (que en animales se denomina unla); en blanco está representado el radio; en amarillo están representados los carpales, que son los huesos de la muñeca; y en marrón oscuro están representados los metacarpos y las falanges. Foto: Wikimedia Commons.

La evolución sigue leyes invisibles que a los científicos nos ha costado siglos descubrir y, aunque todavía se nos escapan muchas de ellas, solo ahora empezamos a comprenderlas.

Uno de los fenómenos más característicos de la evolución es la convergencia que se produce entre diferentes especies. La convergencia significa que animales de familias diferentes pueden tener idénticas formas si viven en ambientes parecidos y con las mismas exigencias. Por ejemplo, un delfín es casi idéntico a un tiburón aunque el delfín sea un mamífero que surgió hace 20 millones de años y el tiburón un pez que apareció hace 300 millones de años. La exigencia de adaptarse al medio acuático ha hecho que anatómicamente sean casi idénticos.

El caso de las alas de aves y murciélagos es el mismo. La exigencia de adaptarse al medio aéreo ha hecho que anatómicamente sean muy parecidas.

Por otro lado, las estructuras homólogas son aquellas que sí tienen el mismo origen evolutivo, aunque puedan estar adaptadas a realizar funciones muy diferentes. Veamos el siguiente ejemplo: el brazo de un humano está adaptado a coger cosas y poder manipular objetos. La pata delantera de un perro, está adaptada a correr y aguantar largas distancias caminando. Y la aleta de una ballena está adaptada a desplazarse por el agua nadando.

Aunque no lo parezca, sendas extremidades tienen el mismo origen evolutivo, y derivan de una estructura ancestral común, de hecho, como se puede ver en la imagen, conservan los mismos huesos, aunque haya cambiado su morfología.

22

¿PUEDE EL HOMBRE DEL TIEMPO SABER SI LLOVIÓ HACE CUATROCIENTOS MILLONES DE AÑOS?

Los fósiles pueden revelarnos mucha información. Más allá del conocimiento de la existencia de un determinado ser vivo en un lugar y un momento, pueden llegar a revelar datos de ese mundo en el que vivía y de su hábitat en concreto. ¿Y cómo es eso? Bueno, ¿acaso hoy en día todo tipo de animales viven en todos los climas? Los diferentes seres vivos pueden estar muy adaptados a las condiciones en las que viven, y su mera presencia nos puede dar pistas sobre cómo eran estas condiciones.

Para este cometido son muy importantes los estudios de las comunidades fósiles. ¿A qué llamamos una comunidad fósil o una paleocomunidad? Es más, ¿qué es una comunidad en términos ecológicos? Llamamos comunidad biológica, comunidad ecológica o biocenosis al conjunto de organismos de muchas especies que conviven en un lugar concreto, denominado biotopo, con unas condiciones ambientales concretas, a las que estas especies están adaptadas. Estas comunidades pueden ser vegetales, animales o incluso podemos referirnos a comunidades más específicas, como, por ejemplo, comunidades de roedores o comunidades de anfibios. Y el conjunto de esta comunidad o biocenosis junto con el biotopo, el lugar físico en el que habitan, es lo que constituye el ecosistema. Por lo tanto, una paleocomunidad o paleobiocenosis es el conjunto de organismos fósiles que habitaban en un paleoecosistema, es su equivalente en el registro fósil. Y del mismo modo, podemos hacer referencia a comunidades vegetales fósiles, de animales o de grupos más concretos.

Del estudio de las relaciones entre los organismos, así como de estos con su medio, se encarga la ciencia biológica de la ecología. ¡Ojo, no confundir con el ecologismo! Y su homónimo en la paleontología es la paleoecología. Así, podemos definir la paleoecología como el estudio de las relaciones entre los organismos y de estos con su ambiente en épocas del pasado geológico que conocemos gracias a sus fósiles y a las formaciones geológicas en los que se encuentran. Sí, también las rocas que contienen estos fósiles nos pueden dar pistas sobre el ambiente en el que vivían estas comunidades. Las rocas formadas en ambientes marinos, ambientes lacustres o fluviales son diferentes y tienen características propias reconocibles como facies, de modo que podemos tener información sobre el biotopo de un paleoecosistema.

El estudio integrado de todo esto puede darnos información muy valiosa sobre el paleoecosistema y su paleoclima. Por ejemplo, hay asociaciones o comunidades que son indicadores de condiciones ambientales y ecológicas concretas. ¿Recuerdas que hace un momento mencionábamos las comunidades de roedores? Estas pueden informarnos acerca de si un ambiente era más parecido a una pradera o más boscoso. Y esto guarda una estrecha relación con el clima del momento, siendo más árido en un ambiente de pradera y más húmedo en un ambiente boscoso.

A veces, la presencia de un único fósil o una única especie pueden tener información totalmente válida al respecto de este tema. Por ejemplo, la presencia de ardillas voladoras indica claramente que había árboles, y podemos llegar a inferir un ambiente boscoso y, por lo tanto, un clima más húmedo que

El estudio de la paleoecología nos permite reconstruir el ambiente del pasado. En este caso, estudiando las huellas podemos reconstruir el modo de vida del animal y el ambiente en el que vivía. Foto: Wikimedia Commons.

en un ambiente de pradera. Apasionante, ¿verdad? Sin embargo, la probabilidad de cometer algún error al hacer estas inferencias se reduce mucho cuanto mayor sea la muestra con la que trabajemos y, por lo tanto, cuando se usan más especies. Y de ahí que para hacer inferencias y estudios paleoecológicos y paleoambientales se usen comunidades, no especies aisladas.

Este tipo de estudios se han realizado con especial detalle y frecuencia en sedimentos del Cenozoico, y más todavía en sedimentos cuaternarios depositados en los últimos dos millones de años, debido a su gran abundancia y baja alteración. ¡Y es que estos sedimentos no están demasiado enterrados, ni han sufrido demasiados procesos de pliegues, fallas o erosión! Además, las faunas de la segunda mitad del Cenozoico empiezan a recordarnos cada vez más a las faunas actuales, de modo que pueden ser contrastables, siendo sus adaptaciones a condiciones climáticas equivalentes a las especies actuales. Su cercanía temporal, estrecho parentesco y adaptaciones equivalentes facilita toda esta comparación y la inferencia de climas y biomas. Por supuesto, en el caso del Cuaternario, en el estudio de las faunas de las últimas glaciaciones y períodos interglaciares, esta aplicación es todavía más válida. ¡Estamos hablando de una fauna prácticamente equivalente a la actual!

23

¿Podemos saber dónde vivió un organismo del pasado?

No todos los animales viven en todas partes. Así, un ecosistema de un determinado sitio queda caracterizado por las especies que están adaptadas a sus condiciones. Por otro lado, en la actualidad podemos llegar a estudiar la distribución geográfica de los seres vivos en función de estas adaptaciones a los diferentes climas. Y este estudio recibe el nombre de biogeografía. También se suele definir como la geografía de la biosfera, y se considera una ciencia interdisciplinar, siendo rama tanto de la geografía como la biología, y bebiendo de muchas especialidades como la biología evolutiva, la geología o la ecología. La biogeografía va mucho más allá de la determinación del alcance del hábitat de una especie, estudia cómo es la distribución de los seres vivos, los ecosistemas, sus comunidades, sus adaptaciones y sus hábitats, cómo responden estos a las condiciones climáticas, geográficas, geológicas, y cómo han llegado a ser lo que son hoy en día.

Como muchas disciplinas biológicas, existe un equivalente en el registro fósil. Así, la paleobiogeografía se encarga del estudio de las distribuciones geográficas de los seres vivos en el pasado y la evolución de estas distribuciones. Y como no podía ser de otro modo, esta información la obtenemos a través del registro fósil. Como todas las subdisciplinas de la paleontología, en este caso estamos estudiando distribuciones y procesos que ocurren en un margen temporal enorme. Y es por eso que estudiando los cambios de las distribuciones de estos seres vivos podemos llegar a observar cambios en la geografía a lo largo del tiempo. Pero bueno, de eso nos ocuparemos en el siguiente punto. Ahora centrémonos en las distribuciones de los seres vivos del pasado.

En la actualidad, para conocer la distribución de una especie, tan solo tenemos que calzarnos nuestras botas, ir al campo y estudiarla en su hábitat, apuntar su presencia o ausencia en diferentes lugares, ver el alcance del hábitat de esta especie, observar si esta área de distribución cambia estacionalmente o si responde a condiciones concretas. Por ejemplo, si se correlaciona con algún tipo de flora, o algún tipo de suelo. Pero ¿cómo estudiamos esto mismo en el registro fósil? ¿Cómo podemos llegar a saber cuál era el área de distribución de los *Allosaurus* durante el último millón de años del Titoniense, a finales del Jurásico?

Para estudiar la distribución de una especie en el pasado, vamos a tomar como válida la presencia de sus restos fósiles en un yacimiento. Ojo, que este dato de por sí puede resultar engañoso, ya que los fósiles directos, como conchas o esqueletos, o huesos sueltos, pueden haber sido transportados desde el hábitat del animal en cuestión a través de las corrientes, y haber sido acumulados lejos de su lugar de origen. Por eso es importante el estudio de la tafonomía de los yacimientos. La tafonomía es la subdisciplina de la paleontología que se encarga de los procesos de fosilización, desde la muerte o producción del resto original hasta su hallazgo como fósil. Y gracias a los análisis tafonómicos podemos saber si los fósiles de un yacimiento fueron transportados o si se produjeron en ambientes cercanos a su depósito. En cualquier caso, en ausencia de evidencias de transporte, tomamos como válida la presencia de una especie cuando se realiza su hallazgo en un yacimiento.

La paleobiogeografía nos permite saber que durante el Plioceno (un período que fue desde hace 5,3 a hace 3,6 millones de años) se produjo un intercambio faunístico entre América del Norte y América del Sur. Foto: Wikimedia Commons.

Por lo tanto, su área de distribución será mayor conforme se encuentre en otros yacimientos, ya sean más cercanos o más lejanos. Esto tiene otra dificultad añadida, y es que estos yacimientos tienen que ser de la misma antigüedad, o de lo contrario, podríamos estar confundiendo procesos de cambio de hábitat o migraciones y tomándolos como áreas de distribución más grandes. Es por ello que en paleobiogeografía suele trabajarse con abanicos temporales amplios. Al menos, durante el Paleozoico, Mesozoico y gran parte del Cenozoico.

El registro de finales del Cenozoico y Cuaternario, como acabamos de ver, está bastante más completo y bien estudiado. Además, esta limitación pone de manifiesto lo necesaria que es la correcta datación de los yacimientos. ¡Sin ella estamos perdidos y no podríamos realizar este tipo de estudios!

En cualquier caso, las áreas de distribución de especies del registro fósil nos pueden aportar datos muy interesantes, como la existencia o ausencia de barreras geográficas en el pasado o incluso pueden arrojar luz sobre procesos evolutivos, como la vicarianza.

La vicarianza o especiación alopátrica es un proceso de especiación, y por lo tanto de evolución, en el que debido a la aparición de una barrera geográfica —como el levantamiento de una cordillera o la fragmentación de un continente— una población de una especie queda dividida en dos, y al ser sometidas a condiciones ambientales diferentes, evolucionan siguiendo caminos distintos y dando lugar a especies diferentes con el tiempo. Si bien durante mucho tiempo se tuvo por el fenómeno de especiación más frecuente, en la actualidad se considera al menos de igual peso o incluso menor que la especiación sin aislamiento geográfico o especiación simpátrica.

Por lo tanto, el estudio y reconstrucción de las distribuciones geográficas de las especies en el pasado tiene muchas implicaciones muy interesantes a la hora de reconstruir la historia evolutiva de las especies que encontramos en el registro fósil, e incluso de las especies que han llegado a la actualidad.

24

¿ERAN VEGETARIANOS LOS TIGRES DIENTES DE SABLE?

Por supuesto que no, ¿cómo van a ser herbívoros con esos colmillos tan puntiagudos y largos y con esas muelas tan enormes y cortantes? Los tigres dientes de sable eran carnívoros que se alimentaban de grandes presas que cazaban, desde caballos primitivos a perezosos gigantes (de entre 1,5 y 6 metros de altura).

En los fósiles de animales vertebrados los dientes son una de las partes más importantes. Los dientes están mineralizados, por lo que suelen conservarse en buen estado en los yacimientos. De hecho, junto con los huesos, es la parte del cuerpo más dura y es la que mejor se conserva.

Los dientes nos aportan una gran información a los paleontólogos, permitiéndonos incluso identificar y clasificar a los diferentes organismos. Hay grupos, como los micromamíferos (mamíferos de pequeño tamaño como los roedores, los insectívoros, los conejos y las liebres) que por su manera de acumularse en los yacimientos, sus restos están mezclados unos con otros y no es posible separarlos entre sí. Entonces, ¿cómo los diferenciamos?, muy sencillo, las diferentes especies están basadas en las diferencias que presentan en la dentición, es decir, la forma y tamaño que tienen sus diferentes dientes, ya que son muy diferentes de un grupo a otro. Únicamente estudiando esta pequeña parte del cuerpo somos capaces de diferenciar unas especies de otras.

La dentición se clasifica en función de la forma que tienen las muelas (también llamados molares), que además está muy relacionada con la alimentación que tiene el animal. A continuación vamos a nombrar los diferentes tipos y vamos a aprender cómo diferenciarlos:

La dentición de los carnívoros tiene crestas y filos cortantes para poder desgarrar carne, y recibe el curioso nombre de secodonta. Este tipo de dentición lo tienen entre otros animales los tigres dientes de sable, que nos indican que eran carnívoros con grandes muelas trituradoras para morder y cortar la carne de sus presas. Pero además, lo tienen los insectívoros (ahora llamados Eulipotyphla) que son las musarañas, los erizos y las ratas lunares, y cuya alimentación se basa en pequeños invertebrados como insectos, moluscos y gusanos.

La dentición bunodonta se caracteriza por tener muelas con cúspides redondeadas que permiten una alimentación variada incluyendo carne, pescado y vegetales. Animales con una dentición de este tipo son los cerdos, los jabalíes y... ¡nosotros, los humanos!

Hay otros animales, en cambio, que tienen una dentición muy especializada. Si se caracteriza por tener muelas con crestas y valles, se llama lofodonta y es típica de animales herbívoros como los lirones o los rinocerontes. Si los molares tienen

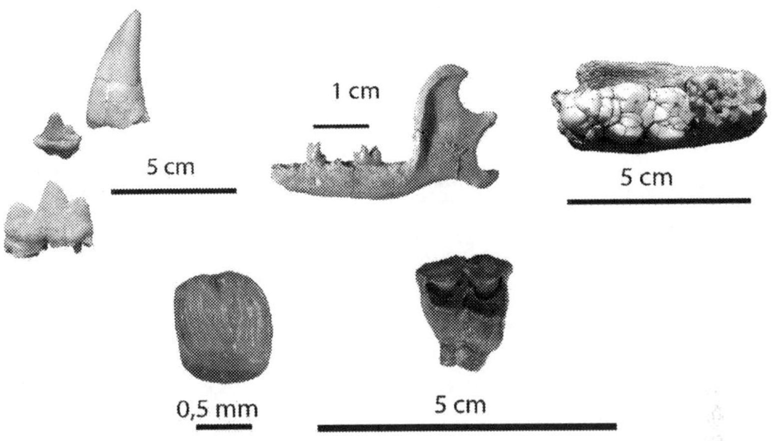

De izquierda a derecha y de arriba a abajo, los diferentes tipos de dentición
que tienen los animales: la dentición secodonta es típica de animales
carnívoros, en la imagen vemos que este tipo de dientes los tienen tanto el
carnívoro fósil *Amphicyon* (perro-oso) como el erizo fósil *Postpalerinaceus
vireti*. La dentición bunodonta (arriba a la derecha) pertenece al jabalí actual
que tiene una alimentación omnívora. La dentición lofodonta (con crestas
muy marcadas) pertenece al lirón fósil *Microdyromys monspeliensis*, que tiene
una dentición muy especializada en comer plantas y hojas de los árboles.
Finalmente, abajo a la derecha está representada la dentición selenodonta,
que se caracteriza por tener forma de media luna, y pertenece al bóvido
fósil *Tethytragus*. Fotografías cedidas por el equipo científico del yacimiento
de Somosaguas.

forma de media luna y recuerda a nuestro satélite (luna = se-
lenita), se llama dentición selenodonta y es típica de animales
herbívoros con gran ingesta de hierbas. Animales con esta dentición son por ejemplo los ciervos o los caballos.

Además de esta clasificación, podemos diferenciar los dientes por la altura de la corona. Dicho de otro modo, separamos
los dientes en función de que sean altos y largos o de que
sean bajos. Si los molares y premolares son altos se denominan
hipsodontos, y son típicos de animales que tienen una dieta
dura (por ejemplo los animales que comen pasto y hierbas, ya
que se produce mucho desgaste en los dientes). Estos dientes
son de crecimiento continuo, es decir, que el diente no tiene
raíces sino que está constantemente creciendo. Animales con

este tipo de dentición son los conejos, las liebres, los topillos o los caballos.

En cambio, si los molares tienen una corona de escasa altura se denominan dientes braquiodontos. Estos dientes, una vez que salen, ni cambian de forma ni crecen. La parte de las raíces se queda dentro del hueso de la mandíbula (si son dientes de abajo) o del maxilar (si son dientes de arriba) y son típicos de animales carnívoros (perros, gatos, osos...) pero también de ardillas, ratones, musarañas, jabalíes o humanos.

Como te habrás dado cuenta a estas alturas, los animales son muy variados y no entienden de reglas y clasificaciones, por lo tanto, existen numerosas combinaciones posibles de todos los tipos de dentición de los que hemos hablado. Por ejemplo, el rinoceronte fósil *Prosantorhinus douvillei* típico de la península ibérica, que vivió hace 14 millones de años, tenía una dentición sencilla, lofodonta (con crestas y valles) y braquiodonta (baja), especializada en hojas de arbustos de ríos o lagos. En cambio, el équido primitivo de tres dedos *Anchitherium cursor*, también de la misma época, tiene una dentición selenodonta (forma de media luna) y muy hipsodonta (muy alta) para poder pastar y comer hierba. Mientras que el gonfoterio *Gomophotherium angustidens*, un pariente lejano de los elefantes, tenía enormes muelas bunodontas (con cúspides redondeadas y valles) y braquiodontas y su alimentación aunque herbívora era bastante variada, e incluía desde hojas de árboles y arbustos hasta hierbas.

25

¿POR QUÉ ENCONTRAMOS EN SUDAMÉRICA Y EN ÁFRICA LOS MISMOS DINOSAURIOS SI NO HAN LLEGADO NADANDO?

En 1912 Alfred Wegener propuso su teoría de la deriva continental para explicar cómo los continentes habían estado juntos en el pasado, aunque ahora los veamos separados. Para llegar a proponer esta teoría, Wegener había recopilado muchos datos que le sugerían que los continentes se habían movido a lo largo de la historia de la Tierra. Entre estos datos estaba la presencia de fósiles de plantas y animales comunes en varios yacimientos de Sudamérica, África, la India, Antártida y Australia, lugares que hoy aparecen separados por grandes extensiones de mar. Y además de los fósiles, las formaciones geológicas que los contenían parecían ser una continuación de las otras, a pesar de estar separadas miles de kilómetros y con mares de por medio.

A partir de estos datos, Wegener propuso que en el pasado todos los continentes estuvieron unidos en un gran supercontinente, al que llamó Pangea, que significa 'toda la Tierra' en griego antiguo. Ya sabes que los científicos tenemos esa manía de usar latín y griego para nombres importantes, para entendernos con todo el mundo independientemente de nuestra lengua materna. Según propuso Wegener, con el tiempo Pangea fue dividiéndose. Y hoy sabemos que así fue. Primero, Pangea se partió en dos supercontinentes: uno en el norte, que recibe el nombre de Laurasia, y uno en el sur, que recibe el nombre de Gondwana. Y estos grandes continentes fueron fragmentándose a su vez, y en ocasiones estos fragmentos colisionaron, y fruto de este proceso es el mapa actual. Hoy en día sabemos que este proceso ha sido bastante más complicado, y que esta fragmentación de los continentes ha ocurrido más de una vez, pero bueno, prosigamos hablando de este descubrimiento.

¿Cuáles son estos fósiles, estas evidencias que nos demuestran que los continentes estuvieron una vez unidos?

Por un lado, está la presencia de *Glossopteris* en rocas del Pérmico de Sudamérica, África, India, Australia y Antártida. *Glossopteris* era un árbol perteneciente al grupo de las plantas gimnospermas, las plantas sin frutos como las coníferas, aunque durante mucho tiempo se lo consideró un pteridofito, un helecho de los que llegaron a tener porte de arbusto o incluso árbol, llamados comúnmente helechos arborescentes. Este curioso árbol fue muy abundante durante el período Pérmico en Gondwana, aunque se extinguió a finales del Pérmico. La aparición de restos de *Glossopteris* idénticos en yacimientos de Sudamérica, África, la India, Australia y Antártida nos sugiere que el área de distribución de este género abarcaba todas estas regiones, que más que probablemente estarían en conexión.

También hay fósiles de vertebrados que nos enseñan que estas masas de tierra estuvieron conectadas, como por ejemplo

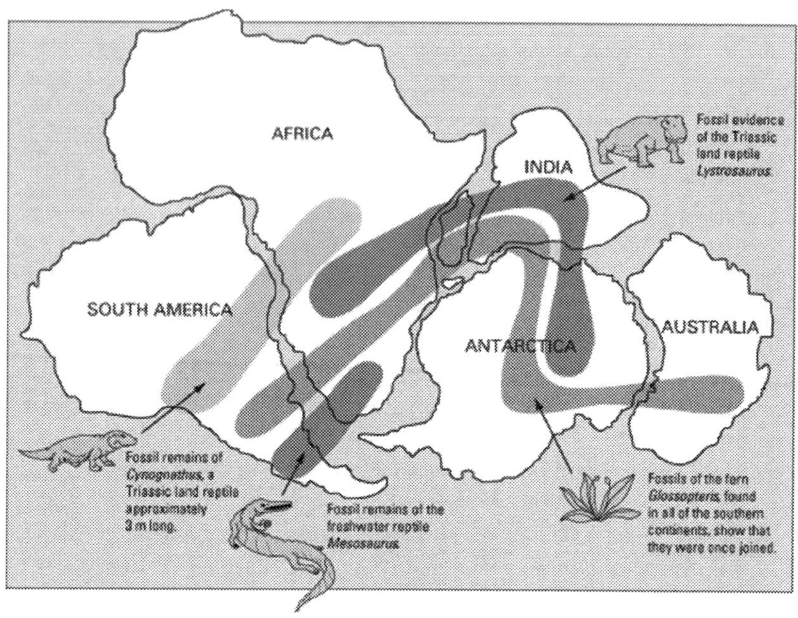

Principales evidencias fósiles de la tectónica de placas: restos fósiles de *Glossopteris, Mesosaurus, Lystrosaurus* y *Cynognathus* en las masas continentales que antiguamente formaban el gran continente de Gondwana. Imagen: Wikimedia Commons.

el *Cynognathus,* un terápsido carnívoro de los tradicionalmente llamados reptiles mamiferoides. El *Cynognathus* vivió a mediados y finales del Triásico y era un animalito pequeño, de alrededor de un metro de longitud, que poseía características del linaje de los mamíferos, como la heterodoncia, la reducción de los huesos de la mandíbula a favor del dentario, la posesión de un paladar secundario o la presencia de orificios nerviosos en su cráneo semejantes a aquellos relacionados con las vibrisas o bigotes en algunos mamíferos como perros y gatos. Sus restos se encuentran en rocas del Triásico de lugares tan alejados como Argentina, Sudáfrica y la Antártida, de ahí que se apunte que durante el Triásico estas masas estaban todavía conectadas. Otro terápsido, esta vez herbívoro, y que convivió con *Cynognathus* es *Lystrosaurus,* un dicinodonto con también algunas características que lo acercan al linaje de los mamíferos. Sus restos también se encuentran en Sudáfrica y la Antártida, así como en la India.

Otro de los reptiles fósiles que tradicionalmente se citan como evidencia de la tectónica de placas fue estudiado por el propio Wegener y lo consideró una prueba de su deriva continental: *Mesosaurus*, un reptil acuático primitivo, tradicionalmente considerado un anápsido, que fue de los primeros reptiles en volver a adaptarse al medio acuático y que vivió a finales del Pérmico, cuyos restos se han encontrado en África y Sudamérica.

Desde entonces, muchos otros fósiles se han sumado a esta causa. Por ejemplo, las faunas de dinosaurios del Jurásico en Europa son muy semejantes a las faunas norteamericanas, lo que sugiere la conexión de estas masas de tierra, que durante el Jurásico empezaron a separarse con el inicio de la apertura del Atlántico. Así, se encuentran a ambos lados del Atlántico dinosaurios terópodos como *Allosaurus* o *Torvosaurus*, o tireóforos como *Stegosaurus*, faunas típicamente americanas que han sido descritas en la formación Lourinha de Portugal. Formas afines, aunque no de los mismos géneros, se han descrito abundantemente en los yacimientos de finales del Jurásico de Alpuente o Aras, en la provincia de Valencia, así como en Riodeva o El Castellar, en la provincia de Teruel.

En el caso de *Allosaurus*, se ha descrito una especie propia en Portugal, pero es tan parecida a la especie norteamericana que hay quien afirma que podría ser la misma. *Allosaurus* significa 'reptil extraño'. Vivió a finales del período Jurásico, aproximadamente entre 156 y 144 millones de años, en lo que hoy es Norteamérica y Eurasia. Se han encontrado varias especies, aunque la más conocida es *Allosaurus fragilis*, de Estados Unidos y Portugal. *Allosaurus* se conoce muy bien por los fósiles de hasta cuarenta y cuatro individuos hallados en un yacimiento de Utah, si bien en Europa parece que los alosáuridos eran también abundantes. Como el resto de terópodos, era un carnívoro bípedo con grandes garras, patas voluminosas y una gran cola que le servía de contrapeso. En ocasiones se han encontrado tantos ejemplares juntos que se piensa que tenían una vida gregaria.

Las faunas de dinosaurios durante el Triásico y gran parte del Jurásico muestran semejanzas muy grandes en todo el planeta, lo cual es una evidencia más de la existencia de Pangea, y más tarde Laurasia y Gondwana. Y de hecho es durante el Cretácico cuando las faunas de dinosaurios ya son diferentes a ambos lados del Atlántico, demostrando que Norteamérica y Eurasia ya se habían separado lo suficiente como para que sus faunas no se pudieran mezclar.

III

Historia de la paleontología

26

¿Cómo y cuándo surge la paleontología?

Posiblemente los humanos hemos entrado en contacto con los fósiles desde la Antigüedad, y fruto de nuestra curiosidad y mente inquieta, les hemos dado en cada momento explicaciones diferentes. El estudio de los fósiles como tal puede que se remonte a la Grecia Clásica. El mismísimo Platón se aventuró a hablar sobre el origen orgánico de los fósiles, como también haría siglos después Leonardo da Vinci durante el Renacimiento. Si bien hay casos como estos, no fue hasta el siglo XVII cuando se empezaron a sentar las bases científicas de lo que en el siglo XVIII sería el nacimiento de la paleontología como ciencia.

Durante el siglo XVII ya tuvieron lugar grandes avances y los primeros estudios que podemos considerar paleobiológicos. Por ejemplo, el naturalista Nicolaus Steno propuso una serie de leyes que son el germen de lo que llegaría a ser la estratigrafía, sus leyes de la superposición y horizontalidad de los estratos, que conocemos nosotros como leyes de Steno. Considerar unas capas de rocas sedimentarias de una u otra antigüedad, estableciendo que las capas inferiores son más

Grabados de la lámina del estudio de Steno sobre los glossopetrae y su comparación con dientes de tiburón actual. Foto: Wikimedia Commons.

antiguas que las superiores parece algo de cajón, pero siempre hubo alguien que se aventuró a decirlo primero, y ese fue Steno. Y os podéis imaginar lo importante que es para el nacimiento de la paleontología como ciencia la ordenación de las rocas y los fósiles que las contienen de más antiguas a más modernas. Pero no se quedó ahí, además se interesó por el origen biológico de los fósiles, comparando los dientes de tiburones actuales con los fósiles que eran llamados *glossopetrae* por aquel entonces, y que popularmente se consideraban lenguas de dragón petrificadas, concluyendo que debían ser dientes de tiburón. Hoy día sabemos que son efectivamente dientes fósiles de tiburón, incluyendo dientes del famoso *Carcharocles megalodon*, el tiburón gigante. También estudió el crecimiento de las conchas de moluscos fósiles como si de una concha actual se tratase.

Por su parte, el naturalista Robert Hooke realizó los primeros estudios sobre observaciones microscópicas, realizando importantes descubrimientos, como identificar las primeras células. Publicó estos estudios en su obra *Micrographia* en 1665, en la que además comparó la madera fósil con la madera quemada actual, señalando su enorme parecido y apuntando a su origen vegetal. No obstante, a pesar de los avances de mentes tan despiertas como las de Steno o Hooke, en aquel momento todavía perduraban ideas diluvistas para la explicación del origen de los fósiles, que rozaban más la leyenda que la hipótesis científica por considerar el libro del Génesis de la Biblia como una fuente rigurosa para el entendimiento de la naturaleza.

Pero llegó la segunda mitad del siglo XVIII y con ella el movimiento de la Ilustración. En este momento, Georges Leclerc, conde de Buffon, contribuyó enormemente al desarrollo no solo de la paleontología sino de todas las ciencias de la vida y de la Tierra desmontando las ideas diluvistas del origen de los fósiles en su obra *Histoire Naturelle*. Además, fue pionero en proponer una serie de edades en la historia de la vida en la Tierra, un germen algo tosco de lo que sería años después la escala de tiempo geológico. Y ya hacia finales del siglo, Georges Cuvier, considerado el padre de la paleontología, a través de su estudio de los vertebrados fósiles de la cuenca de París y su comparación con faunas actuales —en especial, de los proboscídeos—, sentó las bases de la paleontología hablando por primera vez del concepto de extinción. Hasta aquel momento, no se había considerado que las especies de animales y plantas del registro fósil no se correspondieran con especies no existentes en la actualidad, y siempre se atribuían a seres vivos como los actuales y, previamente, incluso a animales mitológicos. Además, gracias a sus estudios de anatomía comparada, propuso reconstrucciones esqueléticas de esqueletos fósiles parciales.

El siglo XIX está marcado por la aparición de las ideas evolucionistas, que revolucionaron considerablemente las ciencias biológicas. Curiosamente, estas ideas tardaron en calar en la paleontología, a pesar de que el propio Charles Darwin usó ejemplos del registro fósil para formular su teoría.

En el siglo XX se produjo la síntesis moderna de la teoría evolutiva, que integra todas las ciencias biológicas, incluyendo la paleontología, y se produjo un gran auge de los nuevos estudios paleobiológicos, que estudian los fósiles buscando obtener la mayor información posible sobre el funcionamiento del ser vivo que los produjo.

27

¿HA HABIDO ALGÚN FRAUDE EN LA PALEONTOLOGÍA?

La paleontología ha sido muy atractiva desde el principio, razón por la cual muchos eruditos se lanzaban a su estudio y las sociedades científicas se hacían eco de los descubrimientos. Este gran interés hizo que, como es habitual en nuestra especie, mucha gente quisiera sacar provecho de la situación. A veces buscando la gloria y otras veces, sacar tajada de la situación y del interés de los investigadores. Así es como nacieron algunos bochornosos casos de fraudes en la paleontología.

El más famoso de ellos data de principios del siglo XX. En aquel momento los hallazgos paleoantropológicos estaban en alza. En la segunda mitad del siglo XIX se habían descubierto varios especímenes de neandertales, y todos los países del Viejo Mundo querían encontrar restos fósiles del eslabón perdido dentro de sus fronteras. ¿Qué puede alimentar más el orgullo patrio que descubrir que la humanidad misma ha nacido en tus tierras?

Si bien en la actualidad a los paleontólogos y biólogos evolutivos ya no nos gusta hablar de eslabones perdidos, durante mucho tiempo se usó este término. Sin embargo, hoy en día sabemos que la evolución no está dirigida, ni tiene una dirección lineal, sino que genera ramificaciones y diversidad *a lo bestia*. Y por lo tanto, no hay una cadena de la que uno de estos fósiles pueda ser un eslabón. Actualmente usamos más el término forma transicional para referirnos a un fósil que presenta características intermedias, pero en ningún modo se le da el valor o peso de ser un eslabón de una cadena.

En esta situación de carrera por encontrar ancestros de humanos se produjo un hallazgo en Piltdown, Sussex, Inglaterra. Un obrero encontró en una cantera unos fragmentos de huesos antiguos que parecían ser humanos, y se los llevó inmediatamente al arqueólogo Charles Dawson, quien presentó este hallazgo junto al paleontólogo Smith Woodward en la Sociedad Geológica de Londres. Todo parecía apuntar a que habían encontrado un eslabón perdido en rocas del Pleistoceno de Sussex. ¡Lo que podía significar que el origen del hombre estaba en las islas británicas! Era demasiado bonito, porque además de tener la edad justa esperada, cuadraba con la idea que se tenía entonces: que el origen del hombre había empezado con el crecimiento de nuestro cerebro, de manera que se esperaba encontrar un eslabón o forma transicional con una cavidad craneal parecida a la de un hombre moderno, pero con rasgos simiescos. Y esto era justo lo que habían encontrado: un cráneo con características parecidas a las de un *Homo sapiens* actual, pero con una mandíbula más primitiva, semejante a la de los grandes simios. A este hallazgo se le denominó *Eoanthropus dawsonii*, y claro, como era justo lo que se esperaba encontrar, se aceptó muy alegremente y el hallazgo dio la vuelta al mundo. Con el tiempo se descubrió que era un fraude construido a partir de un cráneo humano medieval y una mandíbula de orangután más reciente, tratados químicamente para tener una coloración parecida.

Curiosamente, el hallazgo de fósiles reales de ancestros humanos en las últimas décadas nos ha enseñado que el proceso de hominización fue precisamente el contrario de lo que sugerían los restos de Piltdown, siendo el aumento del cerebro uno de los últimos pasos y empezando por la postura bípeda. El propio *Australopithecus* es el ejemplo perfecto: su capacidad craneal y rasgos se asemejan todavía a nuestro ancestro común con los chimpancés pero, sin embargo, lo que lo acerca a nuestro linaje es la postura bípeda.

Más reciente fue el caso del *Archaeoraptor*, un falso fósil de dinosaurio. Este fraude estaba formado a partir del cuerpo de un ave y la cola de un dromeosaurio (grupo al que pertenecen

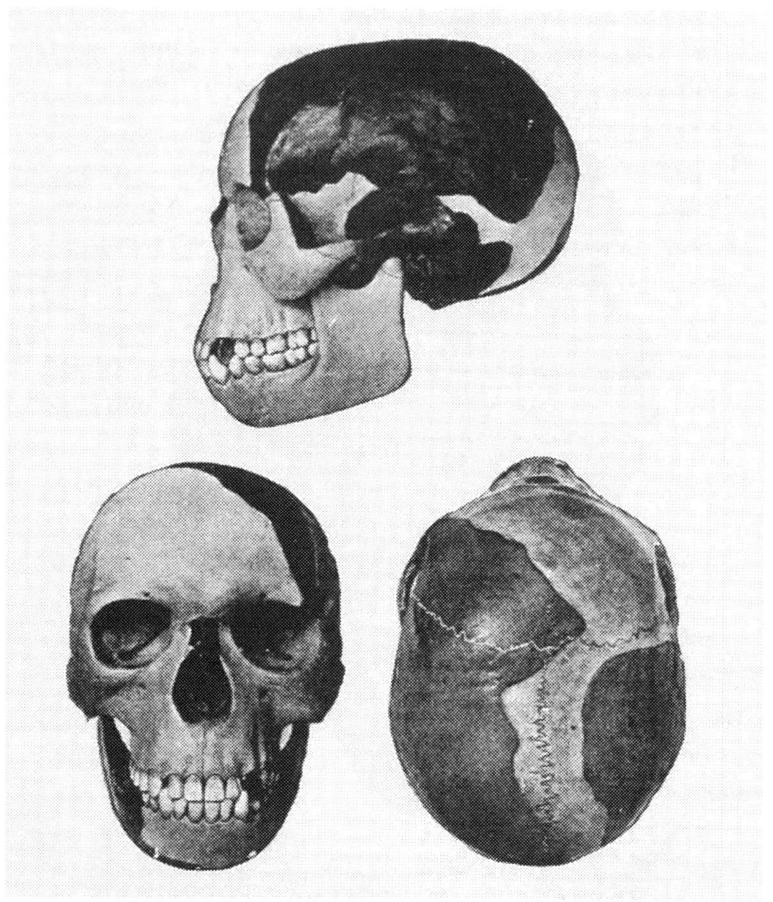

Cráneo del falso fósil del hombre de Piltdown, construido a partir de un cráneo humano medieval y una mandíbula de orangután más reciente, habiendo sido tratados químicamente para tener una coloración semejante. Foto: Wikimedia Commons.

Velociraptor y sus parientes). El anuncio de este hallazgo se hizo en el año 1999, supuestamente tras encontrar el ejemplar, pero antes de que fuera convenientemente estudiado por expertos en paleontología de dinosaurios.

Una vez más, un exceso de entusiasmo fue fatal, ya que de haberse examinado minuciosamente, se habría descubierto el engaño. El fósil había sido comprado de manera ilegal a uno de los granjeros que recogían fósiles en la región de Liaoning en China, en lugares cercanos a los grandes yacimientos. En estos lugares, donde afloran las mismas rocas que en yacimientos muy importantes, es habitual que gente local trate de ganarse la vida vendiendo fósiles que encuentran fuera de las canteras *oficiales*, y como es habitual entre los traficantes de fósiles, habían conectado partes de individuos diferentes para aumentar el precio de la pieza. ¡Pueden pedir mucho más por un esqueleto completo que por piezas sueltas! En este caso, el estudio detallado del espécimen a las pocas semanas ya puso de manifiesto que la cola no pertenecía al pájaro.

El ave fue estudiada y nombrada como *Yanornis* en 2001, mientras que la cola se le asignó a un dromeosaurio que fue descrito en 2000, *Microraptor*. En este caso el engaño no duró más que los meses hasta que el espécimen fue estudiado en detalle, poniendo de manifiesto lo difícil que es que estos fraudes lleguen lejos en la actualidad. ¡Tenemos que ser muy críticos y no creernos cualquier hallazgo y tenemos técnicas de sobra para destapar estos engaños! Este incidente también demuestra el riesgo que conlleva la obtención de fósiles del mercado negro, sin tener controlado su lugar concreto de procedencia ni las condiciones de su hallazgo.

28

¿Quién es el padre de la paleontología?

Es muy importante la figura del naturalista francés Georges Cuvier (1769-1832), al que se le considera el padre de la anatomía comparada y de la paleontología como ciencia. Como naturalista, investigó la forma en que las grandes funciones tenían lugar en diferentes grupos de animales, llevándole a correlacionar forma y función a lo largo de la diversidad de los animales, especialmente de los vertebrados. Así, correlacionaba la dieta con la dentición, con el sistema digestivo y con el aparato locomotor, y este tipo de correlación era la base de su anatomía comparada. Sin embargo, sus ideas eran fijistas, no aceptaba que los animales cambiaran con el tiempo. ¡No lo podía tener todo!

Georges Cuvier, considerado el padre de la paleontología y la anatomía comparada. Imagen: Wikimedia Commons.

Sin embargo, aplicó sus correlaciones para poder reconstruir esqueletos completos de animales extintos, ya que su estudio de los mamíferos fósiles de la cuenca de París le llevó a descubrir que había especies que se habían extinguido. Según su visión de la historia de la vida, los animales no cambiaban, pero tras eventos catastróficos de extinción, la tierra era repoblada por los animales que habían sobrevivido en regiones del planeta no afectadas por la catástrofe. Esta visión sin cambios graduales le enfrentó con gente como el geólogo Charles

Lyell. Sin embargo, ser el anatomista más popular de la época hizo que fuera consultado constantemente en los hallazgos de especímenes.

No obstante, durante el siglo xix muchos otros naturalistas ayudaron a impulsar la paleontología como ciencia, y merecen una mención especial:

William Smith (1769-1839): aunque se dedicó a la geología toda la vida, hizo algunas contribuciones más que notables a los albores de la paleontología, como su principio de sucesión faunística, que formuló tras observar que los estratos de rocas sedimentarias podrían identificarse según su contenido en fósiles, y que las mismas sucesiones de estratos con sus fósiles se podían encontrar a lo largo y ancho de Inglaterra. Además, fue el autor del primer mapa geológico de Inglaterra.

Alexandre Brongniart (1770-1847): fue un naturalista ilustrado francés, profesor de Historia Natural y catedrático de Mineralogía, fue colaborador habitual de Georges Cuvier. Se interesó enormemente en el estudio de los trilobites y fue pionero en usar los fósiles como guía para datar las rocas sedimentarias. También hizo notables contribuciones a la clasificación de los reptiles.

Gideon Mantell (1790-1852): este médico y naturalista británico fue el autor del hallazgo de uno de los primeros dinosaurios, *Iguanodon*, y propuso su reconstrucción como una iguana gigante, basándose en el parecido de sus dientes con los de las iguanas actuales, solo que mucho mayores. También describió y publicó otro dinosaurio, el primer tireóforo conocido, *Hylaeosaurus*.

William Buckland (1784-1856): clérigo, naturalista y paleontólogo británico, autor del descubrimiento de *Megalosaurus*, el primer dinosaurio —aunque por aquel entonces no se hablaba de dinosaurios como tales—. Fue pionero en considerar que las hienas habían habitado Inglaterra en el pasado, sin necesidad de explicaciones diluvistas, aunque seguía siendo un firme defensor del diluvio universal. Era partidario del catastrofismo, aunque según pensaba, a cada evento de extinción le seguía uno de creación. A pesar de estar tan influenciado por las ideas creacionistas, aceptó que los depósitos de las glaciaciones no fueron causados por el diluvio, lo que demuestra una mente curiosa y abierta, especialmente para ser un clérigo de la época.

Richard Owen (1804-1892): naturalista y paleontólogo británico. Gran anatomista, estudió muchos animales extintos e introdujo el concepto de homología. Fue el creador del término dinosaurio para definir el grupo que incluía los grandes saurios hallados en aquel momento: *Megalosaurus*, *Iguanodon* e *Hylaeosaurus*. Aunque partidario de la evolución, no lo era de la selección natural, creyendo que los cambios en los seres vivos estaban movidos internamente.

Barnum Brown (1873-1963): paleontólogo estadounidense, ligado al Museo Americano de Historia Natural, para el que lideró campañas de excavación en formaciones geológicas de finales del Cretácico, donde se encontraron por ejemplo los primeros ejemplares del célebre *Tyrannosaurus rex*.

Charles Darwin (1809-1882): si bien Darwin no se dedicó exclusivamente al estudio de los fósiles, fue un ávido naturalista y entre sus objetos de estudio, gracias a los cuales desarrolló su teoría de la evolución por selección natural, estaban los restos fósiles. Durante el viaje del *Beagle* visitó Argentina, donde en 1832 participó en el hallazgo de restos fósiles de mamíferos gigantes, como megaterios o gliptodontes, a quienes relacionó con los armadillos. Estos restos fósiles fueron los primeros que él mismo comparó con parientes actuales y relacionó con el proceso de mutabilidad de las especies, jugando un importante papel en la elaboración de su teoría.

Othniel Charles Marsh (1831-1899) y Edward Drinker Cope (1840-1897) fueron dos paleontólogos estadounidenses que se enfrentaron en la llamada guerra de los huesos. Aunque empezaron siendo colegas, sus diferencias y discusiones llegaron a enemistarlos de por vida, dedicándose a sabotear los trabajos y expediciones de su rival, y llegando a realizar publicaciones sobre material incompleto única y exclusivamente para superarlo. Aunque sus medios fueron cuestionables, y no sean un ejemplo del buen hacer en ciencia y paleontología, su legado es innegable. De la guerra de los huesos salieron descubrimientos tan importantes como *Stegosaurus*, *Allosaurus*, *Apatosaurus*, *Brontosaurus*, *Camarasaurus* o *Diplodocus*.

Adolf Seilacher (1925-2014) fue un gran paleontólogo alemán que realizó grandes contribuciones al campo de la paleobiología. Por un lado, su estudio de los icnofósiles de invertebrados, los cuales clasificó de acuerdo a su dimensión etológica o de comportamiento. Además, fue quien propuso una serie de icnofacies con las que determinar biotopos. También destacó su estudio de la biota de Ediacara, los primeros macrofósiles en toda la historia de la vida. Por si todo esto no fuera suficiente, fue el padre de la morfología construccional o biomorfodinámica: un estudio de la forma de los seres vivos que se basa en tres factores responsables: histórico o filogenético, de construcción y funcional. Tiempo después añadió el ambiente como cuarto factor.

29

¿HAY ALGUNA PALEONTÓLOGA FAMOSA?

Desgraciadamente menos conocidas que sus homólogos masculinos, pero desde luego no menos importantes, hay numerosas mujeres que han hecho valiosísimos aportes en el mundo de la ciencia. Aquí vamos a hablar de algunas mujeres que han pasado a la historia por sus actividades y descubrimientos en el campo de la biología y la geología y por ende en el de la paleontología. ¿Te atreves a descubrirlas?

Etheldred Benett (Tisbury, Inglaterra, 1776-1845): paleontóloga, geóloga y coleccionista de fósiles. Probablemente fue la primera mujer geóloga. Estudiaba y coleccionaba los fósiles que había en su condado natal, principalmente fósiles cretácicos de corales, moluscos, esponjas y vertebrados, reuniendo la colección más importante de ese momento. Además colaboró con importantes geólogos masculinos de su época donde su colección de fósiles jugó un rol importante para desarrollar la geología como ciencia.

Mary Anning (Lyme Regis, Inglaterra, 1799-1847): paleontóloga, coleccionista y comerciante de fósiles. Contribuyó a cambiar las ideas científicas del siglo XIX en historia de la Tierra y vida prehistórica. Descubrió importantes fósiles marinos del período Jurásico (200-145 millones de años) entre los que se incluyen peces, pterosaurios (reptiles voladores), plesiosaurios e ictiosauros (reptiles marinos) y moluscos cefalópodos (como belemnites y amonites).

Elizabeth Philpot (Londres, Inglaterra, 1780-1857): paleontóloga, coleccionista de fósiles y artista. Junto a sus hermanas recolectaron y catalogaron una gran colección de fósiles, entre los que destacaban los fósiles de peces. Sus colecciones eran a menudo utilizadas para investigación. Además, sus conocimientos sobre peces eran muy valorados entre los geólogos y paleontólogos de la época. Fue colaboradora y amiga de Mary Anning, y era común verlas recolectar fósiles juntas.

Mary Horner Lyell (Pancras, Inglaterra 1808-1873): geóloga y naturalista, especializada en conchas de moluscos. Casada con el importante geólogo Charles Lyell, el matrimonio trabajó conjuntamente como pareja científica. Ella investigaba y catalogaba las rocas, minerales y fósiles que recolectaban, además de dibujar, escribir y hacer de intérprete, ya que dominaba cuatro idiomas (francés, alemán, español y suizo). Especialista en conchas de moluscos, recolectó, estudió y catalogó los caracoles terrestres de las islas Canarias. Si se considera a Charles Lyell uno de los padres de la geología, ¡Mary Horner Lyell debe ser considerada como una de las madres!

Maria Matilda Gordon, también conocida como May Ogilvie Gordon (Monymusk, Escocia 1864-1939): geóloga y paleontóloga. Pese a las dificultades (la Universidad de Berlín rechazó su ingreso como alumna por ser mujer) fue la primera doctora en Ciencias por la Universidad de Londres y la de Múnich. Escribió más de treinta artículos de investigación principalmente sobre los Alpes italianos (Dolomitas), obteniendo la medalla Lyell por sus méritos. Fue una importante activista a favor de los derechos de la mujer y de las niñas y los niños.

Annie Montague Alexander (Honolulu, Estados Unidos, 1867-1950): paleontóloga, filántropa y coleccionista de fósiles. Organizó el Museo de Paleontología de la Universidad de California y el Museo de Zoología de Vertebrados, financiando sus colecciones. Además, participó y financió numerosas expediciones al oeste de los Estados Unidos para coleccionar animales, plantas y fósiles.

Alice Evelyn Wilson (Cobourg, Canadá, 1881-1964): paleontóloga, geóloga y divulgadora científica. Fue la primera geóloga canadiense, la primera mujer geóloga contratada por el Servicio Geológico de Canadá, la primera mujer canadiense admitida en la Sociedad Geológica de América y la primera mujer miembro de la Royal Society de Canadá. Pese a todos esos reconocimientos tuvo que pelear toda su vida por ser una mujer científica en un mundo de hombres.

Dorothy Hill (Taringa, Australia, 1907-1997): paleontóloga y geóloga. Fue la primera mujer en ser profesora de universidad en Australia y la primera mujer en ser presidenta de la Academia de Ciencias de Australia. Experta en corales fósiles, publicó más de cien artículos de investigación. A finales de los sesenta y principios de los setenta promovió la incorporación de la mujer en la ciencia, liderando campañas dirigidas a padres.

Mary Leakey, de soltera Mary Douglas Nicol (Londres, Inglaterra, 1913-1996): paleontóloga y antropóloga. Junto a su marido Louis Leakey excavaron en África, descubriendo importantísimos hallazgos, entre otros, el primer cráneo de un simio fósil (*Proconsul africanus*) en la isla Rusinga (Kenia). En la garganta de Olduvai (Tanzania) encontraron herramientas de la Edad de Piedra, el primer cráneo de *Paranthropus boisei* y varios fósiles de antiguos homininos. Tras la muerte de su marido, continuó trabajando en África, descubriendo las huellas de Laetoli, pertenecientes a *Australopithecus afarensis*, con 3,7 años de antigüedad.

Asunción Linares Rodríguez (Pulianas, Granada, España, 1921-2005): paleontóloga. Fue la primera mujer que consiguió una cátedra universitaria de Ciencias en España (Cátedra de Paleontología en la Universidad de Granada). Fue una gran investigadora (especializada en los amonites del Jurásico) y docente, destacando por su trayectoria en la dirección de numerosos trabajos doctorales. Además introdujo en Granada la especialidad de micropaleontología.

Zofia Kielan-Jaworowska (Sokołów Podlaski, Polonia, 1925-2015): geóloga y paleontóloga. Experta en vertebrados mesozoicos como cocodrilos, tortugas, dinosaurios, aves y multituberculados. Fue la primera mujer en pertenecer al Comité Ejecutivo de la International Union of Geological Sciences. Lideró expediciones paleontológicas en el desierto del Gobi y obtuvo una membresía en la Academia Noruega de Ciencias y Letras, así como la medalla Romer-Simpson de la Society of Vertebrate Paleontology.

Lynn Margulis, de soltera Lynn Petra Alexander (Chicago, Estados Unidos, 1938-2011): bióloga evolutiva y divulgadora

En esta imagen están representadas algunas de las grandes mujeres de la paleontología, por supuesto hay muchas más. A. Mary Anning. B. Mary Horner Lyell. C. Maria Matilda Gordon. D. Annie Montague Alexander. E. Dorothy Hill. F. Mary Leakey. G. Lynn Margulis. H. Nieves López Martínez. Fotos: Wikimedia Commons.

científica. Autora de la teoría de la endosimbiosis sobre el origen de las células eucariotas y la teoría de la simbiogénesis sobre la evolución de los organismos vivos. Confeccionó la clasificación actual de los seres vivos en cinco reinos junto a Karlene V. Schwartz y colaboró con el químico James E. Lovelock en la formulación de la hipótesis Gaia, que considera el comportamiento del planeta Tierra como un organismo complejo.

Gudrun Daxner-Höck (Steyregg, Austria, 1941-actualidad): geóloga y paleontóloga. Experta en roedores, bioestratigrafía y cambios climáticos en el Cenozoico. Ha participado y dirigido trabajos de campo y proyectos de investigación en Estados Unidos, Europa y Asia centrados en vertebrados del Cenozoico.

Elisabeth Vrba (Hamburg, Alemania, 1942-actualidad): paleontóloga. Especialista en macroecología y macroevolución. Es un referente en el estudio del registro fósil africano.

Desarrolló la hipótesis del uso de los recursos en la que se basan gran parte de los trabajos de paleontología y evolución actuales. Además desarrolló junto con Stephen J. Gould la teoría de la exaptación, teoría basada en que algunas estructuras de los organismos aparecen para una adaptación inicial y luego evolucionan a otra función diferente sin cambiar la estructura.

Nieves López Martínez (Burgos, España 1949-2010): paleontóloga. Destacó tanto por su labor investigadora (fue una eminencia en lagomorfos del Cenozoico y en los eventos, ambientes y bióticos relacionados con la extinción del Cretácico-Terciario en el área de los Pirineos); como docente, modernizó los estudios paleontológicos en España. Estuvo muy implicada con los programas de innovación docente en el ámbito universitario, tanto en la Universidad Complutense de Madrid, donde fue catedrática, como por medio de diversas propuestas extraoficiales, como el Proyecto Somosaguas de Paleontología.

Anna Katherine *Kay* Behrensmeyer (Estados Unidos, 1946-actualidad): paleontóloga. Especialista en tafonomía y paleoecología. Pionera en el estudio tafonómico y referencia mundial en este campo. Es codirectora del Programa de Evolución de los Ecosistemas Terrestres en el Museo de Historia Natural del Smithsonian. Está muy involucrada en promover el papel de la mujer en la ciencia, participando entre otros, en el proyecto The Bearded Lady Project, que visibiliza a la mujer en la paleontología.

IV

EVOLUCIÓN

30

¿POR QUÉ ES TAN IMPORTANTE CHARLES DARWIN?

Todos hemos oído hablar de Darwin, y de cómo su libro *El origen de las especies* fue toda una revolución. Pero para contar la historia del descubrimiento de la evolución debemos remontarnos a mucho antes.

Filósofos griegos ya manifestaron ideas transformistas, como también filósofos chinos taoístas, para los que la naturaleza está en constante transformación, en contraste con las ideas predominantes en Occidente en aquel momento.

No obstante, fue Jean Baptiste Lamarck quien propuso una primera teoría de evolución. Lamarck, naturalista francés, propuso que la variedad de organismos observable en la actualidad había evolucionado a partir de otros organismos más primitivos, y que este cambio estaba causado por los propios organismos. Según pensaba, los cambios en el medio en el que vivían estos organismos generaban una serie de necesidades, y estos reaccionaban cambiando. Los que lograban cambiar legaban estos cambios a sus descendientes. Por aquel entonces se creía que las especies eran inmutables, razón por la cual

Lamarck se enfrentó a grandes pensadores de la época, como al mismísimo Georges Cuvier, convencido de que las especies no cambiaban y de que los cambios de las faunas con el tiempo eran debidos a los procesos de extinciones catastróficas y repoblamiento por los supervivientes.

En 1831 zarpaba de Plymouth la segunda expedición del barco HMS *Beagle* a cargo del capitán Fitzroy. En esta expedición les acompañó Charles Darwin como el naturalista de a bordo, a pesar de que en principio el capitán Fitzroy tuvo reticencias por la nariz de Darwin. ¡Y es que en aquel momento, lo de que la cara es el espejo del alma se creía firmemente, y la nariz de Darwin le resultaba sospechosa a Fitzroy! Afortunadamente, esto se quedó en anécdota, y el joven Darwin se unió a la expedición.

Aunque inicialmente cursó estudios en medicina y entró a la universidad a la temprana edad de dieciséis años, su atención viró pronto hacia las ciencias naturales, en especial al estudio de los seres vivos y la geología, siendo un gran seguidor de los trabajos de Charles Lyell. Habiendo crecido en él un gran interés por las ciencias naturales, no pudo sino aceptar la posición de naturalista de a bordo del *Beagle*, a pesar de la no retribución y de la inicial negativa de su propio padre por considerar esta expedición «una pérdida de tiempo».

Lo que en principio iban a ser dos años acabaron siendo cinco, y durante este tiempo Darwin se dedicó a continuar sus estudios sobre geología y recopilar especímenes biológicos cada vez que pisaban tierra firme, mientras que el *Beagle* medía las corrientes oceánicas y cartografiaba las costas por las que iban pasando. Cuando finalmente el *Beagle* volvió a casa, Darwin había ido recopilando miles de especímenes y datos, y su fama había ido creciendo, siendo considerado ya una celebridad en los círculos científicos y académicos de la época.

Las observaciones realizadas por Darwin durante el viaje de casi cinco años, y que fue recopilando como parte del diario de a bordo, le permitieron estudiar la gran diversidad de formas de vida actuales, y algunas extintas. Gracias a estas llegó a la conclusión de que las especies de animales y plantas actuales habían surgido a partir de otras en el pasado, ¡que habían evolucionado! Y, además, que esta evolución había ocurrido debido a la escasez de recursos y a la variabilidad, sobreviviendo los más aptos mediante selección natural.

Fotografía de las monedas conmemorativas de Darwin y Wallace como codescubridores de la evolución por medio de la selección natural. Foto: Wikimedia Commons.

Otro naturalista, Alfred R. Wallace, había llegado a una conclusión muy parecida. Wallace se había pasado la vida estudiando la flora y fauna del Amazonas y del archipiélago malayo, y sus observaciones le llevaron a pensar que las especies habían evolucionado por medio de selección natural.

Darwin y Wallace mantuvieron correspondencia e intercambiaron sus ideas y conclusiones. Por aquel entonces Darwin estaba preparando la publicación de su libro, pero por sugerencia de Lyell y Hooker presentó su teoría ante la Sociedad Lineana de Londres en 1858, incluyendo a Wallace como codescubridor. Wallace agradeció enormemente haber sido incluido en esta presentación, ya que Darwin era mucho más conocido e influyente en la comunidad científica, lo cual ayudó a Wallace a entrar, y también le dio un impulso a su teoría evolutiva que no habría tenido trabajando por sí solo. ¡Las cosas no han cambiado tanto! ¿Verdad?

Sin embargo, esta presentación oficial no tuvo mucha repercusión. De hecho, incluso desde la Sociedad Lineana se dijo que en 1858 no había habido grandes descubrimientos reseñables. Pero al año siguiente, Darwin iba a dar la campanada con la publicación de su libro *El origen de las especies* ya que la repercusión fue mucho mayor, sacudiendo a la comunidad científica e incluso llegando a influir a nivel social. ¡Era la primera vez que ideas que negaban la creación de las especies llegaban lejos y podían ser leídas en un libro! Lamentablemente, ni Darwin ni Wallace conocían los mecanismos que hacían que estas características pudieran ser heredadas y seleccionadas. Pero cuando a finales de 1900 se redescubrieron los trabajos de Gregor Mendel, padre de la genética, las piezas acabaron de encajar.

En la actualidad ya nos es imposible trabajar en biología o geología sin tener en cuenta la evolución de las especies. Y sabemos que la evolución de las formas de vida hasta dar lugar a las especies actuales puede rastrearse en el registro fósil, apareciendo en él ancestros de los animales y plantas actuales, junto a otras formas extintas que no tuvieron descendencia.

Charles Darwin murió en su casa en Downe (Inglaterra), en 1882. Si bien él mismo esperaba ser enterrado en el patio de la iglesia de St. Mary, en Downe, por petición de sus colegas, entre ellos el presidente de la Royal Society, William Spottiswoode, tuvo el enorme privilegio de ser despedido en un funeral de Estado en la abadía de Westminster, donde también fue enterrado junto a personalidades científicas de la talla de John Herschel o el mismísimo Isaac Newton. Únicamente cinco personas que no pertenecían a la realeza tuvieron el enorme honor de recibir un funeral semejante durante el siglo XIX y aún hoy se puede visitar su tumba en la abadía. Así mismo, su casa en Downe, conocida como Down House, puede ser visitada, ya que fue restaurada y convertida en una casa-museo donde aprender acerca de la vida de Darwin y sus contribuciones científicas.

31

¿LES CRECIÓ A LAS JIRAFAS EL CUELLO?

Las especies han ido cambiando y evolucionando a lo largo de miles y millones de años, pero ¿cómo se produce este cambio?

Las primeras ideas evolucionistas de Lamarck establecían que eran los organismos individuales (los individuos como tal eran los que cambiaban) los que se adaptaban al medio, y luego sus descendientes heredaban este cambio. Este mecanismo, comúnmente llamado lamarckismo en honor a su autor, se suele resumir con el ejemplo de las jirafas.

Imaginemos una población de jirafas de cuello corto, de las que, además, tenemos registro fósil. Todas llegan a la misma altura de la copa de los árboles, pero existen más hojas tiernas a mayor altura. Según Lamarck, aquellas jirafas capaces de adaptarse y estirarse hasta hacerles crecer el cuello para llegar a más hojas que las demás, legarán esta característica, esta adaptación, a sus descendientes. Así, los seres vivos irían cambiando adaptándose a los cambios en el ambiente en el que viven mediante un proceso denominado herencia de los caracteres adquiridos. Tú mismo cambias y les transmites esta característica a tus hijos.

Para Darwin y Wallace, su evolución por medio de la selección natural se basaba en cinco pasos: en primer lugar, los organismos producen más descendientes de los que el medio puede soportar. En segundo lugar, existe una variabilidad intraespecífica, lo que significa que no todos los individuos de una especie son iguales. Es algo muy normal, fíjate en nosotros mismos: altos, bajos, con diferentes tonos y colores de ojos, pelo o piel… En tercer lugar, y como consecuencia de las dos primeras premisas, la competencia por estos recursos limitados lleva a una lucha por estos entre los individuos de esta especie. Consecuentemente, esto lleva a que lleguen a vivir más tiempo y tengan descendencia los más aptos, y esto a la larga llega a la evolución de nuevas especies.

Sin embargo, en su momento Darwin había aceptado las ideas transformistas de Lamarck, por lo cual el darwinismo original no estaba tan contrapuesto al lamarckismo.

A finales del siglo xix llegó una revisión de la teoría de la evolución por selección natural, que fue llamada neodarwinismo. En este momento, gracias a los trabajos de biólogos como August Weisman se refutan las ideas de herencia lamarckista, se establece que la reproducción sexual genera variabilidad intraespecífica, y que la selección natural actúa sobre esta variabilidad.

Según este nuevo enfoque, la evolución de las jirafas habría sido la siguiente: en una población de jirafas de cuello corto, debido a la variación entre individuos, aquellos con un cuello ligeramente más largo que el resto, podrían alimentarse mejor,

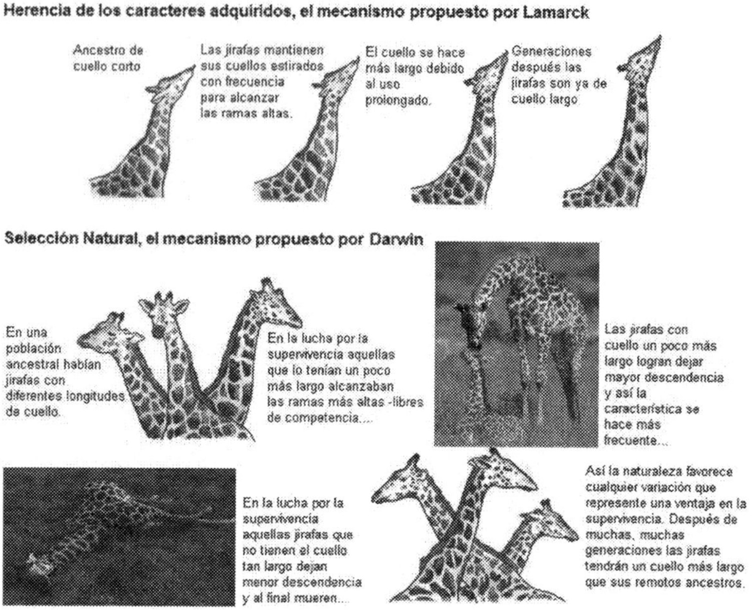

La evolución del cuello de las jirafas según Lamarck (arriba) y según el neodarwinismo (abajo). Imagen: Wikimedia Commons, autor: Sandranadiaedeliaok.

y tendrían más probabilidades de llegar a adultos y reproducirse. Debido a esto, generación tras generación, la longitud media de los cuellos de las jirafas irá aumentando, hasta que no queden jirafas de cuello corto en esta población. Esta sería la versión del crecimiento del cuello de las jirafas por medio de la selección natural vista por el neodarwinismo.

En la primera mitad del siglo XX tuvo lugar la síntesis evolutiva moderna o teoría sintética de la evolución. Esta teoría tan completa incorpora ya datos genéticos y paleontológicos y es el resultado del trabajo de diferentes científicos como el genetista Theodosius Dobzhansky (1900-1975); el taxónomo Ernst Mayr (1904-2005); el zoólogo Julian Huxley (1887-1975); el paleontólogo George G. Simpson (1902-1984); el zoólogo Bernhard Rensch (1900-1990) y el botánico George Ledyard Stebbins (1906-2000).

Esta versión está actualmente vigente, la síntesis moderna considera los genes la unidad de la evolución, siendo su expresión en los individuos la responsable de su supervivencia o no debido a la selección natural y otros mecanismos. Porque sí, en la evolución y en los procesos de especiación pueden actuar más mecanismos que la selección natural.

32

¿POR QUÉ LOS MACHOS DE AVE SON MÁS COLORIDOS QUE LAS HEMBRAS?

Al observar la gran diversidad en los animales que han existido y que viven en la actualidad nos sobrecoge la variedad de formas que han llegado a evolucionar. Por ejemplo, la cantidad de especies diferentes de aves que existen. ¡En la actualidad se conocen unas nueve mil especies, frente a unas cuatro mil especies conocidas de mamíferos! Pero incluso podrían ser muchas más según un estudio reciente que duplicaría su diversidad.

Y los pájaros varían mucho de forma, desde los gorriones que vemos a diario en nuestras calles, hasta los avestruces y otras aves no voladoras o, por ejemplo, los colibrís. Una cosa que observamos con frecuencia en aves y nos llama mucho la atención es la posesión de plumas de colores y formas muy diferentes. No hay más que fijarse en el pavo real para ver un ejemplo de diversidad en las plumas. De hecho, a veces las plumas de las aves son tan coloridas que cuesta imaginar cómo es posible que la selección natural haya ido dándoles forma. ¿No son más vistosos así? ¿No corren más peligro de ser vistos por depredadores?

En muchas especies, como en el ya mencionado pavo real, llama la atención que los machos y las hembras tengan coloración diferente, e incluso plumas de formas diferentes. Pero ¿acaso ambos sexos no deberían estar sometidos a las mismas presiones de selección en la naturaleza? El sexo viene determinado por los cromosomas sexuales, de modo que hay genes en estos cromosomas que se heredan ligados al sexo. Por lo tanto, sería viable que algunas características evolucionaran pero se manifestaran solo en uno de los sexos. ¿Cómo ocurre esto? ¿Por qué hay diferencias entre machos y hembras, si la selección natural actúa sobre todos por igual?

El propio Charles Darwin se dio cuenta de que había muchas cosas que parecían ir en contra de la selección natural, pero que desde luego debían tener un valor adaptativo. ¡La naturaleza no regala nada, es muy rácana! Por ejemplo, ¿de qué le valen unas plumas coloridas a un pájaro, poniéndolo en peligro ante los depredadores? ¡Es como llevar un cartel de menú del día!

Si bien la selección natural explica muy bien la mayoría de diversidad de formas que han evolucionado, algunas necesitan de otro mecanismo, y uno de estos otros mecanismos es la selección sexual. Para Darwin, mientras que la mayoría de rasgos de las especies se han ido modelando de acuerdo con la competencia entre especies por los recursos, otros rasgos, los que diferencian a machos y hembras, han sido seleccionados mediante competencia entre individuos del mismo sexo por el apareamiento. Así es como aparecen los caracteres sexuales secundarios que en algunos casos, como en las plumas de las aves, pueden llegar a ser tan escandalosos como en el pavo real. En *El origen de las especies*, Darwin le da mucho peso a la selección sexual dentro de la selección natural, pero le dedica más páginas en otra publicación posterior, *El origen del hombre y la selección en relación al sexo*.

Este fenómeno fue ampliamente estudiado por el biólogo Ronald Fisher. Según este investigador, la selección sexual ha ido dando lugar a caracteres sexuales secundarios extremos y que pueden parecer poco ventajosos, poniendo en peligro la supervivencia de los individuos de estas especies, pero en un principio no eran tan extremos. Según el modelo propuesto por Fisher, la versión inicial de estas características tendría una ventaja que permitiera la mayor supervivencia. La elección de los individuos con esta ventaja en el apareamiento hizo que los descendientes heredaran esta característica ventajosa, pero también heredarían la preferencia por este carácter. En un principio, las poblaciones se diferenciarían por pura selección natural, al ser caracteres ventajosos. La herencia de estos caracteres combinados, por un lado, el carácter ventajoso en uno de los sexos y la preferencia por este carácter en el otro sexo haría que se diferenciaran estas poblaciones de otras, y con el tiempo, ambos caracteres se verían retroalimentados, llegando

La vistosa cola del pavo real evolucionó por selección sexual, ya que plumas tan vistosas y largas no pueden ser explicadas como evolución por selección natural, pudiendo resultar peligrosas para la supervivencia del individuo portador. Sin embargo, pueden ser perfectamente explicadas como estructuras implicadas en el cortejo y reproducción.
Foto: *Pexels.com*.

a expresar este carácter ventajoso de manera cada vez más exagerada, hasta el punto de dejar de ser ventajoso. ¡Pero esto ya no había quién lo parase!

Pero veamos un ejemplo ficticio: en una población de pavos, los machos poseen unas plumas de la cola más largas que les ayudan a maniobrar durante la carrera, de manera que son más eficientes a la hora de huir de depredadores. Las hembras pueden elegir machos con plumas más largas o no, pero acaban apareándose los machos de plumas largas con hembras con esta preferencia. Al ser un carácter ventajoso, las poblaciones empiezan a tener machos con plumas en sus colas cada vez más largas, y los descendientes heredan tanto las plumas largas como la preferencia por estas. Se retroalimentan y, en cientos de generaciones, los pavos tienen plumas de la cola extremadamente largas, que hace tiempo que dejaron de ser útiles para la carrera.

De todos modos, si bien estos caracteres pueden ser aparatosos de cara a la supervivencia de los individuos, son eficientes para la reproducción. Y en la naturaleza, al fin y al cabo, si llegas a reproducirte, ya has cumplido. Ya se considera que has tenido éxito. Los genes se han transmitido porque has sido atractivo, y la vida sigue abriéndose camino. Y es que hay una teoría, la teoría del gen egoísta, popularizada por el biólogo Richard Dawkins, que establece que no somos más que máquinas reproductoras al servicio de nuestros genes, siendo los genes la unidad sobre la que actúa la evolución, no los individuos. De hecho, en la síntesis moderna se considera los genes como la unidad de la evolución, siendo su expresión en los individuos la responsable de su supervivencia o no debido a la selección natural y otros mecanismos, como el que acabamos de tratar, la selección sexual.

Sea como sea, está claro que hay caracteres de los seres vivos que favorecen la supervivencia individual, mientras que otros favorecen el apareamiento. Y de la selección sexual no nos libramos ni los humanos. O si no, ¿por qué los hombres tenemos barba y las mujeres no?

33

¿Está la evolución dirigida?

Estarás más que familiarizado con el típico esquema evolutivo del ser humano como una secuencia de *monetes* cada vez más erguidos, siguiéndose unos a otros, ¿verdad? Esta clase de esquemas se han usado desde hace décadas para mostrar las formas intermedias de nuestra evolución, pero tienen mucho peligro: nos pueden hacer creer que la evolución es lineal, y que existe un solo camino evolutivo que lleva hacia seres cabezones con teléfonos móviles. ¡Pero no es así!

No hay más que echar un vistazo al registro fósil de parientes del ser humano para ver que varios homínidos llegaron a convivir, y no todos son nuestros ancestros. Por ejemplo, los

Paranthropus fueron unos homínidos que vivieron en África hace entre 2,5 y 1 millón de años, a principios del Pleistoceno, cuando también vivían los *Homo habilis*, considerados como ancestros nuestros. Así, los *Australopithecus* dieron lugar a dos linajes, al nuestro, y al de los parántropos. La evolución por lo tanto no es lineal, sino que tiende a formar ramificaciones.

Sin embargo, es cierto que cada uno de estos linajes muestra una tendencia evolutiva. Y es que hay caracteres que tienden a potenciarse debido a su éxito. Que unos caracteres sean beneficiosos y nos ayuden a sobrevivir o a reproducirnos hace que estos caracteres se potencien, se vuelvan más abundantes en las poblaciones. Y esto puede llegar a la especiación, a la aparición de nuevas especies. Sin embargo, hay veces que las abundancias de unos caracteres respecto a otros en las poblaciones no tienen que ver con un proceso de selección natural. Hay veces que pueden darse una serie de cambios en la composición de las poblaciones respecto a caracteres que no tienen que ver con los beneficiosos que son, y que dependen más del tamaño de las poblaciones y del puro azar.

La genética ha permitido estudiar cómo actúa la evolución, y se pueden llegar a observar escenarios evolutivos. Literalmente se pueden observar cambios de rasgos hereditarios entre generaciones. El uso de microorganismos o insectos, organismos con tasas altas de reproducción y por lo tanto de paso de generaciones, es muy habitual en estudios genéticos, para ver cómo se producen estos cambios a lo largo de las generaciones. Y se pueden llegar a observar estos escenarios en los que los caracteres mayoritarios en las poblaciones cambian.

Por ejemplo, está el mecanismo de la deriva genética, en el que también hay cambios en los caracteres en las poblaciones a lo largo de generaciones, pero independientemente de lo ventajosos que sean. Vaya, que tiene más de aleatorio que de otra cosa.

Existen caracteres que no son ventajosos para la supervivencia, y que igualmente fluctúan y cambian a lo largo de generaciones. De hecho, por pura aleatoriedad a la hora del apareamiento, hay caracteres que pueden llegar a desaparecer de ciertas poblaciones. ¡Y este cambio no es por selección natural, sino por puro azar! Estos cambios pueden llegar a ser más notables en poblaciones pequeñas, en las que la diversidad tiende a disminuir.

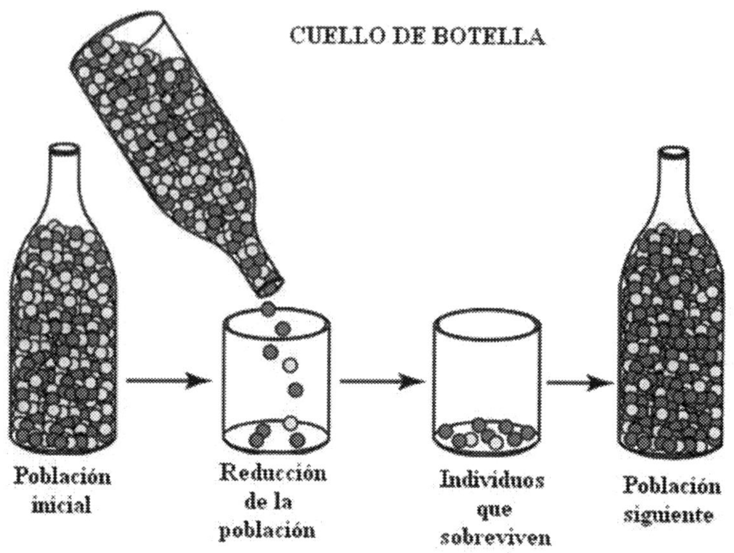

Efecto cuello de botella: por puro azar, una población ve reducida su diversidad o las proporciones de sus individuos varían. Imagen: Wikimedia Commons, Autor: Anjile.

Escenarios de este tipo son los efecto cuello de botella o el efecto fundador. El efecto cuello de botella viene a explicar lo que puede pasar cuando una población se ve reducida debido a una catástrofe en la que los pocos supervivientes son aleatorios: los caracteres de la población resultante cambiarán por haberse reducido la diversidad. El propio nombre es muy gráfico: en un cuello de botella, la abertura es pequeña respecto al volumen total de la botella. Si imaginamos que la botella está llena de pequeñas bolas de colores —que representan la diversidad— el pequeño tamaño de la abertura del cuello de botella hará que cada vez que se abra, salgan pocos individuos, mostrando menor diversidad de la que se podía observar en la población original de dentro de la botella. Así, la botella llena de bolas de colores sería una población diversa, y los pocos individuos que salen al abrir unos segundos la botella, representarían a los supervivientes de un evento catastrófico. Al reducir la diversidad de estos catacteres, los descendientes de los supervivientes serán menos diversos que la población original, por mucho que llegue a ser tan grande en número de individuos como la original.

El efecto fundador no es un escenario catastrófico, pero es muy parecido. Partimos de una población con variación y diversidad, de la que una fracción llega a un nuevo hábitat y da lugar a una nueva población. Esta fracción aleatoria de la población original dará lugar a una población con menos diversidad que la original. En ambos escenarios partimos de una población con diversidad, de la que deriva una población con una abundancia de caracteres diferente, sin que actúe realmente la selección natural sobre ellos. La diversidad de caracteres resultante es únicamente fruto del azar.

34

¿Evolucionamos rápidamente?

Hay cambios a pequeña escala y cambios en las abundancias de caracteres en las poblaciones que pueden variar entre generaciones. ¿Pero qué hay de la evolución a gran escala? ¿Cuánto tardamos en evolucionar? ¿En cuánto tiempo se han generado especies nuevas en el pasado?

Lo cierto es que existen diversas hipótesis sobre el ritmo en el que ocurren esos cambios, y no necesariamente tienen que ser excluyentes, aunque *a priori* parezcan opuestas. Estas dos hipótesis son el gradualismo filético y el equilibrio puntuado.

El gradualismo filético establece que los cambios, la transformación de unas especies en otras, ocurren gradualmente, poco a poco, a lo largo de los linajes. Y que, por lo tanto, las especies están en constante cambio en todo momento. Este sería el caso en el que un carácter que resulta beneficioso para la supervivencia de los individuos de una especie va aumentando su proporción en la población y, poco a poco, va potenciándose, expresándose cada vez con mayor fuerza. Este es el modelo evolutivo que propuso Lamarck o el propio Darwin. Y como tal, fue incluida en el neodarwinismo.

Por su parte, el equilibrio puntuado o equilibrio interrumpido, también llamado en ocasiones saltacionismo, establece que las especies están bien adaptadas a su medio, de modo que cambian poco, permaneciendo en un estado de estasis evolutiva. Este escenario se ve roto o interrumpido por un cambio en las condiciones, que provoca una presión de selección, la cual tiene como consecuencia una acumulación de cambios evolutivos que den lugar a una nueva especie (o varias) en un espacio corto de tiempo desde el punto de vista del tiempo geológico. Esta teoría fue propuesta por Niles Eldredge y Stephen Jay Gould en 1972 para explicar el hecho habitual de que en el registro fósil las especies no cambian significativamente durante un tiempo, para después extinguirse o cambiar rápidamente en escala geológica.

No obstante, esta observación en el registro fósil, para los gradualistas filéticos, solo pone de manifiesto la imperfección y sesgos de este registro. Y es que el registro fósil tiene el problema de estar muy sesgado: no fosilizan todas las especies. Tan solo los seres vivos que poseían partes duras mineralizadas en su cuerpo y que se hallaban cerca de ambientes de sedimentación, como ríos, lagos, mares o cavidades cársticas han podido convertirse en fósiles potenciales. Y de todos ellos, tan solo hemos descubierto un puñado. Algunos se han perdido para siempre por procesos como la erosión, otros están esperando ser hallados. Por lo tanto, incluso tomando como válido el escenario de un cambio gradual, puede que esta limitación del registro fósil impida observar cada fotograma de este cambio y lo que observemos parezca un proceso a saltos.

Lo cierto es que no todos los linajes evolucionan del mismo modo. Los genéticos evolutivos tratan de averiguar el tiempo de divergencia de las especies de acuerdo con las diferencias entre sus secuencias de ADN. En el pasado, se propuso que la evolución, y por lo tanto la especiación, tiene lugar por acumulación de mutaciones. Y que las mutaciones se producen espontáneamente por errores de transcripción del ADN. Y que, dado que los enzimas encargados de la transcripción varían muy poco entre especies, la tasa de error podría ser parecida entre especies, permitiendo calcular estos tiempos de divergencia entre todas las especies, a modo de reloj molecular. Pero los datos moleculares recopilados apuntan a una realidad muy distinta: la tasa de cambio no es constante. Aun así, este reloj molecular puede usarse en linajes concretos y siempre

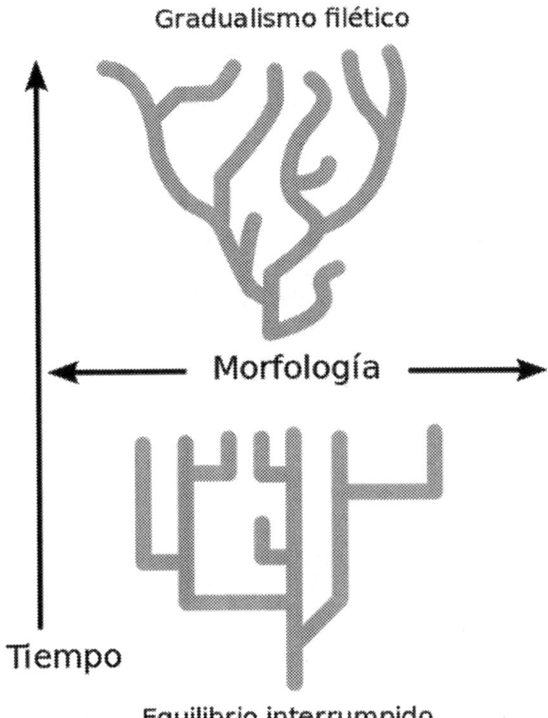

Dos modelos de cómo funciona la evolución, el gradualismo filético y el equilibrio puntuado o saltacionismo. Imagen: Wikipedia Commons. Autor: Eduard Solà.

usando muchos datos para poder contrastar los resultados obtenidos.

Sea como sea, la genética puede estar indicando que en la evolución, si bien unas veces las especies cambian gradualmente, otras veces se mantienen en estasis evolutiva. De modo que unos linajes pueden comportarse de una manera, y otros linajes, de la otra. Y es que, ¿acaso no hay especies que apenas han cambiado en millones de años, mientras que otros linajes han cambiado mucho?

Un posible ejemplo de evolución gradual sería la evolución del linaje de los caballos, que han ido cambiando desde ser animales pequeños de patas cortas y con tres y cuatro dedos en las patas, hasta ser animales de gran porte, con patas largas con un único dedo convertido en un casco. Se trata de un proceso que empezó hace 50 millones de años durante el Eoceno, con *Hyracotherium*, y cuyo linaje incluye cambios en principio graduales, aumentando su tamaño, alargando sus patas y reduciendo los dedos hasta llegar a los actuales *Equus*.

Sin embargo, para los partidarios del equilibrio puntuado, cada una de esas formas transicionales de la evolución de los équidos sería estable en un período largo de tiempo, y los cambios entre ellos, como el aumento de tamaño, o la reducción de dedos de las patas ocurrirían en períodos cortos de tiempo, debido a la presión selectiva como consecuencia de algún cambio ambiental. En el caso de la evolución de los équidos es innegable el peso de un cambio climático hacia climas más secos, que propició la aparición de ambientes de tipo pradera frente a ambientes boscosos húmedos. Posiblemente llegar a conocer en cuánto tiempo tuvieron lugar estos episodios de cambio climático pueda arrojar más luz acerca de si la evolución de este grupo fue más gradual, o un caso de equilibrio puntuado.

V

Precámbrico: el comienzo de la vida en la Tierra

35

¿Ha existido siempre la atmósfera terrestre?

La respuesta es no, pero casi. La formación de la atmósfera terrestre fue un proceso muy rápido en lo que a términos geológicos se refiere. La Tierra se formó hace la friolera de 4600 millones de años debido a la colisión de materiales formados por nebulosas de gas y polvo y la atmósfera apareció apenas doscientos millones de años después. Este lapso de tiempo puede parecernos enorme si tenemos en cuenta que nosotros los *Homo sapiens* llevamos mil veces menos tiempo sobre el planeta (aparecimos hace 200 000 años), pero en el fondo, la Tierra ha tenido una atmósfera que lo protegiese de amenazas exteriores durante más del 95 % del tiempo. Sin embargo, al principio, esto era inviable. La Tierra tal y como la conocemos no existía aún, tan solo era una pequeña agrupación de cuerpos de unos pocos kilómetros de diámetro que se iban agrupando debido a la fuerza de la gravedad. La formación de la Tierra, como la del resto de los planetas, se debió a esa condensación de la materia en pequeños núcleos que atraían cada vez más materia.

Lo bueno es que cuanto más cuerpos estelares se congregaban, más iba aumentando la masa y, por lo tanto, más cuerpos continuaba atrayendo hacia sí la gravedad terrestre. La masa y el campo gravitatorio fueron aumentando constantemente haciendo que la Tierra se convirtiera en una gran masa de roca fundida bombardeada constantemente por asteroides, cometas y meteoritos. El impacto de uno de estos enormes meteoritos hace 4400 millones de años provocó el desprendimiento de numeroso material terrestre al espacio, que se reagrupó de igual manera que había hecho la Tierra hasta formar nuestro único gran satélite: la Luna.

En aquel entonces, la superficie de la Tierra consistía en una masa incandescente. Con semejante panorama: lluvia incesante de meteoritos, ácidos letales, emanaciones de magma… el surgimiento de la vida en la Tierra era todavía impensable. De hecho, nuestro planeta apenas si se podía diferenciar de otros planetas cercanos o de su asteroide.

Afortunadamente, gracias a la pérdida de gases ligeros al espacio y a la menor luminosidad solar en el rango visible, la Tierra comenzó a enfriarse. El material fundido más ligero se fue quedando en la superficie mientras que el más denso se fue hundiendo, formando el núcleo. Se originó una primera costra delgada que continuamente se fracturaba por la salida de lava a la superficie y por los terremotos. Estas roturas permitieron a los volátiles gases escapar a la superficie y formar la atmósfera primitiva. Aquella sopa vaporosa estaba compuesta principalmente por hidrógeno (H_2), dióxido de carbono (CO_2) y agua (H_2O).

La Tierra continuó enfriándose y eso permitió que comenzaran a aparecer las rocas y las primeras grandes extensiones de agua. La acumulación paulatina de gases procedentes del manto y sobre todo de los gases procedentes de las colisiones de los meteoritos al chocar contra la Tierra y evaporarse, fue transformando la composición de la atmósfera. Esta primera atmósfera, aunque primitiva, ya cumplía con su principal cometido actual: proteger la Tierra de la radiación ultravioleta del Sol y de los constantes impactos de los meteoritos. Sin una capa gaseosa exterior que nos sirviese de escudo, la vida en la Tierra no habría sido posible. Es más, si la atmósfera terrestre hubiese sido un poco más fina, los rayos ultravioletas habrían traspasado la atmósfera y habrían quemado la superficie de la

La atmósfera del pasado era muy diferente a la atmósfera que tenemos ahora. La primitiva atmósfera estaba compuesta por hidrógeno, dióxido de carbono y agua. La aparición de las cianobacterias hace 3700 millones de años produjo la aparición del oxígeno, que produjo un fuerte cambio atmosférico. En la actualidad la atmósfera está compuesta principalmente por nitrógeno y oxígeno, y en menor medida por argón, dióxido de carbono, vapor de agua, ozono, metano y helio. Foto: Wikimedia Commons.

Tierra imposibilitando la vida de los seres vivos. Por el contrario, si la atmósfera terrestre hubiese sido un poquito más gruesa, habría actuado como invernadero, impidiendo escapar el calor y el resultado habría sido el mismo. ¿Quiere decir eso que por un azar casi milagroso la atmósfera tiene la composición y el tamaño adecuado para permitir que surgiera la vida? No. La atmósfera fue cambiando con el paso del tiempo. De hecho, fueron los propios seres vivos los que la fueron modificando para hacer el planeta más apto. Tanto la aparición de las bacterias metanógenas como la aparición de las cianobacterias produjeron nuevos cambios en la atmósfera, transformándola poco a poco en una atmósfera que permitiese la vida.

Las bacterias metanógenas utilizaban gases de origen volcánico como el CO_2 y el H_2 para obtener energía, liberando a la atmósfera como producto de desecho el metano. Mientras que las cianobacterias obtenían energía del Sol mediante la transformación del agua y el CO_2 en moléculas orgánicas, produciendo oxígeno (O_2) como producto de desecho. Estos organismos hicieron que aumentara la cantidad de oxígeno y metano en la atmósfera y, poco a poco, se fue produciendo una reducción considerable del dióxido de carbono, de modo que fue la vida la que permitió el florecimiento de la propia vida. Los primeros organismos se adaptaron a las condiciones físicas y químicas del planeta transformándolo y haciendo que fuera más habitable, lo que permitió que surgieran nuevas formas de vida. La atmósfera y la vida que de esta surgió es la principal razón de que la Tierra sea tan diferente a Marte o a Venus.

Durante mil cuatrocientos millones de años, un treinta por ciento de la vida de nuestro planeta, las cianobacterias fueron liberando a la atmósfera enormes cantidades de oxígeno, que cambiaron la química tanto de los océanos, como de la atmósfera, hasta que en torno a los 2400 millones de años se produjo el gran evento oxidativo. Con el tiempo, este aumento de oxígeno atmosférico, tóxico para las bacterias metanógenas, consumió el metano atmosférico e incrementó el ozono (O_3), produciendo una glaciación que tuvo lugar entre los 2400 y los 2100 millones de años.

La producción continuada de oxígeno por parte de las cianobacterias, durante otros quinientos millones de años, terminó de hacer ricos en oxígeno tanto la atmósfera como los fondos oceánicos. El aumento del oxígeno fue básico para la vida en la Tierra, haciendo de pantalla protectora contra los rayos del Sol.

En definitiva, la atmósfera terrestre ha ido cambiando a lo largo de los millones de años permitiendo el desarrollo de la vida. Actualmente la atmósfera se compone, como dice la canción de Mecano, de nitrógeno (78 %), oxígeno (21 %) y argón (0,93 %), y aunque no lo dice la canción también existen proporciones de otros elementos como dióxido de carbono, vapor de agua, ozono, metano y helio. Así que ya sabes, cada vez que escuches la canción *Aire* piensa en todo lo que la vida debe a su escudo vaporoso.

36

¿Cómo eran las primeras formas de vida?

Aunque el nacimiento de la vida en la Tierra está fechado en 4000 millones de años, los fósiles más antiguos que se conocen tienen una antigüedad de 3700 millones de años. Pertenecen a unos organismos unicelulares muy sencillos llamados cianobacterias. Este curioso nombre engloba un tipo de bacterias de color azul verdoso, de tamaño milimétrico, que forman filamentos y que son capaces de realizar la fotosíntesis oxigénica, es decir, incorporar la energía de la luz del Sol y transformarla en energía química, liberando oxígeno en el proceso. Este hecho será vital en la historia de la vida en la Tierra, ya que transformarán la atmósfera primitiva reductora en una atmósfera oxidante, rica en oxígeno, que permitirá grandes (y vitales) innovaciones evolutivas en los organismos.

Las cianobacterias producen unas estructuras orgánicas denominadas estromatolitos. Este término, estromatolito, viene de la forma griega que, literalmente, significa 'roca laminada', y son unas estructuras con morfología diversa que va desde los domos hasta forma de columnas. Los estromatolitos son visibles a simple vista y están formados por la acción de la actividad de las cianobacterias. Las colonias de cianobacterias tienen una capa externa gelatinosa con la que capturan y fijan las partículas carbonatadas que hay en suspensión en el medio, formando múltiples capas superpuestas en láminas, que fosilizan como rocas carbonatadas. Cada capa del estromatolito representa un tapiz de cianobacterias, donde únicamente la capa superficial tiene organismos vivos.

Los fósiles más antiguos que se han descubierto hasta la fecha tienen 3700 millones de años y se descubrieron al sureste de Groenlandia, en Isua. Al noroeste de Australia, en una formación rocosa llamada Apex Chert se han descubierto también estromatolitos, aunque estos tienen una antigüedad de 3500 millones de años, ¡que tampoco está nada mal!

En esta época aparecen también las formaciones de Hierro Bandeado (BIF, del inglés *Banded Iron Formations*), que son unas rocas sedimentarias de origen marino, que presentan

Las diminutas cianobacterias producen unas estructuras orgánicas llamadas estromatolitos, que son visibles a simple vista. Aunque los primeros fósiles de cianobacterias tienen 3700 millones de años, en la actualidad sigue habiendo cianobacterias, aunque únicamente en sitios muy restringidos y concretos como la costa oeste de Australia o el mar Rojo, entre otros. Foto: cortesía de Geosfera C.B.

estructuras formadas por bandas, en la que alternan bandas férricas (óxidos de hierro) de color negro y plateado, y bandas de lutitas y sílex de color rojizo. Su origen está relacionado con las cianobacterias, ya que producirían oxígeno en el océano, que oxidaría el hierro disuelto en el agua, y este, al no ser soluble en agua, acabaría depositado en los fondos marinos y aguas continentales dando origen a los minerales del hierro de las BIF.

Mientras las cianobacterias fueron escasas, todo el oxígeno que producían se consumía de forma local en los océanos, mediante la oxidación del hierro o el azufre. Pero hace 3000 millones de años las colonias de cianobacterias se hicieron extremadamente abundantes y tanto los océanos como la atmósfera fueron perdiendo parte de su dióxido de carbono y enriqueciéndose en oxígeno. Actualmente, se siguen formando estromatolitos, y es que, aunque han disminuido mucho su número, siguen existiendo hoy en día.

Además, pueden vivir prácticamente en cualquier medio que contenga algo de humedad, ya sea océanos, agua dulce, suelos... y aunque eran extremadamente abundantes hace 3000 millones de años, en la actualidad están limitados a ambientes extremos como zonas costeras áridas y a lagos hipersalinos (Shark Bay en Australia, Andros Island en Bahamas, el golfo Pérsico, el lago Salda en Turquía y algunas lagunas en México, Chile, Brasil y Argentina).

¿Sabías que en España también se han encontrado fósiles de estromatolitos? Por ejemplo en las cordilleras Béticas y Penibéticas. En esta zona los estromatolitos son relativamente abundantes.

Otro ejemplo es el afloramiento de Porto Pí, en Mallorca, que se formó hace seis millones de años, cuando la isla de Mallorca estaba rodeada de arrecifes de coral y bañada por un mar poco profundo.

O los estromatolitos de la cueva de El Soplao, en Cantabria, que se formaron hace aproximadamente un millón de años en un antiguo río subterráneo.

¡Pero las cianobacterias no son las únicas formas de vida primitivas! A la vez o ligeramente anteriores a las cianobacterias surgieron otros organismos primitivos, ¡las bacterias metanógenas! Estas bacterias eran quimiosintéticas, es decir, que utilizaban gases de origen volcánico (dióxido de carbono e hidrógeno) que por aquel entonces abundaban mucho, para generar las moléculas orgánicas y liberar metano.

Pero estas bacterias solo podían vivir en ausencia de oxígeno, por lo tanto cuando el mar y la atmósfera se hicieron ricos en este elemento empezaron a desaparecer.

Aun así todavía tuvieron que pasar unos tres mil millones de años antes de que pudieran desarrollarse formas de vida más complejas y aparecieran los primeros animales complejos y acorazados. ¡Pero no adelantemos acontecimientos! Esta explosión de vida no surgirá hasta hace 542 millones de años, en un nuevo eón, llamado Fanerozoico.

37

¿Por qué durante dos mil millones de años la vida en la Tierra no presentó evidencias de evolución?

Muy sencillo, porque, durante esos primeros dos mil millones de años de la Tierra, ni en los mares ni en la atmósfera había suficiente oxígeno como para que pudieran desarrollarse formas de vida más complejas que las primeras bacterias.

Una vez que los mares y la atmósfera se llenaron de oxígeno pudieron evolucionar formas de vida mucho más complejas. Aparecieron los animales y las plantas, se tuvieron que acorazar mediante conchas y caparazones para protegerse de los depredadores, desarrollaron órganos y formas complejas...

Pero para que eso ocurriera, antes tuvieron que pasar muchas cosas, ¡y nos estamos adelantando muchos millones de años! La historia de la Tierra puede dividirse en dos etapas desde su formación hace 4600 millones de años hasta la actualidad: el Precámbrico y el Fanerozoico. A su vez, esas dos etapas se dividen en eones. En el caso del Precámbrico se divide en tres eones denominados Hádico, Arcaico y Proterozoico, que abarcan más del 85 % de la historia de la Tierra.

El Hádico es el período que engloba la formación de la Tierra y dura unos seiscientos millones de años. Recordemos que la Tierra se había formado por un proceso de unión y colisión de partículas de polvo y gas. Durante este eón la Tierra sufre un continuo bombardeo de meteoritos, asteroides y cometas; y la Luna se forma como consecuencia de uno de estos impactos. Entonces la corteza terrestre comienza a enfriarse y se empieza a formar la estructura interna de la Tierra. La hidrosfera, es decir, la totalidad del agua del planeta, mares, océanos, ríos y lagos, se origina como consecuencia de la caída de los meteoritos y de la condensación del vapor de agua producida por las erupciones volcánicas. Y la atmósfera primitiva está compuesta por la desgasificación de magmas, siendo rica en dióxido de carbono, nitrógeno, metano y azufre. ¡Muy, muy diferente a la que nos encontramos en la actualidad!

El siguiente eón, el Arcaico, es un período larguísimo, ¡dura mil quinientos millones de años! Durante este período cesan los continuos bombardeos de meteoritos y se inician los procesos geológicos. Se forma la litosfera (capa externa de la Tierra formada por materiales sólidos) y se desarrollan las primeras formas de vida. Esto ocurre hace aproximadamente unos 3700 millones de años, con las cianobacterias, unas bacterias muy especiales gracias a las cuales comienza a liberarse oxígeno en la atmósfera. Aproximadamente a la vez, se desarrollan las bacterias metanógenas, que emiten metano. Además se produce la primera glaciación.

El último eón de este gran período es el Proterozoico, que abarca unos dos mil millones de años ¡una auténtica barbaridad! Aquí la vida bacteriana anaeróbica (sin oxígeno) se expande brutalmente produciendo una transición a una atmósfera con oxígeno. La litosfera alcanza un espesor medio de veinticinco kilómetros y comienza a comportarse como en la actualidad, provocando el progresivo agrupamiento de los continentes. Además, se producen fenómenos muy curiosos como el gran evento oxidativo, que ocurre hace 2400 millones de años, momento en el que la atmósfera acumula niveles considerables de oxígeno. Como consecuencia de este evento se produce una gran glaciación.

Una de las cosas más alucinantes de este eón es el cambio hacia una atmósfera y océanos ricos en oxígeno que se produjo hace aproximadamente 2000 millones de años. Este factor fue clave para la vida. ¿Quieres saber por qué?, pues porque a partir de este momento se desencadenaron prácticamente todas las innovaciones evolutivas, produciéndose un *boom* de vida sin precedente.

¿Te atreves a descubrir qué pasó? Vamos a enumerar muy rápidamente algunos de los acontecimientos más relevantes:

Las células eucariotas aparecen hace 1700 millones de años, son células con verdadero núcleo con cromosomas. Los fósiles eucariotas registrados son los acritarcos, que son diminutas estructuras orgánicas que no representan un organismo sino un resto del organismo vivo como un quiste o una vesícula.

Hace 800 millones de años aparecen los hongos unicelulares. Son microscópicos y están compuestos por una sola célula (en vez de por muchas, como el resto de hongos).

Los organismos pluricelulares (aquellos que tienen división del trabajo celular) aparecieron hace entre 635 y 542 millones de años. Son conocidos como la fauna de Ediacara en referencia al yacimiento australiano de Ediacara. Son organismos pluricelulares que carecían tanto de concha como de esqueleto. Tenían formas muy variadas, algunos eran alargados, otros trilobulares, otros tenían forma de disco...

Muchos de estos organismos no tienen representantes actuales, otros, en cambio, parecen ser los antecesores de los gusanos, de las medusas ¡y hasta de los moluscos!

Estos primeros organismos pluricelulares que vivían en los fondos marinos no tenían depredadores, por eso se conoce esta fauna como el jardín del Edén.

Finalmente, hace 542 millones de años, aparecen los primeros organismos pluricelulares complejos y acorazados, animales con conchas y corazas que recubrían sus cuerpos. Es lo que se conoce como la explosión cámbrica y marca el inicio de un nuevo eón, el Fanerozoico. En este extraordinario pulso evolutivo aparecen organismos sin representantes actuales y otros conocidos, como las esponjas, los artrópodos (como las arañas o los insectos), los moluscos (como los bivalvos, los gasterópodos y los cefalópodos), los anélidos (como los gusanos) y los cordados (grupo al que pertenecemos los humanos), de hecho, ¡la mayor parte de los grupos actuales aparecen en este período!

38

¿Cómo se formó la vida?

Las primeras evidencias sólidas de vida en el registro geológico datan de hace 3700 millones de años. Pero ¿cómo llegó a surgir la vida?

Los seres vivos más sencillos que existen son las bacterias, organismos unicelulares sin núcleo diferenciado ni orgánulos: en las bacterias, su ADN y todo su contenido está disperso por su citoplasma. Si bien los virus son todavía más sencillos, no son capaces de vivir por sí solos, ni de replicarse por sí solos: necesitan una célula a la que infectar. ¡De hecho muchos científicos consideran que por esta razón ni siquiera deberíamos considerarlos seres vivos! Así pues, lo más probable es que la primera forma de vida fuese algo parecido a una bacteria primitiva.

A esta primera forma de vida, ancestro de todos los seres vivos, se le suele llamar LUCA, del inglés Last Universal Commom Ancestor, el 'último ancestro común universal'. Y sí, hipotéticamente sería una especie de bacteria, un organismo unicelular sin núcleo y muy primitivo.

Pero para que surgieran las primeras células sencillas hacía falta que existieran biomoléculas. ¡No puedes construir una casa sin ladrillos! ¿Pero estas moléculas de dónde salen? Según la teoría de la síntesis abiótica propuesta por el bioquímico ruso Alexander Oparin y el genetista británico John Haldane, las primeras células surgirían a partir de la materia orgánica presente en el medio acuático: según esta teoría, gracias a diversas fuentes de energía y a los compuestos sencillos presentes en la atmósfera y medio acuático, se sintetizarían los primeros compuestos orgánicos, como azúcares, ácidos grasos, aminoácidos y bases nitrogenadas. Y estas moléculas se fueron asociando y formando así moléculas mayores.

Con el objetivo de contestar a esta pregunta, desde hace décadas se experimenta replicando las condiciones primitivas de la Tierra y se han llegado a obtener biomoléculas sencillas como azúcares o aminoácidos. Uno de los experimentos más famosos de este tipo lo realizó Juan Oró, que obtuvo bases nitrogenadas, precursoras de los nucleótidos del ADN usando un medio rico en cianuro de hidrógeno y amoniaco, componentes de la atmósfera primitiva.

Pero hace falta que estas moléculas sencillas se agrupen formando macromoléculas. En las condiciones en las que surgió la vida, con una Tierra aún desprovista de atmósfera, la radiación a la que estaba sometida la superficie terrestre rompe estas grandes moléculas. Por esto, se tienen varias teorías acerca de cómo ocurrió este proceso. Estas macromoléculas pudieron organizarse en el fondo del mar, ligadas a fuentes hidrotermales que sirvieran de fuente de energía. Al estar en el fondo marino, las aguas actuaban amortiguando la radiación a la que era sometida la superficie terrestre.

Otra teoría es que las macromoléculas y las primeras células surgieran bajo el hielo de una glaciación, dado que una gruesa capa de hielo también las protegería de la radiación. Y tenemos constancia de que ha habido muchas glaciaciones a lo largo de la historia de la Tierra, así que no sería nada raro.

Una teoría muy popular es la de la panspermia, que viene a decir que la vida o sus componentes llegó a bordo de cometas y asteroides que impactaban con nuestro planeta. Pero esto no deja de ser lanzar el balón a otro tejado, ya que la pregunta sigue siendo válida. ¿Cómo surgió la vida o sus precursores, allá donde fuese?

39

¿CUÁLES HAN SIDO LAS MAYORES CATÁSTROFES NATURALES?

Los dinosaurios dominaron la Tierra durante casi ciento sesenta millones de años. Y hace 66 millones de años se produjo la gran extinción de finales del Cretácico. Sin embargo, las faunas de dinosaurios que vivían a finales del Cretácico no eran las mismas que habían aparecido a mediados del Triásico, ni tampoco eran las mismas especies que habitaron los paisajes jurásicos. Este hecho suele sorprender mucho, porque implica que muchas, muchísimas especies de dinosaurios, ya se habían extinguido a lo largo del Mesozoico. Y popularmente, al hablar de la extinción de los dinosaurios, se da por hecho que todas las especies desaparecieron a la vez. Pero no, muchas especies habían desaparecido mucho antes. ¡Pero esto no es nada raro, ha pasado durante toda la historia de la vida, a lo largo de muchas eras y períodos!

Y es que solemos asociar las extinciones a hechos catastróficos que rompen con el equilibrio natural. Pero no hace falta que ocurra una catástrofe para que una especie —o varias— se extingan. Una extinción es por definición la desaparición de una especie, y esta desaparición puede ocurrir por muchos factores.

Hay diversos mecanismos por los que una especie cambia con el tiempo y evoluciona, dando lugar a otra. Pues bien,

Las extinciones de fondo son relativamente comunes. Los estegosaurios fueron sustituidos por los anquilosaurios a principios del período Cretácico. Foto: Wikimedia Commons.

siendo estrictos, la especie antigua como tal se extingue, aunque haya dado lugar a otra especie descendiente. Por ejemplo, los uros (*Bos primigenius*) son la especie salvaje de la que descienden nuestros toros y nuestras vacas (*Bos primigenius taurus*). Y, sin embargo, el uro como tal está extinto. Del mismo modo, una especie puede llegar a desaparecer con el tiempo por diversas razones, como la llegada de otras especies más eficientes que ella o la desaparición de otra especie de la que se alimentan, sin dejar descendencia alguna. A este caso se le conoce como extinción de fondo. Y como tales, ocurren constantemente a lo largo de la historia.

Estas pequeñas extinciones suelen dejar nichos vacíos, que normalmente suelen aprovechar especies cercanas o semejantes. Aunque en otros casos, pueden provocar la extinción de otras especies con las que estaban relacionadas en su ecosistema.

Volviendo al ejemplo anterior, los estegosaurios serían un caso de extinción de fondo. Fueron dinosaurios herbívoros pertenecientes al grupo de los ornitisquios, provistos de placas y púas a lo largo de su lomo y cola. Estos dinosaurios muy abundantes a finales del Jurásico, cuyos restos fósiles aparecen con mucha frecuencia en las formaciones geológicas de finales del Jurásico de la península ibérica, por ejemplo, pero desaparecieron al terminar este período. ¡Ya no quedaban estegosaurios en el Cretácico, y no hizo falta ninguna catástrofe, su caso fue una extinción de fondo! Su nicho fue ocupado por otros dinosaurios acorazados parientes suyos, los anquilosaurios.

Otro caso de extinción de fondo puede ser el de los neandertales, y hay expertos que la relacionan con la desaparición de los grandes mamíferos del Pleistoceno, que serían las presas preferidas por estos humanos. Al contrario que nuestros primos neandertales, los *Homo sapiens* habríamos tenido una dieta más variada, lo que hizo que no nos afectara tanto la extinción de la megafauna pleistocénica.

Otro caso es el del *Carcharocles megalodon*, el tiburón gigante que pudo alcanzar los veinte metros de longitud y que habitó los mares templados y tropicales desde el Mioceno al Plioceno, pero que hace 2 millones de años desapareció sin dejar rastro, aunque hay quien apunta a que el *Carcharodon carcharias*, el tiburón blanco, es un descendiente suyo. En este caso, la desaparición del gran tiburón gigante coincide con el aumento de tamaño de los cetáceos. Y es que toda extinción puede ser una oportunidad para otras especies. Para algunos autores, la extinción del megalodón habría estado causada por una glaciación a finales del Plioceno.

Por el contrario, hay extinciones masivas, que suelen coincidir con grandes catástrofes o con grandes cambios ambientales. En estos eventos de extinción desaparecen especies, o incluso familias enteras, de diferentes grupos de seres vivos. A estas extinciones se las conoce como extinciones en masa.

Del mismo modo que el vacío dejado por una extinción de fondo puede ser llenado por otra especie, tras una extinción en masa quedan muchos nichos vacíos. Así, tras uno de estos eventos, las faunas supervivientes sufren una radiación adaptativa y forman nuevas comunidades. De ese modo, podemos ver faunas y floras diferentes antes y después de un evento de extinción masiva. ¡Y así es como las identificamos en el registro fósil!

40

¿Ha habido muchas extinciones en la tierra?

Si bien la extinción de los dinosaurios es la más famosa de las extinciones en masa, no es la única que ha sufrido la vida en la Tierra. De hecho, se conocen cinco grandes extinciones en masa desde el inicio del Fanerozoico. ¡Y quién sabe si hubo más extinciones en masa anteriores! Pero como los seres vivos anteriores dejaron pocos fósiles…

El Fanerozoico arranca con la explosión cámbrica, cuando aparecen los animales con partes duras esqueléticas. Y tras el Cámbrico llega el período Ordovícico, que se caracterizó por la gran abundancia y diversidad de trilobites, graptolites, braquiópodos, euriptéridos —conocidos popularmente como escorpiones marinos— o los ortoceras —cefalópodos con concha externa que pudieron llegar a alcanzar grandes tamaños—. A finales de este período, hace 443 millones de años, se registra la primera de las extinciones en masa. Una de las posibles causas es el movimiento del gran supercontinente Gondwana hacia el polo sur, lo que debió de provocar una glaciación con la que bajó el nivel del mar, lo que a su vez causó cambios en las corrientes y en las condiciones generales en las que vivían los organismos en aquel momento.

Pero una vez más, los organismos supervivientes se diversifican durante el Silúrico y el Devónico, dando lugar a formas tan dispares como los ostracodermos —peces acorazados sin mandíbula—, los placodermos —peces acorazados con mandíbula como el gran depredador *Dunkleosteus*— o los tiburones. También se diversificaron grupos de invertebrados como los ammonoideos —comúnmente llamados amonites— o los euriptéridos. Y un gran hito fue el inicio de la colonización del medio terrestre por las primeras plantas terrestres, los primeros insectos y vertebrados tetrápodos primitivos. A finales del Devónico una nueva extinción en masa sacude la vida, hace entre 382 y 358 millones de años. Las causas de esta extinción no están claras, pero se barajan unas cuantas hipótesis, como cambios en el ciclo del carbono debido a la aparición de las plantas, o un cambio de salinidad y cantidad de oxígeno en el

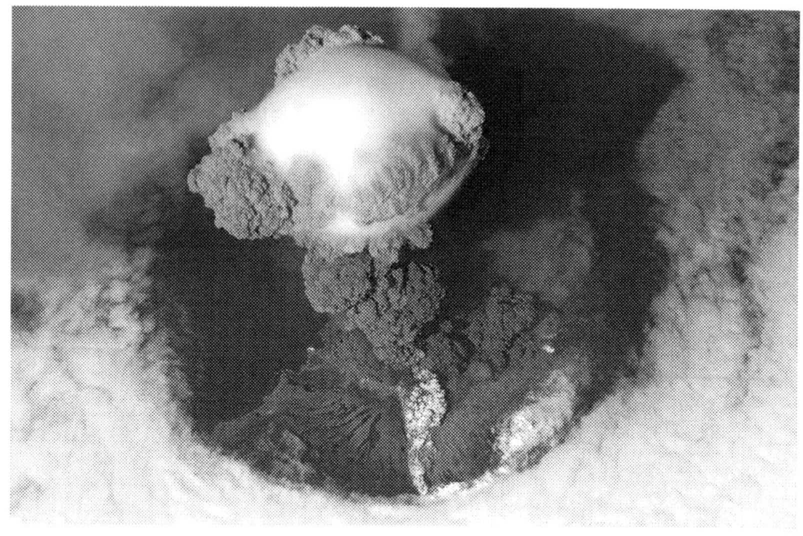

El vulcanismo es una de las posibles causas de la terrible extinción del Pérmico. Foto: Wikimedia Commons.

medio acuático. En esta extinción se vieron más afectadas las especies de vida acuática.

Durante el período siguiente, el Carbonífero, la vida terrestre prospera, y la superficie terrestre se llena de bosques y aparecen los primeros reptiles. En el medio marino abundaron los arrecifes de corales. Durante el período siguiente, el Pérmico, las masas continentales se habían reunido en Pangea, el supercontinente único, y aparecieron los ancestros de los arcosaurios —los tradicionalmente llamados tecodontos, que darían lugar en el período siguiente a los cocodrilos, pterosaurios y dinosaurios— y los sinápsidos —ancestros de los mamíferos—. A finales del Pérmico, hace unos 251 millones de años, tuvo lugar la tercera y más grande extinción en masa que se conoce. Desaparecieron el 96 % de las especies marinas —como los últimos trilobites— y más del 70 % de las especies terrestres —como la mayoría de sinápsidos—. ¡La vida nunca ha estado más cerca de desaparecer! Existen unos cuantos sospechosos, como un impacto de un meteorito, un evento masivo de vulcanismo o la explosión de una supernova cercana al sistema solar.

La vida se abrió camino durante el Triásico, período en el cual aparecieron los cocodrilos, los dinosaurios, los pterosaurios y los mamíferos. En el mar, los primeros reptiles marinos como los placodontos o los notosaurios dominaban los ecosistemas acuáticos. Los arcosaurios primitivos, los conodontos y algunos reptiles acuáticos desaparecieron junto con otras especies de animales y plantas a finales de este período en la cuarta extinción en masa, aunque puede que sea la menor de todas ellas. Sea como sea, los dinosaurios llegaron a dominar la tierra tras esta extinción, de modo que los nichos vacíos debieron venirles de perlas.

A finales del Cretácico tuvo lugar la quinta extinción en masa, la que acabó con la mayoría de dinosaurios.

41

¿Cómo afectaron los cambios climáticos a la vida?

En la actualidad está muy de moda hablar de cambio climático. Desde la Revolución Industrial, el ser humano ha estado modificando el medio ambiente del planeta Tierra, entre otras cosas vertiendo humo y gases producto de las combustiones en la atmósfera, lo que está produciendo una serie de cambios en las temperaturas medias anuales, así como en los fenómenos meteorológicos.

Los humanos vivimos unas pocas décadas. Algunos afortunados llegan a acercarse al siglo. Pero, en cualquier caso, los cambios climáticos que se pueden observar a lo largo de la vida de una persona son pocos en principio. Sin embargo, el registro sedimentario y, con él, el registro fósil, permiten leer en sus páginas los cambios que ha sufrido la Tierra a lo largo de millones de años. ¡Y vaya si ha habido cambios climáticos! En ocasiones los cambios eran nefastos, como acabamos de ver al hablar de extinciones, pero en otros casos la vida ha sabido adaptarse perfectamente. Las formas de vida actuales son el resultado de esta historia, una suerte de carrera armamentística, en la que los animales y plantas y demás seres vivos han ido sorteando obstáculos y adaptándose a un clima y condiciones cambiantes.

Por ejemplo, al empezar el Pérmico la tierra se hallaba en un período de glaciación. Las faunas de principios del Pérmico estaban dominadas por anfibios y pelicosaurios, los primeros sinápsidos, tradicionalmente llamados reptiles mamiferoides. Los descendientes de estos animales a finales del Pérmico, terápsidos más derivados, fueron los gorgonópsidos y dicinodontos. Y durante el Triásico este linaje dio lugar a los mamíferos.

Un grupo de reptiles de pequeño tamaño, los primeros diápsidos, apareció en este momento. Eran los ancestros de los reptiles modernos, así como de los arcosauriformes. Estos primeros arcosauriformes eran semejantes a los cocodrilos, y dieron lugar a los arcosaurios, que incluyen a los cocodrilos, los pterosaurios y los dinosaurios.

Curiosamente, en ambos grupos aparecen estructuras relacionadas con el aislamiento térmico: el pelo en los mamíferos, las plumas en dinosaurios y una especie de pelo llamado picnofibras en los pterosaurios. Incluso en terápsidos se ha descrito la posible presencia de vibrisas o bigotes, semejantes a las que tienen hoy en día muchos mamíferos, gracias a pequeños forámenes de sus cráneos que podrían ser homólogos a los de los mamíferos. La aparición de este tipo de estructuras en grupos diferentes, cuya aparición ocurrió en este momento, coincidiendo con un evento de glaciación sugiere que este tipo de estructuras, o al menos una versión primitiva, apareciera durante esta glaciación a modo de adaptación al frío.

Durante el Plioceno tuvo lugar un cambio climático hacia unas condiciones más áridas, lo que hizo que las zonas boscosas se redujeran a favor de ambientes de pradera. Un grupo de animales que nos es muy familiar se fue adaptando a estas condiciones: los caballos. Inicialmente, durante el Eoceno, hace unos 50 millones de años, eran animalitos pequeños, de patas cortas y 3 o 4 dedos en sus patas. La desaparición de los ambientes boscosos hizo que se favorecieran los tamaños mayores, las patas largas y un número menor de dedos, hasta dar lugar a los caballos de hoy en día, con extremidades largas adaptadas a la carrera y solo un dedo en cada pata formando los cascos. A falta de vegetación abundante en la que esconderse, la mejor defensa ante los depredadores era la carrera, y para correr más era más eficiente ser más grande, y con patas más largas. De modo que durante este cambio climático, aquellos équidos de mayor tamaño y con patas más largas se vieron favorecidos, sobrevivieron más tiempo, y pudieron reproducirse más que sus parientes más pequeños y paticortos. Del mismo modo, apoyar durante la carrera únicamente la última falange es más eficiente para correr a mayor velocidad, de modo que se vieron favorecidos aquellos que necesitaban menor apoyo, incluso llegando a reducir su número de dedos.

Además, sus dientes se adaptaron a una dieta a base de plantas más secas, presentando coronas dentarias más altas y mayor superficie de esmalte, para mejorar la masticación y disminuir el desgaste, ya que las plantas de ambientes de pradera son más secas y fibrosas que las plantas de un ambiente boscoso.

Este cambio climático también tuvo un gran impacto en nuestra propia evolución. Nuestros ancestros, en origen arborícolas, tuvieron que abandonar la seguridad de los árboles y se aventuraron a andar erguidos. De la fase arborícola heredamos nuestro pulgar oponible, y en esta nueva etapa, la postura bípeda se seleccionó para tener mejor visibilidad en ambientes de pradera. Así, podíamos ver por encima de la hierba y localizar a los depredadores más fácilmente. Curiosamente, este hecho determinó el resto de nuestra evolución, ya que el andar erguidos nos permitió tener las manos libres, que empezamos a usar para la elaboración de herramientas. Por lo cual es posible que nuestra evolución, que nos ha llevado a considerarnos la especie dominante del planeta, empezase por culpa de estos cambios climáticos durante el Plioceno…

42

¿Cómo pudo surgir la primera célula?

Hubo un momento en el que pudieron aparecer las moléculas orgánicas necesarias para dar lugar a las primeras células primitivas, como LUCA, que sería una bacteria primitiva de la que descendemos todos los seres vivos. Pero un gran salto evolutivo fue que las células se organizaran. Las bacterias tienen su ADN y todo su contenido disperso por el citoplasma, pero los eucariotas no. Las células eucariotas tienen su ADN recogido en su nucleo y poseen una serie de orgánulos en sus células, donde tienen lugar las diferentes funciones. El salto de complejidad llevó consigo una nueva radiación adaptativa, y los eucariotas no solo se quedaron en organismos unicelulares, sino que se organizaron dando lugar a organismos multicelulares como, por ejemplo, las plantas, los animales o los hongos.

Pero ¿cómo surge la célula eucariota? La teoría más aceptada es que las células eucariotas primitivas surgieron por un proceso denominado endosimbiosis. En 1967, la bióloga Lynn Margulis propuso su teoría de la endosimbiosis seriada para explicar el origen de la célula eucariota. Según esta propuesta, la célula eucariota habría aparecido asimilando bacterias con diferentes habilidades para cada función. En la actualidad es un hecho aceptado, desde el descubrimiento de que algunos orgánulos —los cloroplastos y las mitocondrias— poseen su propio ADN, con su propio sistema de replicación.

Los cloroplastos son un orgánulo presente en todos los organismos eucariotas que realizan la fotosíntesis, principalmente en las plantas. De hecho, la fotosíntesis como tal tiene lugar en estos orgánulos. Según la teoría de la endosimbiosis seriada, su origen está en bacterias fotosintéticas oxigénicas, y el ADN circular que poseen estos orgánulos, semejante al ADN bacteriano, así lo confirma.

Por su parte, las mitocondrias son un orgánulo que se encarga de la respiración celular, o sea, de suministrar la mayor parte de energía que usa la célula eucariota. Y como tal, aparecen en todos los eucariotas, tanto eucariotas unicelulares como en células animales o vegetales, aunque lo cierto es que algunos protistas las han perdido secundariamente. Según la teoría de la endosimbiosis seriada, el origen de las mitocondrias estaría en una bacteria heterótrofa que usaría el oxígeno para oxidar compuestos orgánicos y obtener energía. Sí, hay bacterias de este tipo. Tanto en este caso como en el del cloroplasto se produjo una fusión con otra célula procariota, probablemente siendo fagocitada sin llegar a ser digerida.

Según la teoría de Lynn Margulis, el origen de la célula eucariota tuvo tres o cuatro pasos, en los cuales se formaron el núcleo y otros orgánulos. En la primera incorporación una bacteria consumidora de azufre y una espiroqueta darían lugar al primer eucarionte, con un núcleo primitivo y un flagelo

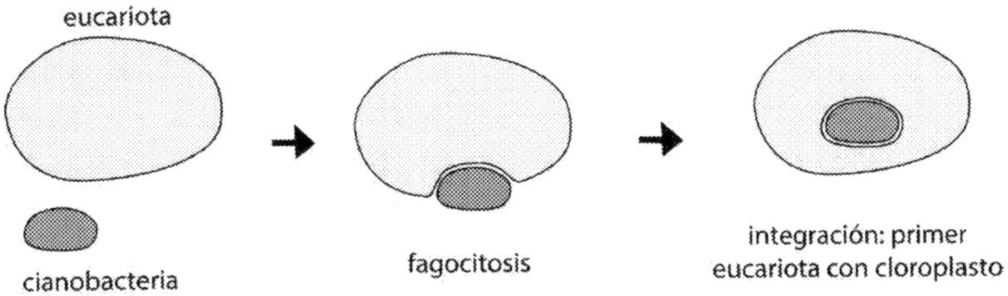

El origen de los cloroplastos de las células eucariotas vegetales tuvo lugar por la adquisición de cianobacterias fotosintéticas oxigénicas mediante una fagocitosis sin digestión, y los beneficios para ambas células de esta unión hicieron que permanecieran unidas. Imagen: Wikimedia Commons.

formado a partir de la espiroqueta. En la segunda, una bacteria respiradora de oxígeno daría lugar a una mitocondria primitiva tras ser fagocitada por el primer eucarionte primitivo y no ser digerido. En la tercera incorporación, se fagocitaron bacterias fotosintéticas, dando lugar a los eucariotas fotosintéticos primitivos.

Posteriormente, incluso se ha propuesto que grandes hitos evolutivos estuvieran asociados a nuevos episodios de endosimbiosis o a transferencia lateral con microorganismos. ¡Quién sabe!

43

¿Existió un jardín del Edén?

Desde luego existió algo parecido, donde no había animales depredadores, muchos de los organismos tenían forma de hoja alargada y vivían fijos al fondo marino en paz y armonía. ¿Quieres saber cuándo y por qué ocurrió esto?

Para eso tenemos que retroceder muchos millones de años. Hace aproximadamente unos 650 millones de años.

La Tierra estaba sufriendo el final de una glaciación. Las bajas temperaturas y el hielo habían provocado una extinción casi total de los organismos que habitaban la Tierra hasta ese momento, que eran principalmente las cianobacterias, los hongos unicelulares y los organismos eucariotas. La falta de seres vivos, unido a la gran cantidad de oxígeno en la atmósfera, favoreció la aparición de unos organismos nuevos. Es lo que se conoce como la fauna de Ediacara y abarcó de los 635 a los 542 millones de años. Su nombre viene del yacimiento donde se descubrieron los fósiles, en una zona montañosa conocida como las Colinas de Ediacara en Adelaida, al sur de Australia.

Su descubridor, Reginald Sprigg, era un geólogo que en 1946 encontró unas curiosas impresiones fósiles que recordaban a medusas. Los más de mil quinientos fósiles encontrados eran impresiones, huellas y moldes de los organismos. Pertenecían a organismos pluricelulares de cuerpo blando, que no poseían ni esqueleto ni concha. Este hecho es extremadamente infrecuente, ya que en los yacimientos paleontológicos suelen fosilizar las partes más duras (conchas, caparazones, huesos y dientes) y las partes blandas (tejidos, órganos, plumas...) son los primeros en desaparecer, lo que denota la excepcionalidad del yacimiento de Ediacara.

Curiosamente, en otros lugares del planeta (Namibia, Canadá, Rusia, China, Escandinavia e Inglaterra) también se encontraron este tipo de fósiles, lo que denotaba que los organismos de Ediacara estaban extendidos por todos los océanos de la Tierra.

Los restos fósiles encontrados, muy variados en formas y tamaños, se han agrupado en más de veinte géneros y treinta especies diferentes, entre los que se incluyen formas próximas a gusanos, medusas, plumas marinas y artrópodos. No obstante, para los paleontólogos sigue siendo un problema agrupar estos organismos dentro de un grupo, ¡ya que muchos de ellos parecen no tener representantes actuales!

Los organismos eran muy diferentes entre sí: el tamaño podía variar de unos pocos milímetros a metros. La rigidez también era muy variable, algunos seres eran muy blandos, mientras que otros eran muy duros y resistentes.

Hay tanta variedad morfológica de organismos que se les ha diferenciado por la forma que tenían: destacan los que tienen formas trilobulares como *Pteridinium*. Formas alargadas y esponjosas como *Charnia* o *Swartpuntia*. Forma de discos y simetría radial como *Ediacaria*, *Cyclomedusa* o *Medusinites* y que

Reconstrucción de la fauna de Ediacara. Este importantísimo yacimiento paleontológico se encuentra en Australia, en Adelaida. En esta figura están representados algunos de los organismos que habitaban los océanos hace 600 millones de años: *Charnia* con su característica forma de hoja, *Dickinsonia* arrastrándose por los fondos oceánicos y una primitiva medusa desplazándose por las corrientes. Figura: Wikimedia Commons, autor: Foolp.

algunos paleontólogos asocian con antepasados de medusas o de anémonas. Formas ovaladas y con simetría bilateral como *Kimberella*, que podría ser el antepasado de los moluscos. Alargadas y segmentadas, con simetría bilateral como *Spriggina*, posible antecesor de los artrópodos. O incluso formas tubulares con esqueleto mineralizado como *Cloudina*, posible ancestro de los anélidos o los cnidarios.

Pero además de los propios organismos también han fosilizado los icnofósiles, es decir, la actividad biológica del ser vivo, en forma de marcas que dejó al arrastrarse por el fondo, como las madrigueras en las que vivía.

Se cree que la excepcional fauna de Ediacara se ha conservado hasta nuestros días debido a que fueron rápidamente enterrados por cenizas o arenas, preservándolos junto a los tapetes de bacterias en los que vivían.

Los paleontólogos no se ponen de acuerdo para explicar la desaparición a escala global de la fauna de Ediacara, no obstante, tienen varias hipótesis que podrían justificarlo, entre las que se incluyen:

La depredación, ya sea porque nuevos organismos pacedores se comieron el tamiz microbiano desestabilizando los organismos de Ediacara y reduciendo su ecosistema o porque los animales acorazados predaban directamente sobre la biota de Ediacara acabando con ella.

Otra hipótesis es la posible competencia entre especies que ocupaban nichos ecológicos equivalentes, expulsando a la biota de Ediacara.

La falta de registro fósil podría ser otra explicación, en la que las nuevas condiciones del siguiente período no favorecieron el proceso de fosilización de organismos de cuerpo blando y por eso no se habrían conservado los fósiles.

O incluso un cambio ambiental global producido por la disgregación del supercontinente, la subida relativa del nivel del mar, aumento de la actividad magmática y cambios en la bioquímica marina y atmosférica.

La fauna de Ediacara también se la conoce como el jardín del Edén y se representa habitualmente como un jardín en el que habitaban organismos apaciblemente, sin molestarse unos a otros, y sin depredadores. Esta aparente armonía de los organismos duró aproximadme cien millones de años, hasta el inicio del Cámbrico, hace 542 millones de años, momento en el que un nuevo pulso evolutivo puso patas arriba la vida en la Tierra.

VI

El Paleozoico: la vida se abre camino

44

¿Qué es la explosión cámbrica?

La explosión cámbrica es el inicio de un nuevo pulso evolutivo, ¡una gran explosión de vida, donde se desarrollan muchos de los organismos que conocemos en la actualidad! Pero además, aparecen los primeros organismos con conchas. Los primeros depredadores y presas, ¡se acaba la paz del período anterior, aquí o cazas o te cazan!

Pero para saber cómo se produjo este *boom* de vida, primero debemos retrotraernos unos pocos millones de años y ver cómo era la tierra a finales del Proterozoico, hace unos 600 millones de años, cuando los continentes que hasta ese momento estaban agrupados en un supercontinente, empezaron a fragmentarse, reactivando la actividad magmática global y enriqueciendo la atmósfera en gases de origen volcánico, como el dióxido de carbono (CO_2), que provocaron un calentamiento global.

Se iniciaba así un período cálido en la Tierra y una nueva era, la era Paleozoica. Esta, a su vez, se divide en seis sistemas o períodos. El primero de ellos es el Cámbrico, que se caracteriza por la rápida aparición de numerosos organismos nunca vistos anteriormente. Se trata de los organismos pluricelulares complejos, que son los primeros animales con cuerpo acorazado, aquellos que tienen una concha o caparazón mineralizado que les recubre el cuerpo. Estos organismos serán los antepasados de todos los animales pluricelulares actuales. Este pulso evolutivo fue tan rápido, unos diez millones de años, y tan importante, ya que dio lugar a una gran diversidad de vida incluyendo la mayor parte de los grupos actuales, que se le conoce como la explosión cámbrica.

La disgregación del supercontinente provocó que durante el Cámbrico hubiera cuatro continentes. El más grande, denominado Gondwana, se desplazaba hacia el sur. Los tres menores, Laurentia, Siberia y Báltica, se localizaban al norte. La subida relativa del nivel del mar provocó mares de poca profundidad (someros) y protegidos que resultaron óptimos para la vida.

La primera ola de la explosión de vida apareció con la fauna Tommotiense, también conocida como la pequeña fauna de conchas (SSF, del inglés *Small Shelly Faunas*), y fue la primera fauna con organismos con partes duras, ya que tenían un esqueleto mineralizado. Su nombre proviene de la localidad Siberiana donde se encontraron. Contiene algunos organismos con un diseño corporal que puede identificarse como moderno (algunos se parecen a moluscos, braquiópodos o esponjas) pero la mayoría de los fósiles no se sabe a qué animal pertenecieron. Son principalmente fósiles de conchas, espículas, láminas, cápsulas y tubos. Algunos se interpretan como conchas individuales de organismos de pequeño tamaño y otros únicamente como partes de organismos de gran tamaño. Aunque inicialmente esta fauna se localizó en Rusia, posteriormente han aparecido más yacimientos en otras partes del planeta, como América (Canadá, California, México), Asia (China, Mongolia, Irán, India, Turquía), África (Marruecos), Oceanía (Australia) e incluso la Antártida.

Pero sin duda, el yacimiento más importante de este período es el de Burgess Shale, que se produjo en el Cámbrico Medio, hace unos 530 millones de años. Es un yacimiento de conservación excepcional en el que se han preservado numerosísimos fósiles de organismos de cuerpo blando. Fue descubierto por Charles Doolittle Walcott en 1909 en la Columbia

Reconstrucción de la fauna de Burgess Shale, en la Columbia Británica (Canadá). Este excepcional yacimiento tiene una edad aproximada de 530 millones de años. En la figura aparecen algunos de los organismos que habitaban en esta época. Esponjas: 1. *Vanuxia*: 2. *Choia*: 3. *Pirania*: 4. El braquiópodo *Nisusia*: 5. El anélido *Burgessochaeta*. Gusanos priapúlidos: 6. *Ottia*: 7. *Louisella*: 8. Trilobites. Otros artrópodos: 9. *Sidneyia*: 10. *Leanchoilia*: 11. *Marella*: 12. *Canadaspis*: 13. *Molaria*: 14. *Burgessia*: 15. *Yohoia*: 16. *Waptia*: 17. *Aysheaia*: 18. El molusco *Scenella*: 19. El equinodermo *Echmatocrinus*: 20. El primitivo cordado *Pikaia*: 21. *Haplophrentis* pertenece a un grupo ya extinto: 22. *Opabinia* no pertenece a ningún animal conocido. Organismos que no pertenecen a ningún filo conocido en la actualidad: 23. *Dinomischus*: 24. *Wiwaxia*: 25. El anomalocárido *Lagganiacambria*, el gran depredador de esta época. Figura: Wikimedia Commons, autor: M. Alan Kazlev.

Británica, en la parte canadiense de las Montañas Rocosas. El yacimiento se formó al caer gran cantidad de barro (bien por tormentas, movimientos de tierra o inestabilidad del propio talud) sobre los organismos, enterrándolos rápidamente sin darles tiempo a escapar.

Preservados entre lajas, se han encontrado infinidad de fósiles, algunos de los cuales pertenecen a géneros de algún grupo con especies actuales, como es el caso de los moluscos, los artrópodos (cuyos representantes actuales son los insectos, arácnidos, crustáceos y miriápodos), las esponjas, los anélidos (gusanos marinos, las lombrices de tierra y las sanguijuelas) o los cordados (grupo al que pertenecen los vertebrados, en el que nos incluimos nosotros).

El primer cordado conocido es *Pikaia gracilens*, una especie de gusano marino. Estos fósiles muestran indicios de una notocorda (una espina dorsal primitiva), un cordón nervioso dorsal y bloques de músculos a cada lado del cuerpo, características imprescindibles en la evolución de los vertebrados.

Otros fósiles de Burgess Shale pertenecen a géneros ya extinguidos como es el caso de los hiolites (organismos con concha alargada y triangular y un par de varas curvadas en el extremo anterior), trilobites o *Anomalocaris*. Además de otros animales que no pertenecen a ningún grupo conocido en la actualidad como *Wiwaxia* (un género extinto de molusco, que se arrastraba por el fondo marino, cubierto por placas duras y espinas) o *Hallucigenia* (un pequeño animal de cuerpo alargado, con tentáculos en la parte dorsal y espinas en la ventral. ¡Este ser era tan extraño que los paleontólogos no sabían si andaba con las espinas o con los tentáculos!).

Prácticamente contemporánea a Burgess Shale es la fauna de Chenjgiang, con una edad aproximada de 522 millones de años, también conocida como Esquistos de Maotianshan. Corresponde a un yacimiento chino del Cámbrico Inferior, que fue descubierto en 1984 por Xianguang Hou. Los restos fósiles conservados, más de cien especies nuevas descritas, corresponden en su mayoría a organismos de cuerpo blando, entre los que se incluyen muchos de los taxones encontrados en Burgess Shale. Destacan los trilobites, braquiópodos, esponjas, cuatro posibles cordados y los lobópodos (posibles antepasados de los artrópodos).

Otro yacimiento intermedio en edad entre Burgess Shale y Chenjgiang es el de Emu Bay, en la isla Canguro, al sur de Australia, con una edad de entre 520 y 515 millones de años. Destaca por la excepcional preservación de trilobites, corales, braquiópodos, gusanos marinos, crustáceos, algas, esponjas y varios tipos de artrópodos no emparentados con ningún grupo actual. En este yacimiento se ha preservado el ojo fósil más antiguo y complejo (más de tres mil lentes) del mundo. Perteneció a un artrópodo depredador (*Anomalocaris*) sin representantes actuales.

45

¿Cuáles fueron los grandes depredadores de los primeros océanos?

Al principio los organismos tenían cuerpos blandos sin esqueleto ni cubierta protectora de ningún tipo. A partir de la explosión de vida del Cámbrico, hace 542 millones de años, aparecieron los primeros animales depredadores y debido a ello los animales tuvieron que acorazarse para protegerse.

El gran depredador de estos primeros océanos fue un curioso animal llamado *Anomalocaris*. ¿Sabías que el pokemon Anorith está basado en este animal? Su nombre significa 'camarón extraño' por lo peculiar de su aspecto. Fue descrito en 1892 por Joseph Frederick Whiteaves como el cuerpo sin cabeza de un artrópodo con aspecto de camarón, que resultó ser una parte del animal (el apéndice alimenticio). Pero no fue hasta 1985 que Harry B. Whittington y Derek Briggs publicaron un monográfico sobre este animal descubriendo cómo era verdaderamente. El *Anomalocaris* tenía el cuerpo alargado y dividido en once lóbulos triangulares, con sus correspondientes branquias en la parte superior de los lóbulos y una terminación final (cola) corta y roma. La cabeza tenía dos enormes ojos compuestos situados sobre pedúnculos, un par de apéndices alimenticios rodeados de espinas y una boca circular rodeada de dientes que siempre tenía abierta. El *Anomalocaris* era un eficiente nadador que ondularía a través del agua como hacen las mantas actualmente. Con un tamaño de entre sesenta centímetros y un metro, estaría en lo más alto de la pirámide trófica y cazaría todo tipo de presas usando sus apéndices alimenticios e introduciéndolos en su boca, que los trituraría a modo de cascanueces. Sus ojos compuestos (los más antiguos y complejos del registro fósil) le habrían permitido tener una visión muy aguda e incluso visibilidad en zona de aguas turbias.

Otros carnívoros que compartían océano con *Anomalocaris* fueron *Sidneyia*, *Sanctacaris*, *Opabinia*, *Ottoia*, *Yohoia*, *Leanchoilia* y *Marrella*.

Sidneyia era un artrópodo extinto con una gran cabeza y dos antenas, cuerpo segmentado y una cola estrecha. La parte

Reconstrucciones de los diferentes tipos de *Anomalocaris*. Estos curiosos animales eran grandes depredadores de los océanos primitivos. Tenían grandes ojos y unos apéndices alimenticios situados encima de la boca que le servían para cazar. Foto: Wikimedia Commons, autor: Renato de Carvalho Ferreira.

ventral del cuerpo tenía patas marchadoras para poder desplazarse por el fondo marino. Este animal, con una longitud de entre cinco y trece centímetros, fue uno de los mayores cazadores de la época, se alimentaría haciendo pasar las presas de la parte posterior del cuerpo a la cabeza (como hacen la mayoría de los artrópodos actuales). No nadaba, era un cazador bentónico (que vive sobre el suelo) que cazaba presas de caparazón duro como pequeños trilobites, ostrácodos e hyolítidos. Esta única especie, *Sidneyia inexpectans*, fue descubierta por Charles Doolittle Walcott (el mismo que descubrió el yacimiento de Burgess Shale) y significa 'el descubrimiento inesperado de Sidney' aludiendo a uno de sus hijos, que había ayudado a localizar el yacimiento y recoger la muestra.

Sanctacaris fue un artrópodo quelicerado que dio origen a las arañas, los escorpiones, los ácaros y las cacerolas de las Molucas. Fue descubierto en 1988 por los investigadores Derek Briggs y Desmond Collins.

Tenía una cabeza con cinco apéndices alimentarios coordinados como una pinza y dos antenas. Un cuerpo compuesto por segmentos con sus correspondientes patas y branquias y una cola grande y plana con forma de remo.

Con un tamaño de entre 4,6 y 9,3 centímetros fue un cazador activo especializado en la persecución directa. Su nombre proviene del apodo que se le dio durante la campaña de campo que significa 'santa garra' o 'san garfio'.

Opabinia fue un extraño animal nadador, que no se parece a ningún animal conocido. Tenía el cuerpo aplanado y segmentado, una cola formada por los últimos tres segmentos del cuerpo y con tres pares de hojas lobuladas dirigidas hacia arriba y hacia afuera; una cabeza con cinco ojos, lo que le otorgaría de una visión de 360° y una larga trompa frontal. Su descubridor fue Charles Doolittle Walcott en 1912 y lo llamó *Opabinia* debido al pico Opabin, ubicado donde se encontró el fósil, en las Montañas Rocosas canadienses. Este diminuto cazador habría tenido un tamaño que habría oscilado entre los 4,3 y los 7 centímetros. Se alimentaría capturando sus presas con la parte espinosa de la trompa, para luego doblarla hasta alcanzar la boca. ¡Pequeño pero matón!

Ottoia fue un gusano priapúlido, descrito en 1911 por Charles Doolittle Walcott. Este extraño animal tenía un cuerpo alargado y medía hasta quince centímetros. En un extremo tenía un probóscide con pequeños garfios y espinas que hacían las veces de dientes y que utilizaba para capturar a sus presas. Vivía en madrigueras con forma de U desde las que cazaba sus presas, extendiendo su probóscide.

Ancalagon fue otro gusano priapúlido, descrito por Walcott a la vez que *Ottoia*. Debe su nombre al célebre dragón inventado por J. R. R. Tolkien en *El señor de los anillos: La Comunidad del Anillo.*

De cuerpo alargado y once centímetros de longitud, tenía un probóscide formado por fuertes garfios en la parte anterior y garfios curvados hacia atrás en la parte posterior. Debido a que su probóscide era fijo cazaba presas que encontraba debajo del sustrato marino.

Yohoia fue un artrópodo aracnomorfo, que no se puede clasificar dentro de ningún grupo actual. Era un animal muy peculiar que mezclaba rasgos muy primitivos con otros más derivados. Tenía la cabeza protegida con un escudo cefálico, carecía de ojos y tenía dos enormes apéndices acabados en espinas. El cuerpo era alargado y estaba formado por segmentos terminados en apéndices lobulares. Al final del cuerpo tenía una cola plana. Se desplazaba tanto nadando como andando por el fondo marino, y usaba los apéndices de su cabeza para buscar partículas de comida por el fondo, o para capturar presas (con la parte espinosa del apéndice) y llevárselas a la boca.

Yohoia medía entre siete y veintitrés centímetros y se han descubierto alrededor de setecientos *fósiles*.

Leanchoilia fue otro artrópodo primitivo aracnomorfo. Tenía una cabeza acorazada con cuatro ojos simples, ubicados en la parte superior, y en la parte de abajo, tenía dos grandes apéndices frontales, cada uno con tres ramas terminadas en flagelos largos y flexibles, usados como órganos sensoriales. Estos estaban seguidos de dos pares de pequeños apéndices, ubicados junto a la boca. Además, tenía un cuerpo alargado *más ancho en la parte posterior*, formado por segmentos que terminaban en espinas. Debajo de los segmentos había pequeños apéndices como los de la cabeza, que servían tanto para nadar como para respirar. La cola era alargada y triangular y estaba rodeada por espinas. *Leanchoilia* tenía un tamaño de entre cinco y doce centímetros y se alimentaría rebuscando comida o cazando presas.

Actaeus era otro artrópodo que podría haber estado emparentado con *Leanchoilia*. Fue descrito por Alberto Mario Simonetta en 1977, basado en un único ejemplar. Medía casi siete centímetros y se caracterizaba por tener una cabeza acorazada, unos grandes ojos colocados a los laterales de la cabeza, dos grandes apéndices frontales con garras y terminados en ramas flexibles (probablemente sensoriales), y tres pares de pequeños apéndices. El cuerpo estaba compuesto por segmentos en cuyos extremos había estructuras lobulares. El último segmento terminaba en una cola triangular alargada.

Actaeus se desplazaba nadando, ayudándose tanto de la cola como de las estructuras lobulares. Los ojos y los grandes apéndices de la cabeza sugieren que tuvo un hábito predador, cazando tanto presas que vivieron sobre el fondo como enterradas en él.

Marrella, en cambio, fue carroñera. Este primitivo y pequeño artrópodo, de apenas tres centímetros, se alimentaba de partículas en descomposición que recogía de los fondos marinos.

Fue descubierto (al igual que *Sidneyia*, *Opabinia* y *Leanchoilia*) en 1912 por Charles Doolittle Walcott en el extraordinario yacimiento de Burgess Shale. *Marrella* es el fósil más común en el yacimiento, con casi trece mil especímenes.

Tenía una cabeza protegida por un escudo cefálico con dos pares de largas espinas dirigidas hacia la parte posterior del cuerpo. En la parte de abajo del escudo, tenía dos pequeños ojos y cuatro antenas, dos cortas y resistentes y dos más alargadas. El cuerpo estaba dividido en muchísimos segmentos (entre veinticuatro y veintiséis) acabados en una pequeña cola. Cada segmento tenía su propia branquia y pata.

Todos estos curiosos y extraños animales se extinguieron a mediados o finales del período Cámbrico, cuando otros depredadores ocuparon su lugar en la cadena trófica. ¡La vida se abre camino!

46

¿Quién ganaría una pelea entre una cucaracha actual y una de hace 500 millones de años?

Antes de hablar de la hipotética pelea entre estos dos animales, lo primero que hay que hacer es presentar a los trilobites: los trilobites son un grupo extinguido de animales que vivieron durante casi trescientos millones de años. Vivieron durante el Paleozoico, una gigantesca era comprendida entre los 542 y los 252 millones de años, extinguiéndose al final de ella como consecuencia de una terrible extinción, que acabó con el 90 % de la vida en la Tierra.

Estos curiosos organismos pertenecen a los artrópodos, que son el grupo más variado y numeroso de todos los animales y que comprende, entre otros, a los insectos, ciempiés, crustáceos y arácnidos.

Los trilobites se caracterizaban por tener el cuerpo dividido en tres regiones: el cefalón (cabeza), el tórax y el pigidio (cola), que a su vez estaban divididas en tres lóbulos, uno central y dos laterales, de ahí su nombre 'tres lóbulos' que proviene del latín *Trilobita*.

La cabeza o cefalón era semicircular y tenía un lóbulo central abultado y dos laterales que podían terminar en un par de espinas. Los trilobites tenían unas suturas faciales (líneas fijas) que marcaban el lugar por donde mudaban el esqueleto externo cuando crecían y aumentaban de tamaño. Esta sutura es un carácter muy importante para el estudio y clasificación de los trilobites. ¡Incluso algunos grupos poseían unos ojos compuestos, los primeros del registro fósil y tan complejos como los de las moscas!

El tórax es normalmente la mayor parte del cuerpo de los trilobites y se divide en un lóbulo central y dos laterales, que pueden tener espinas. A su vez, está formado por un número variado de segmentos cortos y anchos, que están parcialmente recubiertos entre sí y articulados, otorgando una gran movilidad al animal, y permitiendo que se pueda enrollar. ¿Sabías que solo algunas especies podían enrollarse del todo y que era para defenderse? Además, el número de segmentos torácicos es una característica importante, ya que nos permite clasificar los trilobites por especies.

El pigidio o parte final del cuerpo tenía generalmente forma semicircular o triangular y estaba formado por varios segmentos, además del lóbulo central y los laterales. Sorprendentemente, el tamaño del pigidio (en comparación con el tamaño de la cabeza) sirve también para clasificar los trilobites.

Los trilobites tenían unos apéndices ubicados por todo el cuerpo (tanto en el cefalón y tórax como en e pigidio) que servían para la locomoción y la respiración, ¿a que son extraños estos animales?

Como hemos dicho antes, los trilobites mudaban el esqueleto cuando crecían, y sus mudas son muy frecuentes. Gracias a ellas se ha podido estudiar las diferentes etapas del desarrollo de los trilobites, desde su estado larvario hasta su estado adulto.

El modo de vida era exclusivamente marino, aunque habitaron tanto zonas profundas como zonas de arrecife de poca profundidad. Debían vivir en los fondos cenagosos y se alimentaban principalmente de partículas del fondo, entre ellas fango. Se cree que las especies que carecen de ojos no contaban con ellos porque vivían hundidas en el fango. Otras

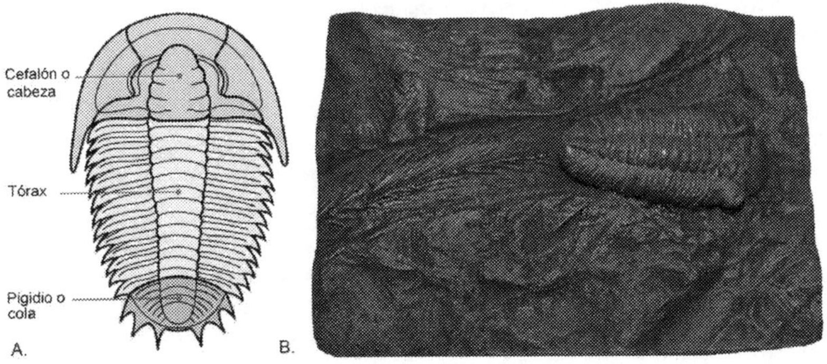

Los trilobites son un grupo de artrópodos ya extinguidos. A. El cuerpo de los trilobites se divide en tres partes: en la parte superior está la cabeza o cefalón. En el centro está el tórax y en la parte posterior está la cola o pigidio. Reconstrucción: Wikimedia Commons, autor: Sam Gon III. B. Fósil de trilobites y de las huellas que dejaba al arrastrarse por el fondo. Estas huellas son tan características y reconocibles que reciben el nombre de cruziana. Foto: Adriana Oliver.

especies en cambio eran depredadoras y se alimentaban de pequeños animales marinos.

Los trilobites son especialmente abundantes en el Cámbrico (período que abarca desde hace 542 hasta hace 485 millones de años) y en el Ordovícico (desde hace 485 hasta hace 443 millones de años), de hecho, son tan importantes y característicos en estas épocas que sus fósiles se utilizan para caracterizar los diferentes pisos (períodos menores de tiempo dentro de una época), alcanzando su máxima diversidad de especies y colonizando todo tipo de ambientes marinos.

Los trilobites tuvieron una enorme distribución geográfica, ocupando prácticamente todo el territorio sumergido: América, países bálticos, Europa occidental, África, Asia y Australia.

En España hay numerosos yacimientos con trilobites. Uno de los más importantes es el yacimiento de Murero, situado en la provincia de Zaragoza, en el que se han encontrado más de setenta especies diferentes. Tiene una ruta señalizada y paneles con información a lo largo de todo el recorrido. Además, se puede visitar la exposición permanente en el Museo

Paleontológico de la Universidad de Zaragoza-Gobierno de Aragón.

En el Parque Natural de Las Batuecas (Salamanca) hay también abundantes yacimientos, e incluso en el municipio de Monsagro hay una ruta al aire libre para conocer los fósiles ubicados en las fachadas de las casas y edificios nobles.

Los trilobites tenían tamaños muy variados, desde unos pocos centímetros hasta un metro. Una pelea entre un trilobites y una cucaracha sería complicado puesto que los trilobites eran exclusivamente marinos y las cucarachas son terrestres, en cualquier caso los trilobites fueron extremadamente abundantes y alcanzaron tamaños muy superiores al que tienen las cucarachas actualmente. ¡Imaginaos un trilobites del tamaño de un paraguas!

47

¿Son seres vivos las esponjas de ducha?

Depende del tipo de esponja que se use, pero si es una esponja de ducha natural, entonces la respuesta es sí, es un ser vivo.

Las esponjas marinas naturales son un grupo de invertebrados marinos que pertenecen al filo de los poríferos. Los poríferos (del latín *porus* y *ferre* que significa 'llevar poros') forman parte del subreino de los parazoos y tienen el cuerpo formado por cámaras, poros y canales. Por lo tanto no tienen tejidos ni órganos sino que tienen un esqueleto formado por espículas.

Hay dos tipos de poríferos, las esponjas y los arqueociatos. ¿Quieres saber más de ellos?

Las esponjas tienen muchos poros y canales por donde entra el agua y una abertura grande en la parte superior que es por donde sale el agua. No tienen sistema nervioso ni aparato digestivo. Son animales prácticamente sésiles (que viven fijos al sustrato), ya que únicamente se desplazan ¡tres milímetros al día!

Las diferentes formas irregulares que tiene su cuerpo están adaptadas para facilitar el flujo del agua. La alimentación se produce por filtración, ya que el agua entra por los poros y la esponja filtra el alimento a través de unas células especializadas (los coanocitos), expulsándola posteriormente, en lo que se conoce como digestión intracelular. La respiración la realizan por difusión directa del oxígeno disuelto en el agua, mientras que los productos de desecho (que son el dióxido de carbono y el amoniaco) son eliminados por difusión simple a través del agua.

Las esponjas, a diferencia del resto de animales, se caracterizan por tener una organización celular en vez de una organización con tejidos. ¿Qué significa eso? Pues que tienen células totipotentes, es decir, que pueden transformarse en otras células en función de las necesidades del organismo y las características ambientales. Que polifacéticas, ¿verdad?

Las esponjas se dividen en tres grupos en función de la naturaleza química de las espículas, pueden ser córneas, silíceas y calcáreas. De las córneas (el mismo material que las uñas) no se han encontrado fósiles, ya que al estar compuesto el esqueleto por una estructura orgánica no fosiliza. De los otros dos grupos se conocen numerosos fósiles, en los que se ha conservado tanto la estructura como la forma exterior de la esponja. Además, hay tres clases de esponjas, que vamos a ver muy brevemente:

Las Silicispongias son las esponjas silíceas y tienen un esqueleto formado por espículas de sílice. Se conocen desde el Cámbrico (542-485 millones de años) hasta la actualidad. Hay varios grupos, las más importantes son las esponjas Hexactinélidas, porque su esqueleto está formado por espículas de sílice de seis radios (hexactinas). También se las conoce como esponjas vítreas y tienen preferencia por aguas profundas. También encontramos las esponjas Litistéidas, que tienen el esqueleto formado por espículas tetractinas (de cuatro radios) y son el grupo más importante de esponjas silíceas. Son exclusivamente fósiles y alcanzaron su máximo esplendor ¡en la era de los dinosaurios!

Las demospongias tienen esqueletos muy variados, compuestos por espículas de sílice, espículas de sílica y fibras de la proteína espongina o solo de espongina. Aparecieron en el Cámbrico y aún perduran en la actualidad. Viven en hábitats muy variados, incluyendo agua dulce, marina y salobre, y tanto aguas someras como profundas. ¡Comprende 400 géneros fósiles y 600 actuales!

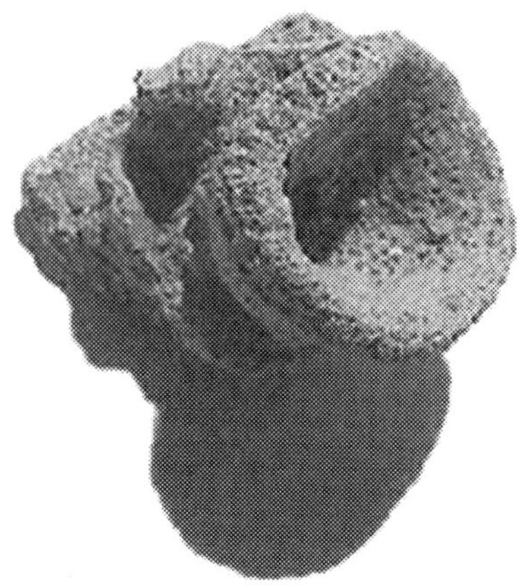

Las esponjas son organismos invertebrados, cuyos cuerpos están formados por canales, cámaras y poros. A través de ellos el agua marina entra constantemente permitiendo la alimentación del organismo. Foto: Wikimedia Commons.

Finalmente, las calcispongias son esponjas calcáreas y su esqueleto está compuesto por espículas de carbonato cálcico. Son exclusivamente marinas. Al igual que los grupos anteriores aparecieron en el Cámbrico y continúan en nuestros días. Comprende ciento quince géneros fósiles y sesenta actuales. Hay varios tipos, los más importantes desde el punto de vista de los fósiles son:

Los esfinctozoos, que son ramificadas y con aspecto de tubo. En España se han encontrado importantes yacimientos en Asturias.

Y los faretrones, que son un grupo de esponjas fósiles con forma de copa, maza o rama. En la zona de Santander y Burgos se han encontrado yacimientos con este tipo de esponjas.

Las esponjas marinas ya las usaban los egipcios, extendiéndose entre los griegos y los romanos. Sus usos han sido muy variados, desde copas para beber durante las campañas militares, hasta fertilizante para los campos de cultivo. Pero sin duda su uso más importante ha sido como esponjas de baño. A mediados del siglo XX, la pesca abusiva unida a epidemias redujeron drásticamente el volumen de esponjas. Actualmente

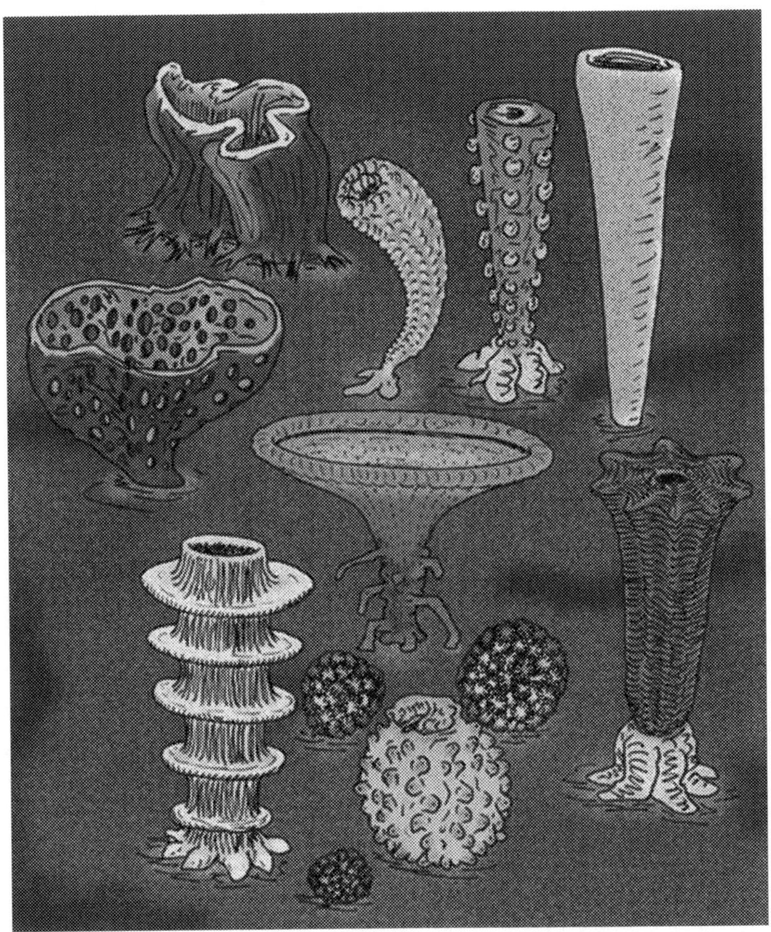

Los arqueociatos eran un grupo muy importante en el Cámbrico Inferior, alcanzando numerosas formas y tamaños. En la figura podemos apreciar algunos de los tipos que había. Reconstrucción: Wikimedia Commons.

están en desuso debido a las esponjas sintéticas y a las esponjas vegetales. Personalmente creemos que las esponjas marinas no deben utilizarse, ya que el cortar de manera masiva la esponja desequilibra el ecosistema marino. Por otro lado, aunque la esponja sea capaz de regenerar sus partes dañadas, necesita de dos a cuatro años para alcanzar un diámetro de unos quince centímetros.

Los arqueociatos son un grupo exclusivamente fósil que se desarrollaron únicamente en un período de tiempo muy concreto, el Cámbrico Inferior, distribuyéndose por todo el mundo. Su nombre viene del griego y significa 'copa antigua', que hace referencia a su forma cónica o cilíndrica. Tienen el mismo patrón que las esponjas pero carecen de espículas. Su esqueleto está formado por una capa externa y una capa interna, con un espacio entre ellas que puede estar vacío u ocupado por poros, tabiques o tejido vesicular entre otros. Durante el pequeño período de tiempo en el que habitaron el planeta Tierra, unos cuarenta millones de años, los arqueociatos fueron muy importantes, ya que eran los principales formadores de arrecifes. Actualmente, su importancia radica en que se utilizan como fósiles guía para este período, es decir, cuando en un yacimiento aparece un arqueociato sabemos exactamente la edad que tiene el yacimiento.

Hay muchos yacimientos españoles con arqueociatos como por ejemplo Cerro de las Ermitas en Córdoba, yacimientos en el norte de la provincia de Sevilla, en Alconera (Badajoz), en Toledo, Salamanca, León, Oviedo o Lugo.

48

¿Cuáles son los primeros vertebrados?

Lo creas o no, los primeros vertebrados fueron peces, pero no eran unos peces como los que vemos hoy en día, sino que eran unos peces muy peculiares que no tenían mandíbulas.

Aunque si nos vamos un poco más lejos aún en el tiempo, podemos saber incluso cómo eran los ancestros de los vertebrados. El fósil más antiguo de un ancestro de los vertebrados es *Pikaia gracilens*, con una edad de ¡530 millones de años! *Pikaia* tenía el aspecto de un gusano marino y poseía algunas de las características imprescindibles de los vertebrados, como son una espina dorsal primitiva (notocorda), un cordón nervioso dorsal y bloques de músculos a cada lado del cuerpo. Fue descubierto en el yacimiento canadiense de Burgess Shale y es el primer cordado conocido.

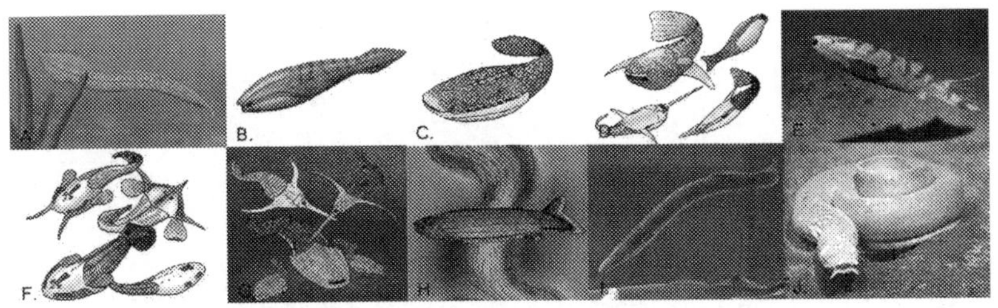

A. *Pikaia gracilens* es el primer fósil de un ancestro de los vertebrados. Fue descubierta en el yacimiento de Burgess Shale (Canadá) y tiene una edad de 530 millones de años. B. Reconstrucción de *Arandaspis*, uno de los peces sin mandíbula más primitivos. C. *Astraspis* fue también uno de los peces más primitivos. D. Los heterostráceos fueron un grupo muy variado de peces agnatos. E. Reconstrucción de *Phlebolepis* representante de los telodóntidos. F. Los osteostráceos tuvieron fuertes corazas cefálicas con formas de lo más peculiares. G. Los geláspidos solo vivieron en Asia. H. *Pharyngolepis* fue uno de los representantes más característicos del grupo de los Anáspida. I. Lamprea actual, único representante de los petromizontiformes. J. Los mixinos son los representantes actuales de los mixiónidos. Reconstrucciones: Wikimedia Commons.

Pero ¿qué son los cordados y qué tienen que ver con los vertebrados?

Los vertebrados pertenecen a un gran grupo denominado cordados. Estos se caracterizan por tener una notocorda que recorre el cuerpo por la zona dorsal, un cordón neural dorsal, el endostilo (que equivale a la glándula tiroides en los vertebrados) y cola en alguna fase del desarrollo embrionario. Los cordados se dividen en tres grupos: los tunicados (urocordados), los cefalocordados y los craniados (o vertebrados).

Los craniados se denominan así porque todos los animales agrupados en ellos se caracterizan por tener estructuras craneanas especializadas con órganos de los sentidos desarrollados (oído, ojo y nariz), conexiones nerviosas y cerebro. El vertebrado más antiguo que se ha descubierto tiene una edad de ¡500 millones de años! Fue descubierto en Wyoming (Estados Unidos) y es un fósil de un pez agnato, que representa el pez más antiguo conocido.

Los agnatos son peces primitivos sin mandíbulas. Aparecieron en el Cámbrico Superior hace entre unos 520 y

485 millones de años y llegaron a alcanzar gran diversidad de formas y tamaños ¡de hecho, en la actualidad siguen viviendo!

Hay nueve grupos principales de los que vamos a hablar muy brevemente.

Las formas más basales y primitivas son Arandaspida y Astraspida. Tienen un escudo cefálico masivo que cubre la cabeza y parte del cuerpo, compuesto por placas grandes y una cola móvil cubierta por placas pequeñas. Se conoce un fósil de cada grupo: *Arandaspis* es un fósil australiano del Ordovícico Medio (470-458 millones de años). Este pez se caracteriza por tener un escudo cefálico formado por dos placas, una dorsal y otra ventral, conectadas por placas branquiales situadas a ambos lados del cuerpo; ojos pequeños y juntos; orificios nasales y una boca con escamas pequeñas y finas. El resto del cuerpo estaba cubierto por escamas.

Astraspis es un fósil estadounidense también del mismo período. Tenía un gran escudo cefálico y ojos. Detrás de estos se situaban las aberturas branquiales. El cuerpo era ovalado, cubierto por escamas y con una cola aplanada y simétrica.

El siguiente grupo importante son los heterostráceos, que se extienden desde el Silúrico tardío (427-419 millones de años) hasta el Devónico Inferior (419-393 millones de años). Estaban fuertemente acorazados con gran variedad de formas en los escudos cefálicos.

Los telodóntidos se diversificaron a la vez que los heterostráceos. Pero a diferencia de estos, los ejemplares fósiles completos son muy escasos. Habitaban en ambientes marinos y de agua dulce. El fósil más característico es *Phlebolepis*, estos peces no tenían escudos óseos en la cabeza, tenían el cuerpo aplanado y un hocico ancho con los ojos a los lados y una gran boca. El cuerpo estaba totalmente cubierto de pequeñas escamas y tenía varias aletas.

Los osteostráceos tenían fuertemente acorazada la cabeza, su escudo cefálico adoptó gran variedad de formas a lo largo de su evolución, desde formas aplanadas, curvadas, semicirculares, forma de bala, hexagonal, rectangular, espinosa o incluso con cuernos. Ocuparon tanto ambientes marinos como de agua dulce. Se han encontrado fósiles de este grupo en Europa, Asia y América del Norte.

Los galeáspidos tenían escudos cefálicos muy desarrollados con grandes estructuras como cuernos, martillos o espinas. En la parte superior de la cabeza estaban los ojos y una hendidura transversal que servía probablemente como abertura inhalante. Este grupo solo aparece en el Devónico Inferior (419-393 millones de años) en China y Vietnan.

Los anáspida presentan un registro fósil incompleto. Eran pequeños peces marinos con un escudo cefálico no demasiado grande. Uno de los fósiles más conocidos es *Pharyngolepis*, descubierto en Noruega. Este pequeño animal con forma de huso tenía una cabeza cubierta de escamas y placas, con ojos pequeños y la boca ubicada en posición terminal. El cuerpo estaba recubierto de escamas alargadas en varias hileras. Tenía espina y aletas pectorales y una aleta caudal.

Actualmente solo quedan dos grupos de peces sin mandíbulas, los petromizontiformes (que son las lampreas) y los mixiónidos (que son los mixinos). Son muy diferentes a las formas fósiles, ya que están desprovistos de armadura ósea, carecen de aletas pares y tienen cuerpos muy alargados. Las lampreas viven en aguas dulces y se alimentan fijándose a otros peces. Tienen una lengua carnosa y con dientes que usan para raspar la carne.

Los mixinos son marinos y se alimentan de cadáveres y gusanos. Su boca tiene dos placas córneas repletas de dentículos y está rodeada de tentáculos.

49

¿PUEDE SER LA NATURALEZA MÁS CREATIVA QUE LEONARDO DA VINCI?

Desde luego que sí. Aunque Leonardo da Vinci fue un gran inventor con una increíble creatividad, parte de su genialidad viene precisamente del estudio de la naturaleza, ya que pasaba horas y horas estudiando cómo se movían los animales, el vuelo de las aves o las diferentes plantas. Lo que no sabe mucha gente es que aparte de artista, inventor y arquitecto, también era paleontólogo, anatomista, botánico y científico. ¡Vamos que dominaba tanto las artes como las ciencias!

En la naturaleza, y concretamente en los fósiles, se han preservado organismos muy complejos y sorprendentes, que vivieron hace muchos millones de años. Algunos son tan extraños que no tienen representantes actuales, lo que nos dificulta no solo saber qué animal era, sino de qué se alimentaba, cómo vivía e incluso qué forma tenía.

Uno de estos organismos sin representantes actuales son los graptolitos. Pertenecen a un grupo de animales extintos, los hemicordados, con forma alargada y aspecto de gusano. Su nombre significa 'escrito en piedra', ya que suelen aparecen con forma de trazos blancos, como de tiza, en pizarras negras, y su aspecto es de pizarras escritas con algún tipo de jeroglífico.

En realidad representan unos animales que se agrupaban en colonias, ya fueran fijos al fondo del mar mediante una raíz, flotando de forma libre o incluso flotando agarrados a algas.

Una colonia de graptolitos estaba formada por numerosos y diminutos individuos, alojados en unas celdillas dispuestas en varillas curvas o rectas (que es como si fuera su esqueleto), y podía unirse a otras colonias para formar estructuras más grandes.

Los graptolitos aparecieron en el Cámbrico, hace unos 542 millones de años, aunque son especialmente importantes en el Ordovícico (hace entre 485 y 443 millones de años) y en el Silúrico (entre 443 y 419 millones de años), donde fueron grupos muy abundantes y exitosos, ¡comprenden casi dos mil especies y eran los animales que formaban el plancton marino!

Debido a que están restringidos a un período temporal concreto, son muy útiles en la datación de las rocas, lo que los paleontólogos llamamos indicadores bioestratigráficos, ya que nos permiten saber la edad. Pero además, se utilizan para estimar la profundidad del agua y la temperatura en la que vivían estos organismos.

En la península ibérica tenemos importantes yacimientos de graptolitos en Fombuena y Luesma (Zaragoza), en Peña Aguilera (Toledo), Almadén (Ciudad Real), Cáceres o Huelva.

Otros organismos también muy raros son los briozoos. Estos pequeños animales aparecieron a finales del Cámbrico, hace unos 520 millones de años y sorprendentemente continúan en la actualidad. Su nombre significa 'animales musgo' porque precisamente cuando están vivos su aspecto externo

Fósiles de graptolitos preservados sobre pizarras. Para un ojo no experto podrían confundirse con un dibujo hecho con tiza. Los graptolitos de la imagen están alojados en varillas rectas con celdillas formando una colonia. Los organismos se alojaban en estas celdillas. Foto: Adriana Oliver.

recuerda al musgo. Sin embargo, biológicamente no se parecen en nada. El musgo es una planta, mientras que los brioozos son animales diminutos que forman colonias y viven fijos al suelo.

Las colonias pueden ser ramificadas o incrustantes compuestas por zoecias o celdillas donde viven los individuos. Estos se denominan zooides y miden aproximadamente unos 0,5 milímetros de longitud. Cada pequeño organismo tiene un órgano para capturar el alimento, llamado lofóforo. Tiene forma de pliegue circular o de herradura y está rodeado de tentáculos que son los que atrapan el alimento, generalmente plancton, y mediante corrientes de agua lo acercan a la boca del individuo. Cuando mueren, pierden esos tentáculos, y al fosilizar solo quedan las impresiones, que recuerdan a diminutos paneles de abeja.

Los briozoos están recubiertos por una estructura protectora (llamada cístido), que forma su exoesqueleto, en el que hay un pequeño orificio por el que sale el lofóforo.

Fósiles de briozoos. Estos animales diminutos formaban gigantescas colonias en el pasado. Los briozoos crean colonias formadas por pequeñas celdillas donde viven los individuos o zooides. Cada individuo tiene un lofóforo con tentáculos que cuando mueren desaparecen. Por eso al fosilizar tienen este peculiar aspecto que recuerda a diminutos paneles de abeja. Foto: Wikimedia Commons.

El tubo digestivo de los briozoos tiene forma de U, por lo que la boca y el ano (que es externo) están muy próximos. Estos pequeños organismos viven sobre todo en fondos rocosos de aguas marinas bien oxigenadas, aunque también pueden vivir en agua dulce. Normalmente habitan en profundidades de entre diez y quinientos metros, aunque se han encontrado ¡a mil metros!

Los briozoos tienen una reproducción sexual en la que se origina una larva libre, que al cabo del tiempo se fija al suelo pedregoso y da lugar al zooide (organismo) que, por sucesivos brotes, forma la colonia. Estas larvas necesitan fijarse a un suelo de rocas, por lo tanto no hay briozoos en zonas arenosas ni en playas. Debido a esto, los briozoos son buenos indicadores de facies, ya que tienen una estrecha relación con el substrato y con el ambiente.

Además, algunos grupos de briozoos son indicadores de la batimetría, es decir, nos pueden indicar con precisión a qué altura de la columna de agua se encontraban cuando fosilizaron. Esto es posible realizando comparaciones con los biotopos actuales de briozoos. Esta técnica de comparar las especies fósiles con su descendiente actual es una técnica muy utilizada en paleontología, que se conoce como el principio del actualismo. Los briozoos pueden forman colonias de varios tipos:

Si forman láminas sencillas, con celdillas en una sola cara de la ramita, estas son incrustantes y se suelen desarrollan sobre objetos sumergidos o sobre algas. Normalmnente indican la existencia de praderas de algas, que no han fosilizado.

En cambio, si las colonias forman láminas dobles, con celdillas en las dos caras, son formas erguidas, ramificadas o laminares, que se fijan al fondo oceánico mediante una base.

A menudo los brioozos se asocian con otros seres para vivir en simbiosis con ellos. La simbiosis es la relación entre organismos de diferentes especies para beneficiarse mutuamente. Un ejemplo muy típico es la simbiosis entre el briozoo *Holoporella* y el coral *Lithodendron*, que da lugar a colonias macizas y globosas, en las que parte del coral atraviesa la masa formada por las capas segregadas por el briozoo.

Otro ejemplo es la simbiosis entre un briozoo y un alga, que da como resultado una colonia con forma helicoidal, cuyo eje presenta la estructura fibrosa típica de las algas.

La asociación entre briozoos y gasterópodos (un tipo de moluscos) es también muy común. Se trata de la simbiosis entre la colonia incrustante *Cellepora* y el gasterópodo *Pagurus*.

Aunque no lo parezca, los briozoos son un grupo muy numeroso del que se conocen unas cuatro mil especies. En España hay importantes yacimientos de briozoos en Arnao y Cabo Vidrias (Asturias), Águilas (Murcia), Cabo de Gata (Almería) o Melilla.

50

¿QUÉ NOS ENCONTRARÍAMOS SI PUDIÉSEMOS BUCEAR EN UN MAR DE HACE 470 MILLONES DE AÑOS?

Hace 470 millones de años, nos encontraríamos en un período que los paleontólogos llamamos Ordovícico, en el que los continentes que forman la Tierra tenían una forma completamente diferente a la actual: había tres pequeños continentes y un gran supercontinente formado por lo que hoy son África, Australia, Antártida, India y la península arábiga. El nivel del mar era muy alto, y muchos de los continentes estaban prácticamente cubiertos por agua. El clima era muy cálido, con temperaturas muy altas (unos 45 °C). El nivel de oxígeno en la atmósfera era aún muy bajo y prácticamente toda la vida se desarrollaba en el mar.

Por lo tanto los océanos bullían de vida acuática: los trilobites y los primeros peces campaban a sus anchas entre arrecifes de corales, esponjas, arqueociatos, algas, hongos, colonias de briozoos y graptolitos. Pero además nuevos organismos proliferaban y se diversificaban como los moluscos o los braquiópodos.

Los moluscos son animales de cuerpo blando que tienen una concha que los protege. Son un grupo numerosísimo (aproximadamente 35 000 especies fósiles y 100 000 actuales) que incluye desde los caracoles a los mejillones, pasando por las ostras, los pulpos y los amonites. Casi todos los moluscos son marinos, aunque hay grupos adaptados al agua dulce y a vivir en la tierra. Además, su forma de alimentación es enormemente variada: pueden ser filtradores como las almejas, carnívoros como los amonites o los calamares, herbívoros como los caracoles terrestres o las lapas u omnívoros como los pulpos.

La concha de los moluscos suele conservarse con relativa facilidad, lo que les convierte en fósiles muy útiles. Su gran distribución geográfica y temporal (aparecen hace 542 millones de años y continúan en la actualidad), los convierte en ideales para la datación de rocas. Además indican características ecológicas como la salinidad del agua de mar o la temperatura, ya que colonizan prácticamente todos los ambientes, desde las grandes profundidades hasta los tres mil metros sobre el nivel del mar. ¡Lo tienen todo!

Los moluscos se dividen en ocho clases: aplacóforos (sin concha), monoplacóforos (grupo extinto, con una concha simple), poliplacóforos (con una concha formada por muchas placas), rostroconquios (grupo fósil), escafópodos (también llamados conchas colmillo), gasterópodos, bivalvos y cefalópodos.

Únicamente vamos a hablar de estos tres últimos porque son los más frecuentes y los que tienen mayor relevancia en paleontología, destacando su importancia paleoecológica

(¿en qué ambiente se encuentran?) y bioestratigráfica (¿qué edad tienen?).

Los gasterópodos son el grupo de moluscos más diverso y el que presenta un mayor número de especies actuales, entre las que se incluyen los caracoles terrestres, los caracoles marinos, las babosas o las lapas. En su mayoría son acuáticos y marinos, aunque también existen formas de agua dulce e incluso adaptadas a la vida terrestre (como los pulmonados). Su concha es de una sola pieza y tiene forma de cono, que se enrolla en forma de hélice sobre su eje. Se cierran mediante una especie de tapa, llamada opérculo, que únicamente se conserva en el registro fósil si es calcárea.

Los gasterópodos fósiles se clasifican a partir de las características morfológicas de la concha, ya que aunque las clasificaciones actuales están basadas en órganos blandos, en los fósiles no se conservan. Los primeros gasterópodos aparecieron en el Cámbrico Inferior (hace entre 542 y 520 millones de años), mientras que los gasterópodos pulmonados no aparecieron hasta el Mesozoico, ¡a la vez que los dinosaurios!

Los bivalvos (dos valvas), también son conocidos por el nombre de pelecípodos o lamelibranquios. Son moluscos acuáticos (casi todos marinos), con branquias en forma de lámina y cuya concha está formada por valvas simétricas entre sí y articuladas mediante un filamento. Al morir el animal, se desarticulan y se separan fácilmente durante la fosilización. Algunos bivalvos típicos son los mejillones, las ostras o las almejas. Los primeros bivalvos aparecieron en el Ordovícico, hace unos 485 millones de años.

Los cefalópodos son el último grupo de moluscos de los que vamos a hablar. En la actualidad incluyen a los pulpos, las sepias, los calamares y los nautilos. Tienen una concha tabicada, originariamente externa pero que en los grupos más recientes se ha transformado en concha interna o se ha perdido. Poseen una cabeza bien diferenciada rodeada por tentáculos, ojos compuestos ubicados en los laterales y una boca con un pico y rádula córnea (especializada en raspar el alimento).

En el pasado fueron un grupo enormemente diverso cuyos principales representantes son los nautiloideos, los coleoideos y los amonites. Estos últimos son los fósiles marinos más abundantes y característicos del Jurásico y el Cretácico: mientras que los dinosaurios dominaban la tierra, los amonites

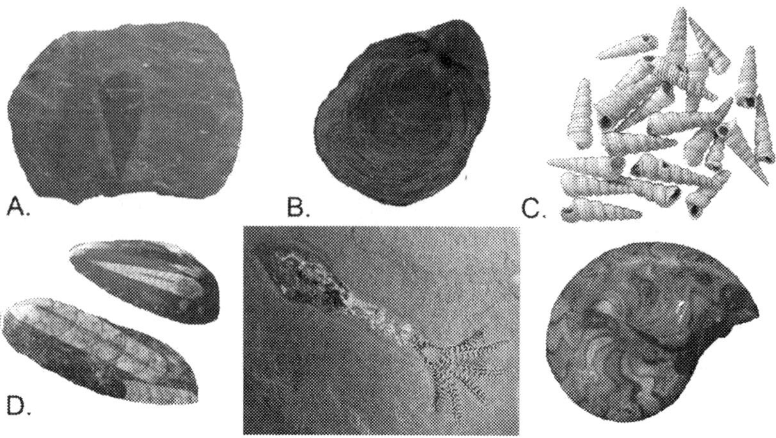

Algunos ejemplos de moluscos. A. Hyolítido, grupo de moluscos exclusivamente fósil. Foto: Wikimedia Commons. B. Fósil de bivalvo, con su característica concha de dos valvas laterales. Foto: Adriana Oliver. C. Fósiles de gasterópodos. Foto: Wikimedia Commons. D. Principales cefalópodos fósiles. De izquierda a derecha: fósil de nautiloideo. Foto: Wikimedia Commons. Fósil de coleoideo. Foto: Wikimedia Commons. Fósil de amonites. Foto: Adriana Oliver.

dominaban el mar ¡y al igual que ellos se extinguieron hace 66 millones de años!

Los braquiópodos son unos animales marinos que viven fijos al fondo. Pese a que probablemente no sean demasiado conocidos (ya que no nos los comemos y habitan a enormes profundidades), en la actualidad hay unas 335 especies, muy escasos en comparación con las 16 000 especies fósiles descritas. Tienen un aspecto muy parecido a los bivalvos, con su característico caparazón de dos piezas o valvas, aunque a diferencia de ellos tienen una valva superior y otra inferior (no laterales), que se cierran gracias a unos potentes músculos que provocan un efecto de balancín que le permite abrir y cerrar las valvas.

La estructura más característica de estos organismos es el braquidio, a la que debe su nombre el grupo, y que consiste en dos apéndices enrollados en espiral que sirven tanto para la respiración del animal como para producir corrientes de agua que permitan su alimentación.

La charnela es otra estructura muy importante, ya que permite que las valvas se articulen. Está compuesta por dos dientes (valva ventral) y dos fosetas (valva dorsal).

En general, cuando el animal muere no se separan las valvas, sino que se quedan unidas y completamente cerradas. Gracias a esto, se han conservado muchísimos fósiles completos de braquiópodos.

La concha es de composición calcítica (salvo un grupo, los linguliformes, que tienen concha fosfática) y presenta un plano de simetría que divide a cada valva en dos mitades simétricas. Esta composición calcítica favorece la fosilización, por lo que los fósiles son muy abundantes en gran variedad de rocas.

Los braquiópodos son un grupo que tienen mucha utilidad en paleontología, ya que podemos hacer estudios bioestratigráficos, es decir, saber la edad de las rocas en función de las diferentes especies o estudios paleoambientales, debido a la predilección de algunas especies por determinados medios como la costa, el litoral o las grandes profundidades. De hecho, los braquiópodos estaban distribuidos por todos los océanos del planeta, viviendo tanto en zonas cercanas a la costa como a grandes profundidades, en aguas tranquilas o turbulentas, y podían estar anclados a fondos rocosos mediante un pedúnculo, vivir enterrados en suelos blandos donde formaban largas galerías o incluso vivir libres.

A veces los braquiópodos se asocian con otros organismos para conseguir un beneficio mutuo (simbiosis). Es común ver las conchas de los braquiópodos cubiertas por organismos incrustantes o sésiles como los gusanos, los briozoos, las esponjas o los hidrozoos. El braquiópodo facilita el soporte mientras que los otros organismos ofrecen protección, camuflando la concha de los depredadores.

La morfología general de la concha es relativamente sencilla, con pocos caracteres que la definan (los más importantes son la proporción de longitud y anchura, el contorno de la concha, la comisura frontal y el perfil lateral), por lo que son muy frecuentes los casos de homomorfismo, es decir, que dos especies no emparentadas presenten una forma similar.

La clasificación de los braquiópodos es bastante complicada debido, precisamente, al homomorfismo. Normalmente se necesitan estudios de la anatomía interna del animal (como la forma del braquidio o las impresiones musculares).

Aunque en la actualidad los braquiópodos son muy escasos, en el pasado eran extremadamente abundantes y tienen mucha importancia en paleontología, para saber la edad de las rocas o para hacer estudios ambientales. Foto: Wikimedia Commons.

En cualquier caso, una de las principales clasificaciones está basada en la presencia o ausencia de la charnela:

Los braquiópodos inarticulados no tienen charnela y unen sus valvas mediante músculos, por lo que las valvas pueden encontrarse sueltas. Se conocen tipos de inarticulados desde el Cámbrico (con edades comprendidas entre hace 542 y 485 millones de años) y son formas muy estables, que apenas han cambiado y evolucionado a lo largo del tiempo.

Normalmente viven hundidos verticalmente en la arena. Tienen el pedúnculo fijo al fondo de su madriguera y lo contraen para poder ocultarse de los depredadores.

Los braquiópodos articulados, en cambio, tienen una charnela que articula y une las valvas. Además, su concha es siempre calcárea.

Son un grupo mucho más heterogéneo que evoluciona mucho a lo largo del tiempo (algunos grupos presentan espinas, mientras que otros carecen de pedúnculo...). Aparecieron un poco más tarde que los inarticulados, en el Ordovícico (hace entre 485 y 443 millones de años), y en la actualidad representan un grupo mucho más abundante.

Hace 450 millones de años, a finales del período Ordovícico, la paz y hegemonía que reinaba en la Tierra desapareció. El gran supercontinente que inicialmente ocupaba una posición ecuatorial se fue acercando al Polo Sur. El clima que hasta entonces era cálido pasó a ser extremadamente frío, ¡los casquetes polares llegaron al ecuador!, y se produjo un episodio glaciar que duró veinte millones de años. ¿Te imaginas la locura que debió de ser? ¿Qué creéis que ocurrió? Pues que se produjo una terrible extinción comparable en magnitud con la que terminó con los dinosaurios y que destruyó el 85 % de las especies, diezmando los a los braquiópodos, los briozoos, los trilobites, los cefalópodos y los arrecifes de coral. Lo más sorprendente es que extinguió todas las comunidades tropicales y que tanto los supervivientes como los nuevos organismos que aparecieron estaban adaptados a aguas frías. Pero eso es ya otra historia que pertenece a un nuevo período: el Silúrico.

51

¿Existían escorpiones del tamaño de un delfín?

Durante el Silúrico, un período que abarca desde los 443 hasta los 419 millones de años, el nivel del mar era muy elevado y el clima en la Tierra era relativamente cálido, por lo que las masas de tierra estaban cubiertas por mares someros y templados. En estos ambientes marinos tan favorables la vida se desarrolló muy intensamente.

Los mares estaban repletos de grandes arrecifes formados por corales, briozoos y un tipo de organismos coloniales llamados estromatopóridos.

El fondo marino estaba repleto de animales bentónicos (animales que habitan el fondo marino) como bivalvos, gasterópodos, braquiópodos y lirios de mar.

Campando a sus anchas por estos océanos, dominaban los euriptéridos, también conocidos como escorpiones marinos o gigantostráceos. Estos enormes animales pudieron alcanzar los 2,5 metros de longitud. ¡El mismo tamaño que un delfín!

Su nombre proviene del latín y significa 'ala ancha', y aunque se asemejan a los escorpiones en la parte posterior del cuerpo, en realidad no están emparentados con ellos ni poseían glándulas venenosas. Sorprendentemente pertenecen al mismo grupo que las arañas, los escorpiones, los ácaros y las cacerolas de las Molucas.

Los escorpiones marinos formaron un diverso grupo de hasta doscientas cincuenta especies diferentes que habitaron numerosos ecosistemas acuáticos, incluyendo los océanos, las marismas, los ríos o los pantanos.

Pese a la diversidad, estos animales se caracterizan por tener siempre el cuerpo dividido en dos partes, por un lado la región de la cabeza y el tórax, y por otro, la parte posterior del cuerpo. En la cabeza se encontraban los ojos: dos ojos compuestos, que estaban formados por miles de unidades receptivas; y dos ojos simples. La boca, que iba seguida de unos extraños apéndices puntiagudos que usaban para agarrar el alimento. Posteriormente, unos apéndices alimenticios y las patas. La parte posterior del cuerpo estaba compuesta por segmentos y terminaba en una cola normalmente estrecha acabada en punta. ¿Te animas a conocer en detalle algunos de estos extraños animales?

Megalograptus es uno de los primeros eruptéridos que aparecieron en el planeta Tierra. Fue a finales del Ordovícico (hace entre 382 y 358 millones de años). Medía 1,20 metros y se caracterizaba por tener tres pares de apéndices en la cabeza, el más anterior desproporcionadamente grande, con púas.

Kiaeropterus vivió en el Silúrico Inferior (hace entre 443 y 427 millones de años), y era un pequeño animal de apenas siete centímetros. Sus dos especies se han descrito en localidades europeas: *Kiaeropterus cyclophthalmus* se descubrió en Reino Unido, mientras que *Kiaeropterus ruedemanni* se descubrió en Noruega.

Pterygotus fue otro escorpión marino, concretamente el segundo más grande en tamaño, que tuvo una longitud de 2,3 metros. Vivió en zonas marinas costeras y se alimentaba cazando peces y otros invertebrados a los que acechaba nadando.

Era un gran nadador que dominaba varias formas de natación ayudándose por su cola y sus patas.

Apareció en el Silúrico (hace entre 443 y 419 millones de años) y se extinguió en el Devónico Medio (hace entre 393 y 382 millones de años). Se han encontrado siete especies diferentes en lugares tan variados como Europa, Asia y América.

El terrible *Jaekelopterus* alcanzó más de 2,5 metros de longitud, y ostenta el récord no solo de ser el mayor euriptérido de todos, sino de ser ¡el artrópodo más grande del mundo! Era un superdepredador que se alimentaba de peces, trilobites y otros euriptéridos.

Solamente se conocen dos especies de *Jaekelopterus*. Ambas vivieron hace 390 millones de años, en el Devónico Medio. *Jaekelopterus rhenaniae* se ha encontrado en un yacimiento alemán y se cree que habitó en zonas dulceacuícolas como lagos y ríos. Mientras que *Jaekelopterus howelli* fue descubierto en Wyoming, Estados Unidos, y habitaba en estuarios.

Stylonurus fue coetáneo del gran *Jaekelopterus*. Era marino y se desplazaban caminando por el fondo. De tamaño muy variado, era carnívoro y se alimentaba de pequeños peces. ¡No obstante no podía evitar servir de alimento a los tiburones primitivos y a otros escorpiones marinos!

Megarachne debe su nombre a que fue confundido con una araña gigante. Vivió durante el Carbonífero terminal (hace entre 306 y 298 millones de años) en Argentina. Solamente se conoce una especie, *Megarachne servinei*, que alcanzó los cincuenta y cuatro centímetros de longitud. Habitaba ambientes de agua dulce en llanuras inundables y se alimentaba removiendo el sedimento de los ríos y capturando pequeños invertebrados.

Finalmente, *Hibbertopterus* habitó en el Carbonífero Superior (entre hace 307 y 298 millones de años) hasta la extinción de finales del Pérmico (hace 252 millones de años). Vivía en zonas pantanosas y ríos donde cazaba a sus presas, rastrillando el fondo del agua con sus apéndices, a fin de capturar pequeños invertebrados.

Se cree que tenía una locomoción anfibia. Sus enormes huellas, descubiertas en Escocia, han permitido interpretar la longitud de *Hibbertopterus* ¡en dos metros!

Los euriptéridos tuvieron una gran longevidad temporal (unos 218 millones de años), lo que les permitió desarrollar

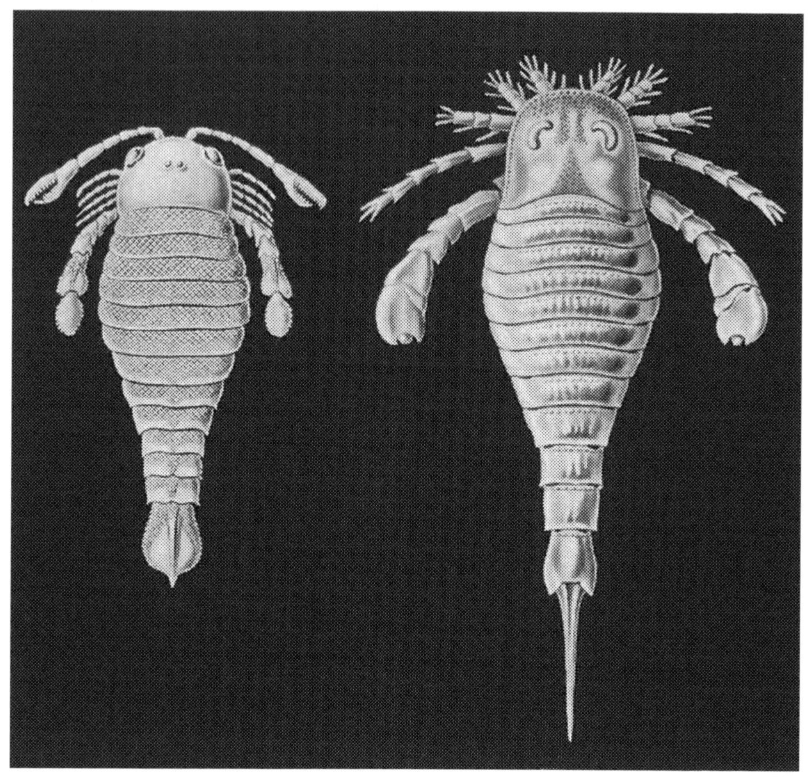

Los euriptéridos o escorpiones marinos fueron los grandes depredadores de los océanos de hace 420 millones de años. Tuvieron tamaños muy variados. Algunos grupos alcanzaron tamaños descomunales de más de dos metros de longitud. Fuente: Wikimedia Commons.

numerosas estrategias a lo largo del tiempo: algunas especies se desplazaban por el fondo marino, otras eran nadadoras, ¡algunas eran incluso capaces de desplazarse cortos períodos de tiempo fuera del agua! Se alimentaban principalmente de pequeños invertebrados, gusanos o peces.

¿Dónde crees que vivían estos animales? Sus fósiles se han encontrado en América, Europa, noroeste asiático, África ¡y España! Concretamente en la localidad leonesa de Garaño. ¿Te lo imaginabas?

Junto a estos sorprendentes seres convivieron además los trilobites y varios tipos de cefalópodos como los amnonites y los nautiloideos, además de los primeros peces con mandíbulas: los tiburones espinosos (o acantodios), los peces acorazados (o placodermos) y los peces óseos (u osteíctios).

52

¿UN BUZO PODRÍA HACER SUBMARINISMO EN LOS OCÉANOS PREHISTÓRICOS?

Si una persona viajara al pasado, pongamos por caso que unos 420 millones de años, se encontraría en un período llamado Silúrico. Allí disfrutaría de un paisaje asombroso, donde el supercontinente Gondwana (formado por los continentes que hoy forman África, Antártida, Australia, India y la península arábiga) se desplazaba al sur, mientras que otros fragmentos continentales se acercaban al ecuador para formar lo que luego sería otro supercontinente llamado Euroamérica.

La mayor parte del hemisferio norte estaba cubierta por un gran océano y varios océanos menores de aguas cálidas y poco profundas que eran óptimos para la vida marina.

Nuestro buzo al sumergirse se encontraría con un sorprendente paisaje: gigantescas construcciones de arrecifes, mucho más grandes y abundantes que las que hay actualmente, ¡y sobre todo formadas por seres mucho más extraños que los que hay en la actualidad!

Los principales constructores de arrecifes del Silúrico son los corales, los estromatopóridos y los crinoideos. A continuación vamos a aprender un poco más sobre ellos:

Los corales son unos interesantísimos invertebrados marinos (filo Cnidaria y clase Anthozoa) que tienen las células organizadas en tejidos pero no en órganos, y son tanto solitarios (formas aisladas) como coloniales. Su nombre viene de las palabras griegas *anthos* y *zoon*, y significa 'flor animal', están incluidos dentro del grupo de las anémonas marinas y las plumas de mar. Únicamente tienen forma de pólipo, es decir, forma de saco, donde la parte de abajo está fija al suelo y la parte superior tiene una boca central rodeada de tentáculos. Los corales se alimentan principalmente de partículas en suspensión, tales como fitoplancton, bacterias, materia orgánica y pequeños invertebrados planctónicos. Es un método pasivo en el que las partículas quedan atrapadas por los tentáculos del pólipo. Aunque algunos grupos son fotosintéticos y están en simbiosis con algas, y otros, como los corales solitarios o los corales que viven a grandes profundidades, utilizan sus tentáculos urticantes para paralizar a la presa y poder digerirla poco a poco, por lo que su alimentación incluye también larvas, huevos de peces e incluso gusanos.

¿Sabías que en la actualidad solo hay un tipo de corales, pero que en el pasado había tres diferentes? Pues sí, solo han sobrevivido los corales escleractinios, pero en el pasado estaban también los corales tabulados y los rugosos.

En España hay numerosos yacimientos fósiles de corales, destacan por ejemplo los de la provincia de León, en Matallana de Torío; los de la provincia de Huesca; el yacimiento de Arnao en Asturias; los de Tarragona, Lleida y las cordilleras costeras catalanas, en las inmediaciones de Barcelona; también hay yacimientos en Codes, provincia de Guadalajara; en la Hoya de Buñol-Chiva, en la provincia de Valencia o en la provincia de Murcia, entre otros.

Los estromatopóridos eran unos organismos invertebrados y coloniales que produjeron esqueletos calcáreos con forma parecida a los corales. Tienen afinidad taxonómica dudosa, es decir, no está muy claro a qué grupo pertenecen, aunque algunos científicos los incluyen en las esponjas. La forma y el tamaño de su esqueleto eran muy variados, abarcando de formas ramosas de pocos milímetros a formas redondeadas de casi cinco metros. La forma de crecimiento dependía de los parámetros ambientales, aunque eran exclusivamente marinos y frecuentaban especialmente los ambientes de poca profundidad con aguas tranquilas.

Se encuentran desde el Ordovícico (485-443 millones de años) hasta el Cretácico (145-66 millones de años), distribuyéndose por todo el mundo.

En España fueron muy abundantes y hay numerosos yacimientos con colonias arrecifales de estromatopóridos, como es el caso de los yacimientos de la cordillera cantábrica, cerca de las localidades asturianas de Arnao, Endriga y Las Arenas.

Los crinoideos son un grupo de equinodermos que se conocen popularmente como lirios de mar o estrellas plumosas.

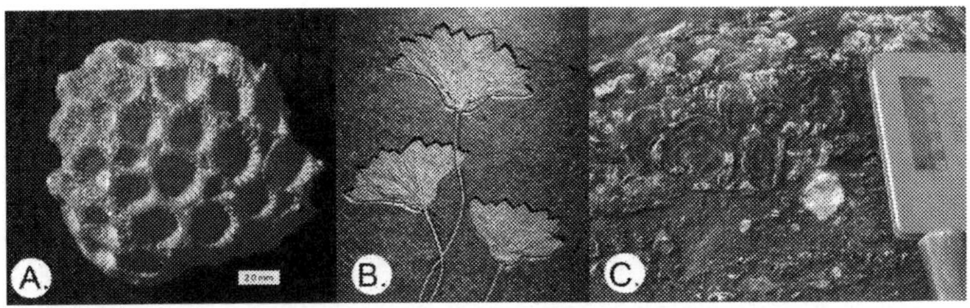

Aunque en la actualidad solo hay corales de tipo escleractinio, existieron en el pasado corales de tipo rugosos y de tipo tabulado (como el de la imagen). B. Fósiles de crinoideos. En este maravilloso ejemplar se ha conservado tanto el tallo como el cáliz de cada crinoide. C. Detalle de un fósil de estromatopórido. En el pasado formaron grandes extensiones de arrecifes. Este grupo se extinguió en la misma extinción que los dinosaurios, hace 66 millones de años. Fotos: Wikimedia Commons.

Se distribuyen desde el Cámbrico (hace entre 542 y 485 millones de años) hasta la actualidad. En el pasado fueron extremadamente abundantes (hay más de mil géneros en el registro fósil) ocupando todos los océanos, aunque ahora han perdido importancia. Los crinoideos tienen un esqueleto macizo de calcita, la mayoría están fijos al fondo marino por un tallo o pedúnculo flexible, con forma circular, pentagonal o estrellada, que es la parte que más fácilmente fosiliza. En la parte superior del tallo hay un cáliz o copa formado por placas fusionadas. El ano se encuentra en posición lateral mientras que la boca ocupa una posición central. El cáliz está coronado por brazos sencillos, bifurcados o ramificados con forma de plumas. Al morir, el esqueleto se desarticulaba, por lo que los fósiles suelen aparecer en forma de pequeñas placas o artejos.

Todos los crinoides son micrófagos, es decir, se alimentan de pequeños trozos de materia nutritiva (foraminíferos o fitoplancton) o de pequeños animales (crustáceos o moluscos), de forma pasiva sin perseguir ni seleccionar a sus presas.

Fueron muy abundantes en los fondos oceánicos de todo el mundo, compartiendo espacio con corales y estromatopóridos. En España, destacan los yacimientos fosilíferos de crinoideos en Asturias y León o en Valencia (la comarca de la Hoya de Buñol-Chiva).

53

¿Cuándo aparecieron las primeras plantas terrestres?

Las primeras plantas terrestres, también llamadas embriofitas, aparecieron hace unos 450 millones de años, a finales del Ordovícico, evolucionando de las algas verdes.

En este período, el clima era relativamente cálido y el nivel del mar era muy elevado, por lo que gran parte de la tierra estaba cubierta por mares poco profundos y templados. Sin embargo, había mucha evaporación del agua de mar, que producía fuertes lluvias en las zonas continentales, haciendo que durante gran parte del año la tierra estuviera encharcada. Este hecho, aparentemente insignificante, resultó extremadamente importante para la evolución de la vida en la tierra.

Las plantas fueron las primeras en colonizar las partes emergidas de los continentes, y poco después les siguieron los animales, primero los invertebrados como arañas, escorpiones y milpiés, y después los vertebrados anfibios.

Todas las plantas terrestres actuales (musgos, plantas hepáticas, helechos, plantas con semillas, plantas con flor...) descienden de este grupo primitivo de plantas terrestres: las embriofitas.

En realidad, aunque las embriofitas aparecieron en el Ordovícico colonizando poco a poco los humedales, no fueron importantes hasta el Silúrico (entre los 443 y 419 millones de años), donde fueron ganando complejidad. Pero no fue hasta el Devónico (entre 419 y 358 millones de años) cuando fueron dominantes, alcanzando gran diversidad de formas y tamaños.

A lo largo de estos noventa millones de años, las plantas terrestres fueron adaptándose a vivir fuera del agua, evolucionando poco a poco de vivir en un medio acuático a vivir en un medio terrestre. No obstante, esta adaptación no fue nada sencilla: tuvieron que desarrollar órganos capaces de obtener agua, ya que mientras vivieron en el mar tenían una fuente inagotable de agua, pero sobre la tierra la tenían que obtener del suelo. Tuvieron que adaptarse a absorber la luz ultravioleta del Sol. Tuvieron que desarrollar estructuras rígidas y resistentes que por un lado pudieran distribuir el agua y por otro formaran una pared impermeable que evitara la desecación. Además, tuvieron que adaptarse a la concentración de oxígeno en la atmósfera, que es mucho más alta que en el agua. ¿Qué de cambios, verdad?

Para todo ello, algunas plantas terrestres desarrollaron un sistema vascular, formado por vasos y raíces para transportar el agua y los nutrientes a través de los tejidos. Este sistema resultó tan eficaz que se ha mantenido hasta nuestros días.

Por otro lado, estas primeras plantas terrestres tuvieron que adaptar sus mecanismos de procreación, ya que al no estar en el agua no era posible abandonar sus células libremente: las plantas pteridofitas (como los helechos, los equisetos y los licopodios) son plantas con raíces y vasos, pero que no tienen semillas, para reproducirse desarrollaron esporas. Fueron las formas dominantes durante el Carbonífero (hace entre 358 y 298 millones de años), período en el que se formaron grandes extensiones boscosas. ¡Los árboles alcanzaron hasta treinta metros de altura y un metro de diámetro! Son plantas con raíces y vasos pero que no tienen semillas.

En cambio, las plantas fanerógamas desarrollaron semillas. Esta adaptación permitió la reproducción en ambientes más secos, ya que las semillas protegen y aíslan las células reproductoras del frío, viento o incluso la sequía.

Hoy en día este grupo es el linaje más extenso de plantas vasculares, con unas doscientas setenta mil especies vivientes. Se dividen en dos grupos:

Las gimnospermas (como los pinos, abetos, cicas y ginkgos) son plantas similares a las pteridofitas, pero que tienen sacos polínicos y óvulos, y normalmente son vegetales leñosos. Aparecieron en el Devónico Superior (hace entre 382 y 358 millones de años) y continúan en la actualidad.

Por el contrario, las angiospermas son las plantas con flor. Aparecieron en el Cretácico Inferior (hace entre 145 y 100 millones de años), y desde su aparición han alcanzado gran diversidad, colonizando prácticamente todos los hábitats. Los fósiles más frecuentes corresponden a hojas, aunque también se conocen fósiles de troncos y hasta flores.

¿Sabías que las plantas terrestres eran un grupo muy utilizado en la reconstrucción del paisaje del pasado? Pues sí, el

Los helechos son plantas pteridofitas que se reproducen mediante esporas. En el pasado fueron muy abundantes, sobre todo en el Carbonífero y en el Pérmico, y formaron gigantescos bosques. Foto: Adriana Oliver.

polen y las esporas son muy útiles para obtener información sobre el ambiente y el clima del pasado.

Las esporas fósiles de las pteridofitas tienen forma ovalada o esférica. En cambio, el polen de las espermatofitas tiene forma ovalada o poligonal.

Tanto las esporas como los pólenes suelen estar asociados a ambientes continentales y subaéreos, pero su facilidad de dispersión hace que también se encuentren en ambientes marinos.

Además, pueden darnos una gran información bioestratigráfica para datar la edad de las rocas. De hecho, son uno de los principales indicadores bioestratigráficos desde el Devónico

(419-358 millones de años), hasta el Pleistoceno (2,58 millones de años-100 000 años).

Como hemos visto, la evolución de las plantas y la conquista del medio terrestre produjeron importantísimos cambios en la atmósfera, reduciendo el dióxido de carbono de la atmósfera y liberando oxígeno.

54

¿HAN EXISTIDO SIEMPRE LOS ANIMALES CON MANDÍBULAS?

Como el lector habrá podido imaginar, la respuesta es claramente negativa. Las primeras mandíbulas aparecieron en el Silúrico hace unos 430 millones de años, así que podemos decir sin miedo a equivocarnos que los seres vivos han estado viviendo ocho veces más tiempo alimentándose sin mandíbulas que con mandíbulas. ¿Pero cómo diablos consiguieron hacer esto? ¿De qué manera se han estado alimentando los seres vivos durante tres mil cuatrocientos millones de años?

Las primeras cianobacterias generaban su sustento a partir de la luz del Sol. Estas primeras formas de vida atrapaban los fotones del Sol y utilizaban su energía para descomponer moléculas de agua en oxígeno e hidrógeno. Su sistema es tan perfecto que hoy en día hay muchas formas de vida que siguen alimentándose así, como las plantas.

En cualquier caso, han surgido también otras formas muy distintas de alimentarse, como por ejemplo la filtración. Los organismos que tienen este tipo de alimentación filtran agua para obtener el alimento, que son partículas orgánicas en suspensión. Para visualizarlo hay que imaginarse una especie de aspiradora que tuviese la esperanza de ir encontrando trozos de magdalena por el aire. Es un sistema algo primitivo y anacrónico, pero eficiente al fin y al cabo. Hoy en día, las esponjas siguen utilizando este mecanismo.

Sin embargo, la gran diversidad biológica buscó formas de alimentación más eficientes, lo que se consiguió con ¡la aparición de las mandíbulas!

Los primeros animales cordados que desarrollaron unas mandíbulas para poder agarrar, masticar y matar a sus presas fueron los gnatostomados. Los gnatostomados fueron unos peces con mandíbula, que aparecieron en el Silúrico, hace unos 430 millones de años. La aparición de la mandíbula fue muy importante, ya que posibilitó numerosas técnicas alimentarias diferentes y un modo de vida cazador.

Hay cuatro grupos de peces con mandíbula: dos exclusivamente fósiles que son los acantodios (o tiburones espinosos), y los placodermos (o peces acorazados), y dos que perduran hasta nuestros días, los condrictios que son los peces cartilaginosos como el tiburón y la raya, y los osteíctios que son los peces óseos.

Nosotros vamos a centrarnos únicamente en los grupos fósiles.

Los acantodios son un grupo de peces exclusivamente fósil, que se diversificaron por todo el planeta desde el Silúrico (hace aproximadamente 416 millones de años) hasta el Pérmico Inferior (hace unos 298-272 millones de años). Su nombre viene de dos palabras griegas y significa 'aspecto de espina' debido a que tenían las aletas modificadas en forma de largas espinas.

Eran unos peces pequeños con tamaños máximos de veinte centímetros, alargados y delgados con numerosas aletas espinosas. Las espinas tendrían una labor defensiva, ya que podrían disuadir a los predadores de comerlos. Parece ser que algunas especies eran incluso capaces de erizar las espinas pectorales.

Tenían grandes ojos y la mayoría tenían dientes, lo que les permitía ser depredadoras. Únicamente las especies sin dientes eran filtradoras y se alimentaban de las partículas que filtraban del agua.

Se les conoce también como tiburones espinosos porque tienen el cuerpo cartilaginoso (como los tiburones y las rayas) pero con aletas espinosas de hueso. Su hábitat principal eran las aguas marinas abiertas y profundas, aunque algunas especies vivieron en los ríos.

Ischnacanthus es uno de los fósiles más característicos. Vivió durante el Devónico Inferior (hace entre 419 y 393 millones de años) en Escocia. Eran animales de gran tamaño que podían alcanzar los dos metros de longitud, con cuerpos alargados y delgados que le permitían ser grandes nadadores. Era un

196

A lo largo de la vida en la Tierra han existido cuatro tipos de peces con mandíbulas: los acantodios y los placodermos que están extinguidos mientras que los condrictios (o peces cartilaginosos) y los osteíctios (o peces óseos) continúan en la actualidad. Nos hemos centrado en los grupos exclusivamente fósiles: A. Aunque el grupo se conoce como acantodios o tiburones espinosos, no todos tenían una alimentación carnívora. B. Placodermos o peces acorazados. El espectacular *Dunkleosteus* es uno de los fósiles más característicos. Reconstrucciones: Wikimedia Commons.

predador eficaz en cuya boca había pequeños dientes, ubicados únicamente en la mandíbula.

Acanthodes fue otro tiburón espinoso muy característico, que vivió entre el Devónico (419-358 millones de años) y principios del Pérmico (298-272 millones de años) en Europa, Norteamérica y Australia. Tenía un tamaño de unos treinta centímetros y aunque tenía mandíbula, carecía de dientes, por lo que su alimentación era de tipo filtrador. Se alimentaba comiendo grandes cantidades de plancton que iba filtrando del agua mientras nadaba.

Los placodermos son peces acorazados con mandíbulas. Su nombre proviene de dos palabras griegas y significa 'piel de placas', ya que se caracterizaban por estar cubiertos por grandes corazas móviles que podían ocuparles la cabeza y el cuerpo. Aparecieron a finales del Silúrico (hace entre 427 y 419 millones de años) y probablemente se extinguieron a finales del Devónico (hace unos 358 millones de años). Habitaron numerosos ambientes tanto marinos como de agua dulce, habitando fondos oceánicos y zonas de mar abierto.

Tenían tamaños muy variados, desde unos pocos centímetros hasta ¡diez metros! De hecho, los artrodiros, un grupo de peces acorazados cuyo nombre significa 'cuello articulado' fueron los mayores depredadores de los océanos, ¡y es que además eran los mayores vertebrados aparecidos hasta ese momento!

A continuación vamos a conocer un ejemplo de los principales grupos de placodermos:

El terrorífico *Dunkleosteus* era uno de los principales depredadores de la época (ver figura). Perteneció al grupo de los artrodiros y vivió a finales del Devónico (hace entre 382-358 millones de años). Sus fósiles se han encontrado en Norteamérica, Europa (Polonia y Bélgica) y África (Marruecos). Tenía una enorme cabeza acorazada con mandíbulas sin dientes pero con potentes cuchillas que no le impedían cazar todo tipo de presas, desde invertebrados, como moluscos o artrópodos, hasta otros peces como acantodios (tiburones espinosos) y tiburones. Medía seis metros de largo ¡y pesaba casi novecientos kilogramos!

Habitaba principalmente ambientes costeros, estuarios y ríos, aunque en menor medida también podía vivir en mar abierto.

Bothriolepis fue un pequeño pez (de unos treinta centímetros) del grupo de los antiárquidos. Este grupo es el más diverso dentro de los placodermos, con más de cien especies fósiles. Sus fósiles se han descubierto en Asia, Europa, Australia y América.

Al igual que *Dunkleosteus* vivió a finales del Devónico, aunque *Bothriolepis* habitaba los fondos marinos y probablemente iba a zonas dulceacuícolas a reproducirse. Tenía una alimentación detritívora, es decir, se alimentaba de consumir partículas de animales y plantas en descomposición.

Bothriolepis se caracterizaba por tener una fuerte cabeza cefálica con el cuerpo protegido por una armadura de placas.

Lunaspis fue un pez del grupo de los petalíctidos. Vivió en el Devónico Inferior (hace entre 419 y 393 millones de años) en Europa (Alemania), Asia (China) y Oceanía (Australia y Nueva Zelanda).

Lunaspis habitaba los fondos marinos y era aplanado con un escudo torácico corto y largas placas en forma de cuerno. Tanto la cabeza como el cuerpo estaban cubiertos por pequeñas escamas.

Gemuendina perteneció a los renánidos y vivió también en el Devónico Inferior. Sus restos se han encontrado en Alemania.

Medía entre treinta centímetros y un metro, y tenía un aspecto parecido a las rayas, solo que recubierto por pequeñas escamas. Tenía el cuerpo aplanado, aletas pectorales planas y una cola larga y estrecha. Nadaba ondulando las aletas pectorales como hacen las rayas y las mantas.

Ctenurella fue un pequeño placodermo, del grupo de los ptictodontos. Medía veinte centímetros de diámetro y vivió en el Devónico Inferior. Tenía un pequeño escudo cefálico y un cuerpo alargado terminado en una cola con forma de látigo. Sus fósiles se han encontrado en Australia y Alemania.

Phyllolepis era un filolépido, que poseía un gran escudo cefálico y torácico, con una característica ornamentación en forma de anillos de crecimiento concéntricos. Además, tenía un cuerpo alargado y plano con un hocico redondeado. Vivió a finales del Devónico (entre 372 y 358 millones de años) en Norteamérica y Europa. Habitaba ambientes de agua dulce, como ríos y arroyos, donde cazaba en el fondo acechando a sus presas. Aunque era ciego, era un eficiente cazador que usaba su larga cola para propulsarse y capturar a sus presas.

55

¿Todos los peces tienen un esqueleto óseo?

Por supuesto que no. En la actualidad los peces son de dos tipos: los que tienen el esqueleto de cartílago, como los tiburones y las rayas, y los que tienen el esqueleto compuesto por hueso, que son la mayoría de los peces actuales (atún, bacalao, dorada, salmón...). Todos estos grupos se desarrollaron y diversificaron en un período conocido como la Era de los Peces, el Devónico, que abarca desde los 419 a los 358 millones de años.

Los peces óseos u osteíctios aparecieron a finales del Silúrico, hace unos 427 millones de años, desarrollándose a lo largo del Devónico y dominando los ecosistemas acuáticos en la actualidad. Se dividen en dos grupos o subclases en función de la forma de sus aletas: los actinopterigios y los sarcopterigios.

Los actinopterigios tienen aletas radiadas con radios óseos en ellas. Uno de los fósiles más primitivos es *Cheirolepis*. Estos peces de hasta veinticinco centímetros de longitud eran grandes depredadores que se distribuyeron por todos los océanos. Con grandes ojos y una boca enorme con multitud de dientes, eran unos eficientes cazadores que engullían y trituraban todo tipo de presas, tanto peces acorazados (placodermos) como tiburones espinosos (acantodios) y peces óseos (sarcopterigios).

Los actinopterigios se dividen a su vez en tres subclases: los condrósteos, los holósteos y los teleósteos. Los condrósteos son las formas más primitivas, muy escasas en la actualidad, entre los que se incluyen los bichires (peces africanos que viven en ríos y lagos) y los esturiones (cuyas huevas son el caviar). Los holósteos se diversificaron en el Triásico (252-200 millones de años) y el Jurásico (200-145 millones de años), estando muy reducidos en la actualidad. Eran activos depredadores de aguas dulces o salobres, de cuerpo alargado y estrecho y anchas mandíbulas. Hay dos especies en la actualidad que se consideran fósiles vivientes, *Lepisosteus* y *Amia*, ambos norteamericanos. Finalmente, los teleósteos son el grupo más diverso con veinte mil especies actuales (atunes, sardinas, truchas, arenques, anchoas, rémoras, peces gato, percas, carpas, doradas, anguilas o cíclidos entre otros).

Los sarcopterigios tienen aletas carnosas lobuladas. Aparecieron en el Silúrico, diversificándose durante el Devónico (419-358 millones de años), y llegaron a ser el grupo de peces óseos más diverso, aunque en la actualidad son muy escasos. Son muy importantes porque los tetrápodos (vertebrados

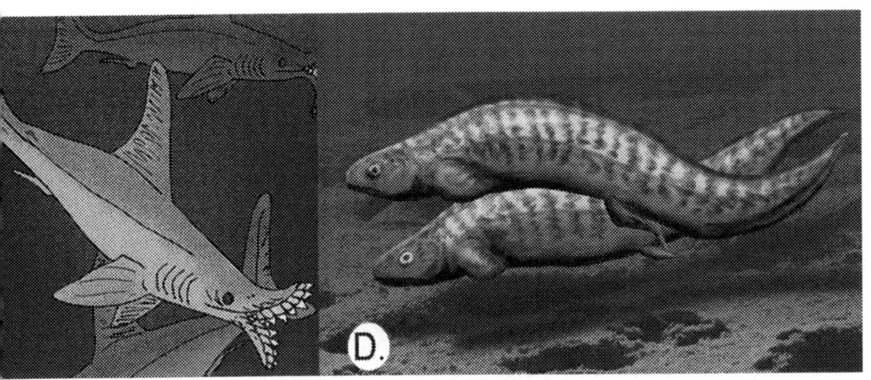

En la actualidad hay dos tipos de peces: A. Osteíctios o peces óseos como el bacalao, el lenguado o la sardina. *Cheirolepis* es un género extinto de osteíctios. B. Peces condrictios o cartilaginosos como el tiburón, la raya y la quimera. *Cladoselache* es un tiburón basal ya extinguido. C. Reconstrucción del tiburón euglenodóntido *Edestus giganteus*. Sus dientes estaban unidos en forma de espiral. D. *Chondrenchelys* fue un representante de los holocéfalos. Fotos: Wikimedia Commons.

terrestres) provienen de este grupo. Se dividen en cuatro grupos principales: los osteolepiformes, los porolepiformes, los celacantos y los peces pulmonados.

Los osteolepiformes como *Osteolepis* eran alargados, de veinte centímetros de longitud, con aletas pares lobuladas y cubiertos de escamas.

Los porolepiformes como *Eusthenoptera* tenían el cuerpo robusto y corto, con cabeza pequeña y boca muy flexible.

Los celacantos tienen cabeza corta y hocico largo, cuerpos cortos, con aletas pares y cola segmentada en tres partes. Se pensaba que se habían extinguido hace 66 millones de años, hasta que en el siglo XX se descubrieron dos especies, una africana y otra asiática que depredaban en aguas marinas profundas.

Finalmente, los peces pulmonados o dipnoos son peces que tienen orificios nasales y uno o dos pulmones funcionales que les permite respirar fuera del agua. Aunque fueron bastante abundantes en el Devónico, en la actualidad son extremadamente escasos.

El otro grupo grande de peces que sobrevive en la actualidad son los peces cartilaginosos o condrictios. Aparecieron hace aproximadamente 382 millones de años, en el Devónico Superior. Se dividen en dos grupos principales, los elasmobranquios, que son los tiburones y las rayas, y los holocéfalos, que son las quimeras.

El fósil más antiguo que se conoce es *Cladoselache*, un tiburón primitivo que se distribuyó por Europa y Norteamérica. Medía dos metros de longitud y era un gran cazador y nadador. Contrariamente a los tiburones modernos, *Cladoselache* tenía dos aletas dorsales.

Los tiburones se diversificaron durante el Carbonífero (358-298 millones de años), alcanzando formas y tamaños muy diversos: como los euglenodóntidos, que se caracterizan por sus dientes que crecían unidos unos a otros en forma de espiral, por lo que desgarraban a su presa hasta que se desangraba. Al igual que en todos los tiburones, los dientes no están unidos a la mandíbula y hay un reemplazamiento continuo de piezas dentales, utilizando para alimentarse los que están en la parte superior.

Los tiburones modernos aparecieron en el Triásico (entre hace 252 y 200 millones de años), alcanzando gran diversidad de tamaños, que los llevó a convertirse rápidamente en los grandes depredadores de su época, como el tiburón gris, el tiburón toro o el tiburón blanco. Los más primitivos cazaban en zonas cercanas a la costa, mientras que los más modernos lo hacían en alta mar.

En el grupo de las rayas (Batoidea) se engloban las rayas, las rayas eléctricas, los peces sierra y los peces guitarra. Este grupo apareció hace 252 millones de años (Triásico) y en la actualidad perviven. Con cuerpos aplanados y anchas aletas pectorales, se desplazan nadando cerca de los fondos marinos. Sus dientes aplanados y estriados están adaptados a triturar crustáceos y moluscos.

Los holocéfalos son el grupo que engloba las quimeras. Las formas más primitivas aparecen en el Carbonífero Inferior (hace entre 358 y 346 millones de años) como *Chondrenchelys*, que tenía el cuerpo estirado y hasta un metro de longitud. Pero no es hasta el Jurásico (200–145 millones de años) que alcanzaron las formas que tienen en la actualidad, con cuerpos alargados, una gran espina situada al lado de la aleta dorsal, cola estrecha y puntiaguda y cabeza pequeña y alargada.

56

¿Por qué salieron los anfibios del agua?

Hace 360 millones de años, durante el Devónico, tuvo lugar un gran hito en la evolución de los vertebrados. Hasta ese momento, toda la vida estaba restringida al mar, pero en el medio terrestre las cosas estaban cambiando. Las primeras plantas terrestres ya habían aparecido. Algunos artrópodos también se habían aventurado a salir del agua. ¡Era solo cuestión de tiempo que los vertebrados lo hicieran!

Los sarcopterigios son un grupo de peces que se caracteriza por tener aletas pares lobuladas, frente a los peces actinopterigios que tienen aletas membranosas formadas por espinas óseas. A los sarcopterigios pertenecen los dipnoos y los celacantos, así como muchas formas fósiles. Sus aletas se caracterizan por tener un único elemento esquelético como base de la extremidad. ¿Te suena de algo? ¡Así es, los tetrápodos tenemos un único elemento en la base de nuestras extremidades, que llamamos húmero en el brazo y fémur en la pierna!

Entre los parientes extintos de los sarcopterigios estaban los que llamamos tetrapodomorfos, por poseer características semejantes a las de los tetrápodos. Entre estas características están la diferenciación del cuello y la articulación de las aletas, pudiendo usarlas como extremidades para, al menos, moverse o arrastrarse por el fondo. De hecho, se ha descrito en *Tiktaalik*, un pez tetrapodomorfo, la posesión de análogos de las articulaciones del hombro, codo y muñeca. Otras formas afines bien conocidas son *Acanthostega* e *Ichthyostega*. En ambos casos, las extremidades se asemejan ya mucho a las de los anfibios, aunque varían en el número de dedos. De hecho, hay clasificaciones que ya consideran estos dos géneros dentro de Tetrapoda. Pero sea como sea, estas formas todavía no habían salido definitivamente del agua, sino que se interpretan como predominantemente acuáticas, aunque ya se movieran en aguas poco profundas o pudieran hacer incursiones al exterior. De hecho, se interpreta que estos animales vivían en aguas poco profundas, en medios semejantes a pantanos o estuarios.

Fósiles de *Tiktaalik*, un pez sarcopterigio con cuello y aletas con articulaciones de tetrápodo. Foto: Wikimedia. Autor: Eduard Solà.

¿Cómo es posible que estos peces con aspiraciones de anfibio, o tetrápodos primitivos, saliesen del agua? Bueno, no hay más que echar un vistazo a los sarcopterigios actuales para descubrir que guardan más sorpresas que sus aletas: los dipnoos son conocidos como peces pulmonados, son capaces de respirar aire. Y los celacantos, si bien no tienen pulmones bien formados, pueden sobrevivir fuera del agua más tiempo que los demás peces.

El origen de los pulmones de los tetrápodos se suele relacionar con la vejiga natatoria de los peces. Este órgano aparece en muchos grupos de peces óseos, y es una bolsa de tejido llena de gas, que controla la flotabilidad del pez. Los peces fisóstomos tienen un conducto neumático que comunica la vejiga con el esófago, de modo que pueden tragar el aire en superficie o liberarlo. Por el contrario, los fisoclistos ajustan el volumen de gas por intercambio gaseoso con la sangre. Al respirar, la sangre de los peces pasa de las agallas a los músculos, oxigenándolos, lo que causa que al llegar al corazón ya queda poco oxígeno. Sin embargo, la vejiga natatoria puede actuar oxigenando la sangre antes de llegar al corazón, de modo que ya tenía cierta función de intercambio gaseoso antes de evolucionar plenamente hacia los pulmones de los tetrápodos. Además, estudios de desarrollo embrionario muestran que tanto los pulmones como la vejiga natatoria tienen un origen embrionario común.

De acuerdo, los tetrapodomorfos tenían pulmones o vejigas natatorias muy avanzadas, y tenían extremidades con las que podrían, como mínimo, desplazarse en aguas poco profundas y llegar a arrastrarse. Pero ¿qué les motivó a salir del agua? Se hipotetiza que la existencia de invertebrados terrestres como potencial fuente de alimento potenció la ocupación de los ambientes terrestres. Y con el tiempo, fueron independizándose del agua hasta dar lugar al resto de tetrápodos.

57

¿HA HABIDO LIBÉLULAS DEL TAMAÑO DE GAVIOTAS Y CIEMPIÉS DEL TAMAÑO DE JUGADORES DE BALONCESTO?

Pues aunque nos resulte difícil de creer, sí que existieron insectos descomunales: ciempiés de 2,5 metros, libélulas de 75 centímetros, cucarachas gigantes, escorpiones de 70 centímetros, habitaban en bosques de helechos ¡de más de 20 metros de alto!

Este sorprendente paisaje era el dominante en un período que se llama Carbonífero y que abarcó 60 millones de años (desde hace 358 hasta hace 298 millones de años). Su nombre viene de los enormes depósitos de carbón subterráneos que se formaron en esta época. Pero para saber cómo fue posible que los bosques y los insectos crecieran tanto, primero es necesario comprender el contexto geológico y la disposición de los continentes, en una tierra muy diferente geográficamente a lo que estamos acostumbrados a ver.

Durante el Carbonífero la Tierra estaba formada por un gran océano, y los continentes estaban todos juntos en el hemisferio sur formando una gran masa continental (denominada Pangea), únicamente estaban separados dos pequeños continentes, correspondientes a dos fragmentos de la actual China. Fue un período de formación de grandes cadenas montañosas como consecuencia de la formación del

Reconstrucción del ambiente del Carbonífero. El paisaje estaba dominado por bosques de helechos y licopodios en zonas pantanosas. Entre los invertebrados dominaban los insectos, las arañas y los ciempiés. Los anfibios eran los reyes del suelo paseándose por el agua y la recién conquistada tierra. Reconstrucción: Wikimedia Commons.

megacontinente y, además, hubo gran inestabilidad climática, con glaciaciones (y hielos que cubrieron Sudamérica y el sur de África) y períodos interglaciares. Sin embargo, Europa, Norteamérica y el norte de África ocupaban latitudes ecuatoriales, lo que permitía un clima cálido, con elevada humedad y altas temperaturas que favorecieron el desarrollo de bosques y selvas. Las plantas terrestres se expandieron por el megacontinente, colonizando grandes regiones. Dominaban los paisajes las plantas con esporas, como los licopodios, los helechos y los equisetos, que crecían sobre suelos encharcados.

Los ambientes pantanosos y húmedos favorecieron la proliferación de miriápodos (ciempiés y milpiés), arañas e insectos de todo tipo que, ayudados por la elevada concentración de oxígeno en el ambiente (producida por las plantas), crecieron desproporcionadamente. Pero este fabuloso paisaje no solo favorecía a los artrópodos; otros seres, como los anfibios, aparecían y alcanzaban su esplendor, creciendo mucho en diversidad y tamaño. ¡Algunos sobrepasaron los cinco metros! Otros, en cambio, eran diminutos. Los había herbívoros y carnívoros, que se movían arrastrándose o saltando. La gran abundancia de alimentos unido a la ausencia de rivales directos prolongó su estancia fuera del agua. Estos peculiares seres que evolucionaron de los peces modificaron su columna vertebral, su cadera y desarrollaron un cuello. Pero además, tuvieron que transformar sus oídos y adaptar sus ojos a la vida fuera del agua, se formaron los párpados y aparecieron las lágrimas.

Uno de los anfibios más conocidos es el *Ichtiostega*, provisto de cuatro patas y casi un metro de longitud. Este sorprendente animal adoraba el calor húmedo y se alimentaba de peces que cazaba moviéndose ágilmente por el agua. En cambio, en la tierra se movía muy lentamente, por lo que las presas lentas (como los caracoles, las larvas y los anélidos) eran sus preferidas.

Al final del Carbonífero aparecieron los primeros reptiles, animales pequeños y gráciles, muy diferentes de los poderosos dinosaurios que aparecerán un poco más tarde. Estos primeros reptiles tenían un aspecto muy parecido a los anfibios y, aunque su modo de caminar era todavía lento gracias a sus poderosas mandíbulas, eran capaces de cazar insectos y caracoles.

Durante este período los reptiles no podían competir con los anfibios, mucho mejor adaptados a los ambientes húmedos y cálidos. Pero durante el siguiente período, el Pérmico (298-252 millones de años), el clima fue muy variable. Del frío intenso del inicio se produjo un cambio drástico a ambientes cálidos y secos, que resultaron fatales para los anfibios y produjo terribles extinciones entre ellos. Los reptiles, en cambio, fueron capaces de adaptarse a unas condiciones más áridas y secas que terminaron convirtiéndolos en los reyes de la siguiente era.

58

¿Los bosques del pasado eran como los de ahora?

En realidad no. Antes los bosques eran descomunalmente grandes, formados por exuberantes plantas de helechos, gigantescos *Lepidodendron* y *Sigillaria*, gruesos *Calamites* y *Cordaites* un poco diferentes a los de ahora.

Recordemos que cuando se formaron los grandes bosques los continentes no tenían la forma que tienen ahora sino que estaban formando un megacontinente llamado Pangea. En las zonas ecuatoriales de este continente las temperaturas eran muy cálidas y había una gran humedad. Prácticamente toda la tierra estaba encharcada, formando pantanos y lagos. Era el territorio ideal para unas plantas llamadas pteridofitas, como los helechos, los licopodios y los equisetos, que poseían (y poseen) vasos y raíces para transportar los nutrientes y el agua. Estas plantas no tienen semillas, por lo que se reproducen mediante esporas. Estas se dispersan con el viento y caen al suelo, fecundándose al contacto con el agua. De ahí que las condiciones pantanosas reinantes les favorecieran tanto.

Durante el Carbonífero (358-298 millones de años) y el Pérmico (298-252 millones de años) el paisaje estaba poblado por gigantescos licopodios como *Lepidodendron* que alcanzaban los cuarenta metros de altura, cuyos gruesos troncos de más de un metro de diámetro tenían gruesas cicatrices romboidales, y sus copas estaban coronadas por unas espesas hojas de un metro de longitud.

Sigillaria no le iba a la saga, con tamaños de hasta treinta metros. Era una pteridofita de porte arbóreo, aunque con un tronco herbáceo (no leñoso), que en ocasiones alcanzaba el metro de diámetro. Dependiendo de la especie, del extremo del árbol podían salir dos ramas o no ramificar. En cualquier caso, tanto del tronco como de las ramificaciones se desarrollaban unas enormes hojas de ¡hasta un metro de diámetro!

Sigillaria terminaba en un amplio sistema de poderosas raíces horizontales, en las cuales también crecían estructuras similares a las hojas.

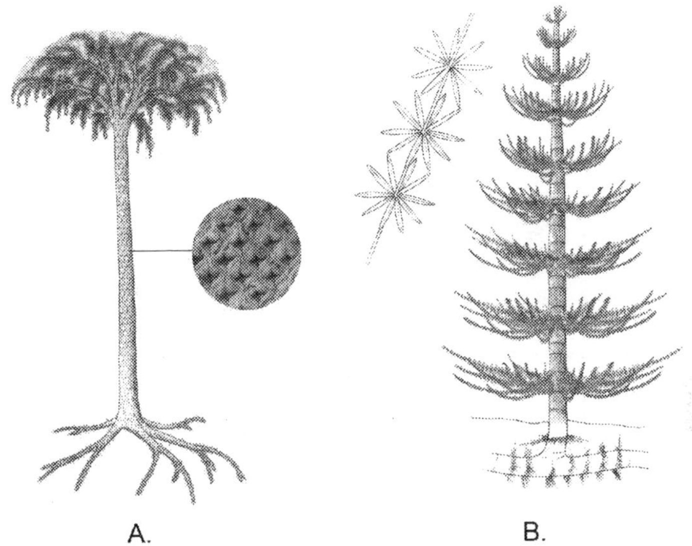

Durante el Carbonífero los paisajes estaban dominados por enormes licopodios, helechos y equisetos. A. Reconstrucción del licopodio *Lepidodendron* y detalle de su tronco fosilizado. B. Reconstrucción del equiseto *Calamites*. Foto: Wikimedia Commons, autor: Falconaumanni.

Sus vecinos cercanos eran los *Calamites*, equisetos o «cola de caballo» de diez metros, con troncos alargados y unas características flores.

La gimnosperma (planta con semillas) *Cordaites* también campaba a sus anchas por el paisaje. Tenía unas sorprendentes hojas alargadas y acanaladas de entre veinte y treinta centímetros y producía semillas con forma de corazón (de ahí el nombre del grupo).

Además, los helechos son verdaderos árboles de diez metros de altura, con endebles troncos de donde salen directamente las hojas.

Esta exuberante vegetación hace al bosque agobiante e inexpugnable, pero completamente ideal para una serie de organismos, como las gigantescas libélulas, los escorpiones, las arañas, los anfibios y los reptiles primitivos.

A lo largo del Carbonífero y el Pérmico, tanto animales como plantas tenían enormes tamaños. ¿Que cómo se explica esto? Pues los científicos explican este hecho por la ausencia de competencia y por la elevada concentración de oxígeno en la atmósfera (un 14 % más del que tenemos en la actualidad), que redujo el dióxido de carbono de la atmósfera y produjo un excedente de oxígeno. Estas dos causas habrían favorecido la expansión y el gigantismo de los seres vivos. ¡La tierra firme acababa de ser conquistada por animales y plantas y lo aprovechaban al máximo!

Además, en estas extensas áreas pantanosas se generaron enormes cantidades de carbón, generado por acumulación de restos de plantas, cortezas de árboles y raíces. La mala oxigenación en las zonas encharcadas propició la descomposición de la materia vegetal, que unido a su posterior enterramiento y compactación favoreció la formación de enormes extensiones de carbón, generando la mayor concentración de carbón del mundo. De hecho, la mayor parte de las reservas mundiales de carbón son del Carbonífero (de ahí el nombre), y a día de hoy los humanos seguimos consumiendo y quemando ese carbón.

Aunque nos sorprenda, en España hemos encontrado yacimientos de esta época con abundantes restos vegetales e insectos. Un buen ejemplo es el yacimiento de La Magdalena, situado en la provincia de León. Esta zona fue pantanosa con bosques tropicales húmedos, que quedaron enterrados y formaron grandes capas de carbón, hoy en día explotados en las minas de la zona.

59

¿Sabías que hubo una extinción más importante que la que causó el final de los dinosaurios?

Pues sí, la extinción que acabó con los dinosaurios solo fue hace unos *escasos* 66 millones de años y extinguió el 75 % de la fauna y flora mundial. Pese a que es una barbaridad, no ha sido la extinción más devastadora de la historia de la vida en la Tierra, aunque quizá sí una de las más emblemáticas.

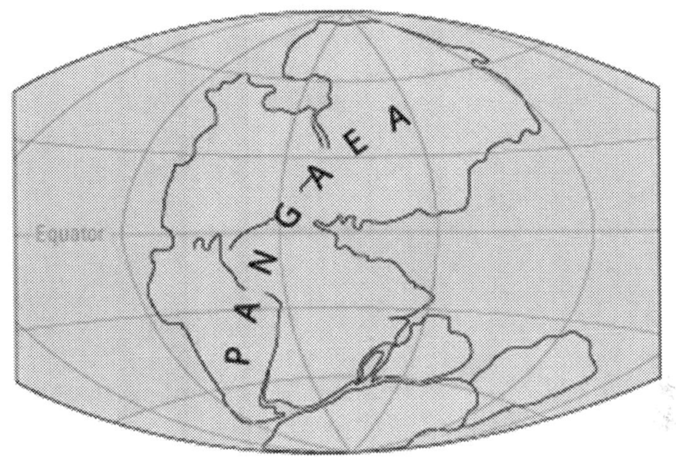

La extinción del Pérmico, ocurrida hace 252 millones de años, es la más destructiva de todas las que ha habido en el planeta Tierra. Extinguió el 96 % de la vida marina y el 75 % de la vida terrestre. Foto: Wikimedia Commons.

Hace 252 millones de años se produjo la extinción más dañina jamás ocurrida a lo largo de la vida en la Tierra. Esta extinción acabó con el 96 % de la vida marina y el 75 % de la vida terrestre. Pero ¿por qué hay tanta diferencia entre la destrucción que provocó en la tierra y la destrucción que provocó en el mar? ¿Y por qué en el océano fue tan catastrófico? Muy sencillo, en esa época, un período que los paleontólogos denominamos Pérmico, y que abarcó desde los 298 hasta los 252 millones de años, la tierra formaba un único supercontinente llamado Pangea, que se situaba sobre el ecuador y se extendía hacia los polos. Rodeándola había un gigantesco océano universal.

La tierra estaba colonizada por enormes y extensos bosques selváticos de helechos, licopodios y de plantas con semillas. Los insectos eran muy importantes y abundantes, al igual que las arañas y los miriápodos (ciempiés y milpiés). Los anfibios dominaban, mientras que un grupo de pequeños reptiles, los diápsidos, comenzaron a abundar, al igual que los primeros reptiles mamiferoides.

En el agua dulce dominaban los peces de aletas radiadas (actinopterigios) y los tiburones. En los mares poco profundos había grandes extensiones de arrecifes formadas por algas, esponjas y briozoos. Los animales con concha, como los braquiópodos, los moluscos y los equinodermos, eran tremendamente abundantes. Pero sin duda los reyes del mar eran los tiburones y los peces óseos.

Aunque la tierra parecía un enorme vergel, en realidad, se sucedían grandes glaciaciones, de hecho, el período Pérmico es la época de mayores extremos climáticos de la historia de la Tierra. Esto era debido a que el supercontinente favorecía los extremos térmicos, por lo tanto, había enormes extensiones de casquetes glaciares y grandes zonas interiores desérticas. La colisión múltiple de todos los continentes generó enormes zonas montañosas. Todo el supercontinente aumentó su topografía debido a estas colisiones, incluso las zonas más deprimidas y llanas, por lo que el mar se retiró del área continental, desapareciendo miles de kilómetros de costas y mares poco profundos.

Pero ¿qué pudo producir esta extinción tan desproporcionada que dejó despoblados los océanos? Hoy en día los científicos creemos que la gran extinción del Pérmico fue debida a un conjunto de desastres naturales, entre las que se incluyen como causa principal un aumento extraordinario de la actividad volcánica. En Siberia se han descubierto evidencias de un vulcanismo explosivo de proporciones épicas, en la que ha sido, sin duda, la mayor erupción de la historia. ¡Cubrió un área de un millón y medio de kilómetros cuadrados durante un tiempo estimado en un millón de años!

Esta descomunal erupción inyectó una gran cantidad de gases y polvo a la atmósfera acarreando modificaciones en la densidad de las nubes, enfriamiento de la superficie terrestre y destrucción del ozono atmosférico. Produciendo, en última instancia, un importantísimo cambio climático, crucial para la destrucción de la vida en la tierra.

¿Qué grupos desaparecieron en esta brutal extinción? Muchísimos, como ya hemos dicho antes, prácticamente todos los que existían en el planeta.

Por ejemplo, se extinguieron los trilobites (esos curiosos artrópodos con el cuerpo dividido en tres lóbulos), que habían campado a sus anchas por los océanos de todo el mundo durante cerca de doscientos noventa millones de años.

Los graptolitos, esos diminutos seres que se agrupaban formando colonias y que vivían en pequeñas celdillas incluidas en varillas, desaparecieron completamente.

Del mismo modo, algunos vertebrados muy característicos, como los peces acantodios, también llamados tiburones espinosos.

También se extinguieron gran parte de las esponjas. Los briozoos se vieron muy diezmados, al igual que los equinodermos, los braquiópodos (esos organismos con valvas que no debemos confundir con los mejillones), se vieron tan afectados que no volvieron a levantar cabeza.

De los tres grupos de corales que había (tabulados, rugosos y escleractinios), en esta extinción desaparecieron dos, sobreviviendo únicamente los corales escleractinios.

Dentro de los moluscos hubo grupos que se extinguieron completamente como los hiolítidos (con concha cónica y un par de apéndices arqueados) o los rostroconchos. El resto, aunque no desaparecieron completamente, sí se vieron muy afectados.

Pero como dijo el gran Ian Malcom en *Parque Jurásico*, «la vida se abre camino», y tras esta desastrosa extinción, otras nuevas formas de vida se adaptaron y extendieron por la tierra y los océanos, ocupando los espacios que habían quedado vacíos, e iniciándose una importantísima fase nueva, conocida como la edad de los reptiles.

VII

Mesozoico: cuando los dinosaurios dominaban la Tierra

60

¿Qué es un dinosaurio?

Puede que los animales más famosos del registro fósil sean los dinosaurios. ¿No es así? Nos encantan cuando somos niños: son bestias feroces y con formas curiosas, que hacen volar nuestra imaginación. Y en especial, esta fascinación por los dinosaurios es muy evidente entre los niños. De hecho, se dice que los niños pasan por una edad de los dinosauios en la que estos animales les fascinan y aprenden todo lo que pueden sobre ellos. Y a algunos no se les pasa esta obsesión jamás. ¿Qué tienen los dinosaurios que nos atrapan?

Según José Luis Sanz, catedrático de Paleontología de la Universidad Autónoma de Madrid, los dinosaurios han sustituido a los dragones en nuestra nueva mitología moderna. Son animales que resultan especialmente interesantes y atractivos por esta dualidad, formando parte de la realidad y de lo mitológico. De la realidad porque tenemos sus restos fósiles, sabemos que existieron y, de hecho, cada año se desentierran y estudian centenares de nuevos fósiles suyos. Y de lo mitológico porque nadie ha visto nunca ningún dinosaurio vivo, ya que se extinguieron hace 66 millones de años. Bueno, salvo a sus descendientes, las aves. Además, sus formas tan diversas difieren mucho de los animales a los que estamos acostumbrados en la actualidad. ¡Y es que llegaron a ser tan diversos como lo son ahora los mamíferos!

Pero más allá de esta imagen simplificada de reptiles terribles fósiles, ¿qué define a un dinosaurio?

Los dinosaurios son un grupo de vertebrados terrestres y, como tales, tienen huesos y columna vertebral, y como tetrápodos tienen cuatro extremidades. Además, forman parte de lo que tradicionalmente llamamos reptiles, que fueron los primeros vertebrados en independizarse totalmente del medio acuático. Los anfibios todavía necesitan volver al agua para poner sus huevos, y sus crías pasan por un estado de renacuajo o larva en el que conservan branquias como las de los peces. ¡Pero los reptiles no! Los reptiles, gracias a su huevo amniota, pueden tener a sus crías en tierra seca, y sus crías nacen totalmente desarrolladas, siendo miniaturas del adulto, respirando por sus pulmones y demás. El término correcto para referirnos a estos primeros animales en independizarse totalmente del medio acuático y a todos sus descendientes es amniotas. A los amniotas pertenecen los reptiles, incluyendo los dinosaurios, y también los mamíferos y sus ancestros. ¡Así es, nosotros también formamos parte de los amniotas!

Pero es que, además, los dinosaurios pertenecen a un grupo especial de amniotas, los arcosaurios. ¿Y qué tienen de especial los arcosaurios? Por ejemplo, tener una fenestra o apertura en sus cráneos por delante de la abertura de las órbitas, donde se sitúan los ojos, y por tener otra fenestra en sus mandíbulas. Además, se caracterizan por tener los dientes en origen aplanados lateralmente e implantados dentro de alveolos en la mandíbula —implantación que denominamos tecodonta— y por su tendencia a andar levantándose del suelo. Porque, recordemos, los reptiles normalmente arrastran su cuerpo. ¡De ahí viene su nombre, reptan! También tienen una inserción muscular muy marcada en el fémur, que llamamos cuarto trocánter.

La característica de tener los dientes implantados en los alveolos de las mandíbulas, la implantación tecodonta, da su nombre a los tecodontos, que era como se llamaba a los arcosaurios primitivos de principios del Triásico, de los cuales descienden cocodrilos, dinosaurios y pterosaurios. Hoy en día, no obstante, es un nombre que se ha quedado desfasado. Pero es posible que en algún libro antiguo aún lo podáis leer.

Los primeros arcosaurios, los proterosúquidos, aparecieron hace alrededor de 250 millones de años, a principios del Triásico, y ya presentan todas las características que definen este grupo. Rápidamente se extendieron por todo el mundo, como muestran sus fósiles, encontrados por todo el globo. Recordemos, en aquel momento todos los continentes estaban reunidos en un gran supercontinente denominado Pangea.

Durante el Triásico estos arcosaurios primitivos se diversificaron enormemente, y dieron lugar a dos linajes. Por un lado, uno de estos linajes, en el que aparecieron los cocodrilos y que incluyó formas muy variadas emparentadas con estos. Entre ellos estaban los fitosaurios, los rauisuquios y los cocodrilomorfos, todos ellos carnívoros, y los aetosaurios, que aunque superficialmente podían recordar a los demás, eran herbívoros.

El otro linaje de arcosaurios se caracterizó por incluir formas muy gráciles y que alternaban postura cuadrúpeda con bípeda. Este grupo dio lugar tanto a los pterosaurios como a los dinosaurios.

En los dinosaurios esta manera de andar tan eficiente, separados del suelo, llega a su máxima expresión gracias a colocar sus patas justo por debajo del cuerpo, de una manera muy semejante a la que logran los mamíferos. Además, hay toda una serie de características en su esqueleto que son únicas en este grupo, tanto en sus cráneos como en sus vértebras o en sus patas, relacionadas con esta locomoción tan eficiente.

Entre estas características distintivas está la reducción del cuarto y quinto dígito de las extremidades anteriores, la posesión de un acetábulo perforado en la cadera o la presencia de un paladar secundario.

Los dinosaurios más antiguos que se conocen datan del Triásico Superior, hace unos 230 millones de años, y en general eran formas bípedas que no superaban los 2 metros de longitud. Estos primeros dinosaurios se asemejan mucho a los dinosaurios terópodos, que es el grupo de los dinosaurios carnívoros, pero aún hay dudas acerca de su correcta clasificación, ya que son muy primitivos.

En aquel momento, en la segunda mitad del Triásico, los dinosaurios no eran los vertebrados dominantes en la tierra. Los

Reconstrucción de los dinosaurios *Brontomerus* (un saurópodo) y *Utahraptor* (un terópodo dromeosaurio), ambos del Cretácico Inferior de Norteamérica. Ilustración: F. Gascó.

ecosistemas terrestres estaban dominados por otros arcosaurios. Un grupo de arcosaurios muy abundante entonces eran los rauisuquios, que ya tenían una postura cuasi erguida semejante a la de los dinosaurios cuadrúpedos. Eran ágiles depredadores de más de cuatro metros de largo.

Pero a finales del Triásico hubo un evento de extinción en el que muchas faunas se vieron afectadas, como los rauisuquios. Los dinosaurios aprovecharon este momento para expandirse y diversificarse, y durante los períodos Jurásico y Cretácico gobernaron cada rincón de la tierra.

Si bien tienen la fama de ser los mayores animales vertebrados terrestres que han existido, no todos fueron grandes. En realidad hubo dinosaurios de muchos tamaños diferentes, desde pequeños animalitos del tamaño de pollos hasta gigantescos herbívoros de cuello largo como *Argentinosaurus* o *Patagotitan*, a los que se les han calculado más de treinta metros de largo.

Una razón para el éxito de los dinosaurios está en su propia locomoción. Si bien durante la segunda mitad del Jurásico algunos dinosaurios ya se hicieron gigantescos hasta el punto de dejar de ser ágiles, durante sus inicios eran animales ágiles y ligeros, capaces de correr, maniobrar y moverse libremente por todo el planeta. Además, todos los dinosaurios tienen en común un metabolismo muy alto. Gracias al estudio de los huesos de dinosaurio al microscopio hemos descubierto que todos los grupos de dinosaurios crecían rápidamente, ya que tenían un tipo de tejido óseo que llamamos fibrolamelar, y que es característico de aves y mamíferos, relacionado con un crecimiento en anchura muy rápido. Este tejido demuestra que todos los grupos de dinosaurio crecían rápidamente hasta alcanzar la madurez sexual, cuando su crecimiento se ralentizaba, hasta que llegaban a alcanzar un tamaño máximo.

Muchos dinosaurios muestran una serie de características muy particulares en sus esqueletos que demuestran que tuvieron un sistema respiratorio con sacos aéreos como las aves, lo cual les permitía aumentar de tamaño sin ser demasiado pesados, y muy probablemente tuvo como función principal realizar una respiración más eficiente. Tenemos evidencias de estos sacos aéreos en el esqueleto de saurópodos —herbívoros de cuello largo— y terópodos —dinosaurios carnívoros—, y es probable que los otros grupos también tuvieran un sistema de sacos aéreos, aunque estos no llegaran a penetrar en sus huesos. Y sin duda, una repiración más eficiente y un cuerpo más ligero fueron características muy ventajosas.

61

¿TODOS LOS REPTILES SON DINOSAURIOS?

Los dinosaurios han conquistado nuestra cultura popular, apareciendo en forma de juguetes, galletas, cereales o muchos otros productos. Pero no lo han hecho solos. Hay muchos animales que convivieron con ellos y que llegaron a tener formas y tamaños igualmente impresionantes. Por todas estas razones a menudo estos animales se confunden con dinosaurios, sin que en realidad formen parte del mismo grupo.

El primer grupo que popularmente se suele relacionar con los dinosaurios son los cocodrilos. Y es frecuente que haya quien se refiera a ellos como descendientes de los dinosaurios. Por mucho que tengan este aspecto antiguo y salvaje, y algunos ejemplares pueden llegar a ser enormes, lo cierto es que los cocodrilos no son dinosaurios, pero sí que son parientes suyos dentro de los arcosaurios.

Los pterosaurios, informalmente llamados pterodáctilos, fueron reptiles voladores que aparecieron a finales del Triásico, y que convivieron con los dinosaurios hasta su extinción a finales del Cretácico. Si bien también pertenecen a los arcosaurios, no son dinosaurios, sino parientes cercanos suyos. Los más primitivos, normalmente agrupados como ranforrincoideos, eran pequeños, con larga cola y bocas provistas de dientes puntiagudos. Los pterosaurios más derivados, que solemos agrupar como pterodactiloideos, llegaron a ser enormes, tenían la cola corta y sus cráneos muchas veces presentaban vistosas crestas. Muchos pterodactiloideos perdieron los dientes, como el famoso *Pteranodon*. Durante el período Jurásico abundaron mucho los ranforrincoideos, y los pterodactiloideos eran de pequeño y mediano tamaño; mientras que, durante el Cretácico, la mayoría de pterosaurios eran pterodactiloideos de gran tamaño. El nicho ecológico que antiguamente habían ocupado los pterosaurios pequeños ahora estaba ocupado por las aves, de modo que los pterosaurios se especializaron en ser grandes. Y algunos llegaron a ser verdaderamente gigantescos. Pero eso, no eran dinosaurios, aunque sí eran sus parientes cercanos. Los pterosaurios y los dinosaurios pertenecen a los ornitodiros. Y los ornitodiros, los cocodrilos y sus formas afines forman el grupo de los arcosaurios.

Del mismo modo, hubo una serie de reptiles adaptados al medio acuático que gobernaron los mares durante el Mesozoico, pero que no estaban cercanamente emparentados con los dinosaurios. ¡De hecho, ni siquiera muchos de ellos estaban emparentados entre sí!

Uno de esos grupos es el de los ictiosaurios, reptiles que se adaptaron tanto al medio acuático, que su forma puede llegar a recordarnos a los tiburones o los delfines. Sus patas estaban completamente transformadas en aletas o palas, sus hocicos estaban alargados y llenos de dientes puntiagudos, sus cuellos se habían acortado y tanto en su espalda como en su cola tenían unas aletas parecidas a las de los tiburones o los cetáceos. Sus vértebras eran cortas y sus centros vertebrales se asemejaban a discos. Se han encontrado muchos ictiosaurios completos,

Fósil de *Pterodactylus*, un pterosaurio del Jurásico. Los pterosaurios no son dinosaurios, aunque son parientes cercanos suyos. Foto: Wikimedia Commons.

gracias a lo cual sabemos cómo era su aspecto externo, ya que muestran incluso impresiones de las aletas dorsal y caudal.

Otro grupo de reptiles marinos que llegó a dominar los mares, sobre todo durante el Cretácico, fueron los mosasaurios, gigantescos lagartos emparentados con los varanos y serpientes, con un cuerpo serpentiforme y cuyas extremidades también se habían transformado en aletas adaptadas al medio acuático. ¡Solo que eran mucho mayores que los varanos, algunos alcanzando más de quince metros de longitud!

El resto de reptiles marinos que se suelen confundir con los dinosaurios pertenecen al grupo de los sauropterigios, e incluye formas como los notosaurios o placodontos, muy abundantes durante el Triásico, con formas muy curiosas. Los notosaurios eran semejantes a lagartos, con un cuello ligeramente alargado y un cráneo largo y aplanado con una boca muy grande provista de dientes muy afilados. Por su parte, los placodontos variaron mucho en forma, siendo al principio semejantes a lagartos robustos, y llegando a tener formas acorazadas que recuerdan a tortugas. En cualquier caso, los placodontos se caracterizan por tener dientes planos perfectos para alimentarse de moluscos.

Otro grupo de sauropterigios muy abundante son los plesiosaurios, que fueron más abundantes durante el Jurásico y Cretácico. Los plesiosaurios se dividían en dos grupos, los plesiosauroideos, con largo cuello y cabeza pequeña, y los pliosauroideos, con cuello corto y enorme cabeza. En ambos casos eran animales con un cuerpo robusto y extremidades convertidas en aletas romboidales.

62

¿Cómo se clasifican los dinosaurios?

Los dinosaurios como tal son un grupo válido y natural, lo que significa que tienen un ancestro común. Los primeros dinosaurios son poco conocidos, ya que son poco abundantes. Entre los más antiguos está *Herrerasaurus*, aunque sus relaciones con el resto de dinosaurios no están claras. ¡Tan primitivo es, que dependiendo del análisis de sus relaciones de parentesco, ha sido considerado un dinosaurio primitivo, un miembro de los terópodos o un grupo aparte!

Los dinosaurios se dividen tradicionalmente en dos principales grupos de acuerdo con la orientación del pubis, uno de los huesos de la cadera. En unos (los saurisquios), está orientado hacia delante, como en los lagartos. En otros (ornitisquios), está orientado hacia atrás, como en las aves. Esta diferenciación podría ser sencilla, pero lo cierto es que es muy confusa, ya que las aves pertenecen a los saurisquios. Así pues, podríamos decir que originariamente se hizo esta distinción únicamente por la semejanza de la pelvis con lagartos o aves, sin tener en cuenta ninguna relación de parentesco. Luego, más evidencias consolidaron que estos grupos eran reales y tenían validez, sostenidos por muchas otras características comunes, y se descubrió que las aves son un grupo especializado de saurisquios. Pero los nombres permanecen inalterados.

Dentro de los saurisquios existen dos grandes grupos, los terópodos (los depredadores, carnívoros, cazadores, de dientes afilados y garras terribles, que incluyen a formas tan famosas como *Tyrannosaurus*, *Velociraptor*, *Deinonychus* o *Spinosaurus*,

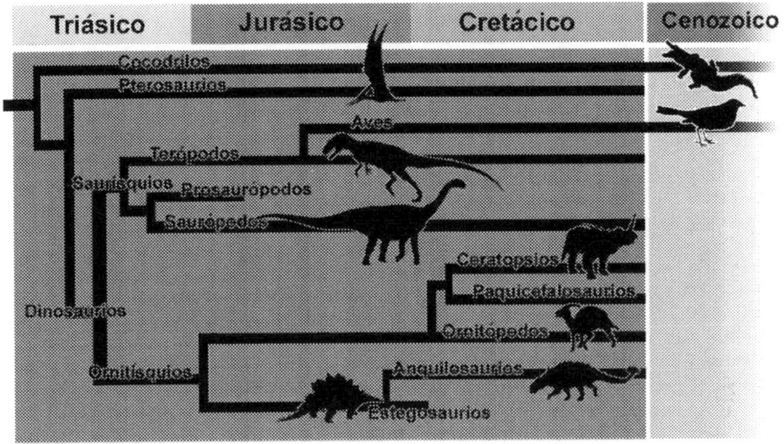

Clasificación clásica de los dinosaurios y sus parientes. Francesc Gascó.

pero también a los patrios *Pelecanimimus* y *Concavenator*) y los sauropodomorfos (saurópodos de cuello largo y parientes cercanos, como *Diplodocus, Brachiosaurus, Turiasaurus, Losillasaurus* y *Lirainosaurus*).

Dentro de los ornitisquios encontramos tres grandes grupos. Por un lado, los ornitópodos, herbívoros bípedos o cuadrúpedos, con pico (en ocasiones similar al de los patos) y en ocasiones con crestas en sus cabezas. A este grupo pertenecen formas como *Parasaurolophus* o *Iguanodon*. En nuestro país, los restos de *Iguanodon* son especialmente abundantes, además de parientes suyos como *Morelladon*. Entre los pico de pato hay especies descritas en la península, como *Pararhabdodon, Arenysaurus* o *Blasisaurus*. Otro grupo son los tireóforos, los dinosaurios acorazados, al que pertenecen los estegosaurios (con placas y púas, como *Stegosaurus* o *Dacentrurus*) y los anquilosaurios (con todo el dorso acorazado como si poseyeran una armadura) como *Polacanthus* o el propio *Ankylosaurus*. Por último, el grupo de los marginocéfalos incluye a todos aquellos con la cabeza reforzada o acorazada, como los ceratopsios (*Triceratops* y sus parientes, con grandes placas óseas alrededor del cuello y cuernos sobre los ojos) y los paquicefalosaurios (con el cráneo reforzado y de extremo grosor) como *Pachycephalosaurus* o *Stegoceras*. No se conocen marginocéfalos europeos, parecen ser un grupo estrictamente norteamericano y asiático.

¿Significa esto que llevamos ciento treinta años clasificando los dinosaurios únicamente por sus caderas? En absoluto. A este carácter se han ido sumando decenas de otros caracteres que han mantenido esta clasificación bien consensuada. Vaya, que llevamos ciento treinta años acumulando razones y caracteres y la clasificación resistía.

Recientemente se propuso una nueva clasificación para los dinosaurios. ¿Cuál es la novedad? Los paleontólogos Matthew Baron, David Norman y Paul Barrett han examinado dinosaurios de todos los grupos y parientes primitivos tratando de arrojar luz sobre el origen y diversificación temprana de los dinosaurios durante el Triásico y principios del Jurásico, y de su análisis ha resultado una clasificación diferente de la que conocemos.

Según esta nueva propuesta de clasificación, los terópodos estarían más cercanamente emparentados con los ornitisquios, dejando a los saurópodos de cuello largo junto a los herrerasáuridos, que hasta ahora se tenían por terópodos primitivos. Los nuevos saurisquios serían ese grupo que incluye sauropodomorfos y herrerasáuridos, mientras que los terópodos y los ornitisquios pasarían a formar un grupo, para el que estos autores han propuesto rescatar el nombre de Ornithoscelida, nombre que ya fue propuesto por Huxley en 1870 y que no se había vuelto a usar desde entonces.

¿Significa esto que todo está mal? No, significa que es posible, si se confirma esta hipótesis, que las relaciones entre los grandes grupos sean diferentes a las que barajábamos hasta ahora, pero todo lo que sabemos de los dinosaurios no está mal. Solo habrá que ajustar algunas hipótesis. Todo lo que hemos descubierto sobre cada uno de los grupos de dinosaurios y su biología sigue siendo válido. ¡De hecho, es emocionante que la clasificación pueda cambiar tanto, habrá que volver a revisar las hipótesis que tenemos sobre la evolución de algunas características!

¿Cuál es el siguiente paso? Pues como siempre en ciencia, poner a prueba este escenario incluyendo más dinosaurios en este análisis, como dinosaurios más derivados del Jurásico y Cretácico y ver qué ocurre. Y seguir este juego de planteamiento de hipótesis y contrastación, que es como funciona el pensamiento científico.

63

¿Qué información nos dan las huellas de dinosaurio?

Es importante que sepas que una huella puede llegar a convertirse en fósil y que a estas huellas fósiles se les llama icnitas. De hecho, hay paleontólogos especializados en el estudio de las huellas de los dinosaurios. ¡Imagínate toda la información que podemos llegar a obtener con ellas!

En general, solo con la forma ya podemos acercarnos al tipo de dinosaurio que dejó las huellas. Por ejemplo, las huellas de dinosaurios terópodos, los carnívoros, suelen tener tres dedos bien marcados, con garras afiladas en sus extremos. Las huellas de los ornitópodos, los herbívoros de pico de pato y sus parientes, suelen tener tres dedos también, pero tienden a ser más redondeadas y, salvo en el caso de los más primitivos, no tienen garras afiladas. Además, los ornitópodos podían estar andando a cuatro patas, de modo que por delante de las huellas de los pies podemos encontrar pequeños hundimientos que corresponden al apoyo de las extremidades anteriores.

Si las huellas que encontramos son claramente cuadrúpedas y redondeadas, pueden ser huellas o bien de saurópodos o de tireóforos. ¿Cómo las diferenciamos? Las huellas de los pies de tireóforo, por ejemplo las de estegosaurio, tienden a ser alargadas y pueden llegar a conservar la marca de tres dedos redondeados. Las huellas de sus extremidades anteriores o manos suelen tener forma arriñonada o de media luna.

Las huellas de los pies de saurópodos son más redondeadas, llegando a parecer circulares, aunque en ocasiones conservan las marcas de los dedos, sobre todo de tres garras dirigidas hacia el lado externo. Las huellas de sus patas anteriores tienen forma de media luna o semicircular, y en ocasiones conservan la marca de la garra del pulgar.

Cuando encontramos huellas consecutivas hablamos de un rastro. ¡Y en ocasiones, hay yacimientos de huellas en los que encontramos varios rastros! Incluso a veces rastros de diferentes grupos de dinosaurios en el mismo yacimiento.

Gracias al estudio detallado de las características de las huellas y los rastros, podemos determinar el tamaño de los dinosaurios que las dejaron o la velocidad a la que se estaban moviendo. Además, comparando la forma de las huellas con los huesos de las patas, podemos llegar a proponer a qué grupo de dinosaurios pertenecieron, y así poder llegar a proponer hipótesis sobre su comportamiento. Y si tenemos suerte y en la misma área hay yacimientos con huesos de las mismas edades, podemos incluso afinar más y proponer qué dinosaurio pudo dejarlas.

Por ejemplo, durante décadas se encontraron huellas de dinosaurio terópodo de gran tamaño en yacimientos de finales del Jurásico de la península ibérica, como en Alpuente (Valencia) o El Castellar (Teruel). La comparación con los huesos de las patas traseras de dinosaurios terópodos de estas edades y el estudio de los dientes de terópodo, encontrados en yacimientos cercanos de estas mismas edades, permitió sugerir que estas huellas pudieron dejarlas grandes megalosaurios que pudieron llegar a tener el tamaño gigantesco que millones de años después tendría el famoso *Tyrannosaurus rex*.

Sin embargo, dado que un mismo dinosaurio puede dejar diferentes tipos de huella dependiendo de las condiciones del sustrato que pisa, no se aconseja relacionar inequívocamente especies y géneros de dinosaurio con tipos de huellas. Es por eso que para clasificar las icnitas se sigue una parataxonomía, con icnogéneros e icnoespecies. Así, a estas huellas de dinosaurio terópodo gigante de finales del Jurásico de Teruel se las llamaron *Iberosauripus grandis*: a las huellas nunca se les da un nombre de género y especie que posean restos directos.

64

¿Es cierto que los dinosaurios tenían miedo a los ratones?

Los mamíferos no aparecieron una vez los dinosaurios se extinguieron, sino que prácticamente aparecieron al mismo tiempo, durante el Triásico Superior. Pero durante millones de años los mamíferos fuimos poca cosa, pequeños animalitos peludos viviendo a la sombra de los dinosaurios. Puede que hayáis visto alguna reconstrucción de estos mamíferos primitivos, semejantes a ratas o ratones. ¡Pero lo cierto es que no lo eran! El grupo al que pertenecen los ratones y las ratas es el de los múridos, que apareció durante el Mioceno, hace unos 20 millones de años. Los dinosaurios ya llevaban cuarenta y seis millones de años extintos. Así que, por mucho que se suele creer que los primeros mamíferos eran ratas, lo cierto es que no pertenecían al mismo grupo. ¿Qué mamíferos fueron los primeros?

Podemos rastrear el origen de los mamíferos muy atrás en el tiempo, pero para empezar debemos hablar de los grupos de mamíferos que existen en la actualidad. Porque aunque parezca que los mamíferos somos muy parecidos, lo cierto es que, si te paras a buscar, somos muy diversos.

La mayoría de los mamíferos que vivimos hoy a nuestro aire a lo largo y ancho del globo pertenecemos al grupo de los mamíferos placentarios. El grupo de mamíferos más cercanamente emparentado con nosotros, los placentarios, es el de los marsupiales. Y también son mamíferos los monotremas, que son los últimos mamíferos que ponen huevos.

También conocemos otros grupos de mamíferos en el registro fósil que no pertenecen a ninguno de estos tres. Por ejemplo, los multituberculados, llamados así por sus dientes, cuyas muelas tienen muchas cúspides. Los multituberculados aparecen en el Jurásico Medio y duran hasta el Oligoceno. Otro grupo de mamíferos fósiles es el de los triconodontos, que se llaman así precisamente porque sus dientes tienen tres cúspides. Los triconodontos aparecieron en el Triásico, y se extinguieron a finales del Cretácico.

Los monotremas y marsupiales más antiguos que se conocen datan de principio del Cretácico, y los placentarios más antiguos datan del Jurásico. Esto lo sabemos no porque la placenta fosilice, sino por una serie de características en nuestros huesos: la ausencia de orificios en el paladar o la posesión de los maléolos (expansiones del extremo de la tibia y la fíbula con forma redondeada, que dan esa forma tan característica a nuestros tobillos).

¿De dónde sale toda esta variedad de mamíferos? Tenemos que remontarnos mucho más atrás en el tiempo. A finales del Carbonífero vivieron los sinápsidos más antiguos que se

Esqueleto de *Dimetrodon*, un sinápsido pelicosaurio del Pérmico relacionado con el origen de los mamíferos. Curiosamente, a veces se le confunde con un dinosaurio, aunque no esté emparentado con ellos. De hecho, está más emparentado con nosotros, los mamíferos. Foto: Wikimedia Commons.

conocen. Estos sinápsidos dieron lugar a los terápsidos durante el Pérmico, los llamados reptiles mamiferoides, que ya tenían características que heredamos los mamíferos, como un paladar secundario, una heterodoncia incipiente (empezaron a tener dientes especializados con diferentes funciones, en vez de todos los dientes iguales, como tienen los reptiles), una mandíbula en la que cobra más protagonismo el dentario, para empezar a reducir los huesos angular, surangular y articular (que en los mamíferos se redujeron tanto que pasaron a ser los huesecillos de nuestro oído).

Los sinápsidos también empiezan a colocar las patas debajo del cuerpo, lo que logra una locomoción tan eficiente como la de los dinosaurios. Otra característica que empezaron a mostrar y que heredaron los mamíferos es que redujeron el número de falanges en sus manos y pies. Todas estas características llegan a su máxima expresión en el grupo de los cynodontos, que llegan al Triásico, donde dan lugar a los primeros mamíferos.

Respecto a las características que solemos asociar a los mamíferos, como la posesión de pelo o las glándulas mamarias, es muy probable que los sinápsidos ya desarrollaran pelo. De hecho, al empezar el Pérmico la Tierra se hallaba en un período de glaciación, de modo que no sería descabellado que en este momento los terápsidos hubieran desarrollado un pelaje primitivo. De hecho, en terápsidos se ha descrito la posible presencia de vibrisas o bigotes, semejantes a las que tienen hoy en día muchos mamíferos como los perros y gatos, gracias a pequeños forámenes de sus cráneos que podrían ser homólogos a los de los mamíferos. Pero las glándulas mamarias tardarían más en aparecer. Y es que ni siquiera los monotremas tienen glándulas mamarias como las de los placentarios y marsupiales, de modo que es muy posible que los multituberculados y los triconodontos tampoco las tuvieran.

65

¿Hubo seres vivos tan pequeños que se necesita un potente microscopio para estudiarlos?

Del mismo modo que nos cuesta imaginar los enormes tamaños que alcanzaron algunos dinosaurios —por el simple hecho de no estar acostumbrados a ver bichos de esas dimensiones a diario—, también nos cuesta horrores imaginarnos la cantidad de seres vivos diminutos que tenemos a nuestro alrededor. No hay más que coger una muestra de agua de una charca y mirarla a través de un microscopio o una lupa lo suficientemente potente como para maravillarnos de la cantidad de formas de vida que habitan allí. ¡Imagínate cuando, sin querer, das un trago al agua de mar!

Todos estos pequeños organismos, en ocasiones, tienen una especie de caparazón mineral. Y al morir, estos caparazones pueden acabar formando parte de la arena o quedar enterrados en el barro, y llegar a formar fósiles. ¡Solo que fósiles diminutos! E imagínate, con lo abundantes que pueden ser estos

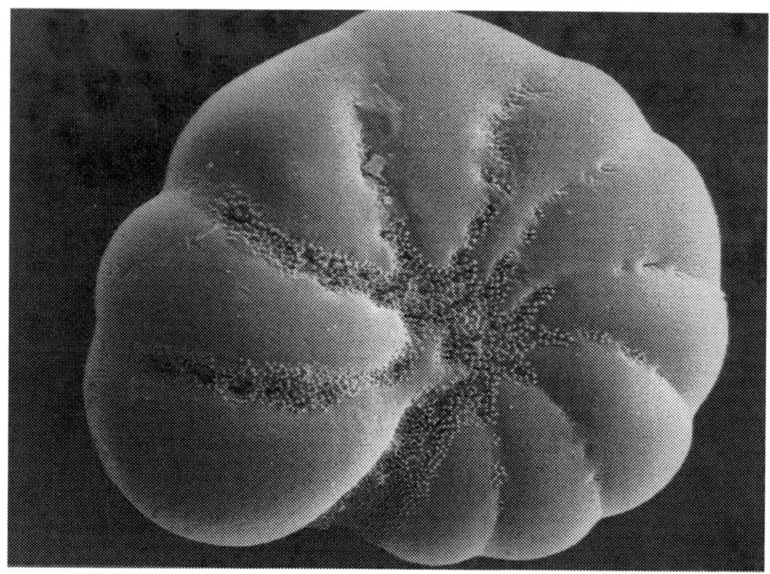

Imagen al microscopio electrónico de un foraminífero. Foto: Wikimedia Commons. Autor: Hannes Grobe.

organismos diminutos, por ejemplo en el plancton marino, la cantidad de fósiles de este tipo que debe haber en las rocas.

Los foraminíferos son seres vivos unicelulares eucariotas. Son protistas mayoritariamente marinos que forman un caparazón con varias cámaras y provisto de muchos agujeritos o forámenes, que es lo que da nombre al grupo. Su citoplasma tiene dos partes: un endoplasma interno y un ectoplasma externo, que forma una especie de seudópodos o reticulopodios, una especie de expansiones o ramitas que pueden usar para locomoción o para capturar sus presas. Se les considera el grupo de microfósiles más importante, y es que se conocen diez mil especies actuales y cuarenta mil fósiles. ¡Son muy abundantes!

Los radiolarios, al igual que los foraminíferos, también son protistas marinos, y también forman un esqueleto mineral. En este caso, su caparazón es mayoritariamente de sílice y suelen tener un diseño muy elaborado. A través de los orificios, en este esqueleto salen un montón de proyecciones con forma de hilos llamadas axopodios, que le dan un aspecto radiado.

Su caparazón fosiliza con facilidad, razón por la cual se usan como fósiles guía desde el Cámbrico.

Los ostrácodos no son protistas, sino animales muy pequeños. Pertenecen a los crustáceos, como los cangrejos, pero son de tamaño milimétrico y hasta microscópico. Su mayor característica es la posesión de un caparazón de dos valvas que encierran el cuerpo del animal. Este caparazón puede calcificarse, en cuyo caso se facilita su fosilización. Se conocen desde el Cámbrico y han sido muy usados como fósiles guía para datar rocas.

Las diatomeas son diminutas algas unicelulares que forman parte del fitoplancton. Como tales, realizan la fotosíntesis, y son uno de los principales productores primarios de los ecosistemas marinos. Aunque son unicelulares, pueden vivir en colonias adoptando muchas formas. Pero su característica de más importancia para el registro fósil es que están rodeadas por una pared celular de sílice llamada frústula, que fosiliza fácilmente. Si bien las especies vivas se usan como bioindicadores de calidad de las aguas, sus fósiles son de gran uso para las dataciones, sobre todo en el Cenozoico. Curiosamente, las rocas formadas por la acumulación de diatomeas fósiles tienen muchas aplicaciones, que van desde fertilizantes para los suelos hasta insecticidas.

66

¿Se han extinguido los dinosaurios?

En 1861 se encontró una pluma fósil en las calizas de Solhofen, en Alemania, y fue estudiada por Christian Erich von Meyer, quien le dio el nombre de *Archaeopteryx*. Fue osado, porque darle un nombre de un género a una pluma solitaria tiene tela... En cualquier caso, ese mismo año, de esos mismos depósitos se descubrió un esqueleto de un ave antigua con impresiones de sus plumas. Este ejemplar acabó en el Museo de Historia Natural de Londres y fue descrito en 1863 por el mismísimo Richard Owen, quien lo atribuyó al género *Archaeopteryx*, aunque consideraba que no era la misma especie que había dejado la

Ejemplar de Berlín de *Archaeopteryx*, considerada la primera ave, en el que se observan perfectamente las plumas y las características primitivas, como las garras en las alas, la cola larga o los dientes. Foto: Wikimedia Commons.

pluma solitaria. Desde entonces, se han encontrado otros once especímenes, y se les ha dado el nombre original, *Archaeopteryx lithográfica*, a estos especímenes.

¿Qué tiene de especial *Archaeopteryx*? Que es un ave. De hecho, está considerada la primera ave. Pero es que además conserva muchos caracteres primitivos de dinosaurio terópodo: tiene dientes, conserva garras en las extremidades anteriores y tiene una cola larga. Como las aves actuales, mostraba evidencias de plumas totalmente desarrolladas en sus brazos formando alas, así como en la cola. ¡Era un perfecto ejemplo de fósil transicional entre dinosaurios y aves! De hecho, el propio Charles Darwin añadió unas notas sobre *Archaeopteryx* en una de las reediciones de *El origen de las especies* por considerarlo una prueba magnífica de la evolución.

Así fue como se fueron encontrando evidencias de que las aves habían evolucionado a partir de dinosaurios terópodos pequeños. Pero la cosa no había hecho más que empezar. Durante las expediciones al desierto del Gobi en Mongolia se descubrieron dos dinosaurios muy parecidos a aves: *Oviraptor* y *Velociraptor*. Y en Estados Unidos se encontraron los restos de *Deinonychus*, otro dinosaurio parecido a un ave y pariente cercano de *Velociraptor*. Todos estos dinosaurios tienen en común una estructura muy diferente a la que nos tenían acostumbrados los dinosaurios: cuerpos ligeros, patas largas… tenían pinta de ser animales activos y corredores.

Este fue el inicio de un cambio en la concepción de los dinosaurios que se conoce como *Dinosaur Renaissance*: en las últimas décadas se ha descubierto que los dinosaurios eran mucho más complejos y diversos de lo que antiguamente se pensaba. Por un lado, gracias a los estudios de los huesos de dinosaurios al microscopio sabemos que poseían un hueso fibrolamelar, que se traduce en que crecían rápidamente y tenían un metabolismo rápido, comparable al de mamíferos y aves. Además, gracias al estudio de sus esqueletos y su comparación con la anatomía de parientes actuales sabemos que algunos poseían un sistema de sacos aéreos asociado con su sistema respiratorio, homólogo al que tienen las aves, y que además de tener la propia función respiratoria, ayudaría a aligerar su peso. Esto era una enorme ventaja en animales que podían alcanzar un gran tamaño. Por último, gracias a los hallazgos de nidos del desierto del Gobi y de Egg Mountain en Estados unidos, sabemos que al menos algunos dinosaurios cuidaban de sus crías, y vivían en grupos con individuos de distinta edad.

Por si esto fuera poco, durante los noventa, la imagen de los dinosaurios cambió: se descubrieron en los yacimientos de Liaoning, en China, un montón de dinosaurios terópodos emplumados, Formas emparentadas con *Velociraptor* o con *Compsognathus* u *Oviraptor*, que mostraban impresiones de plumas muy variadas. En algunos casos eran plumajes primitivos, parecidos al plumón de los polluelos o filamentos semejantes a pelo, y en otros casos mostraban plumas totalmente desarrolladas comparables a las de los pájaros actuales. Además, se han ido descubriendo muchas formas de pájaros primitivos, algunos de ellos en el yacimiento de Las Hoyas en Cuenca, España, como *Iberomesornis* o *Eoalulavis*.

Gracias a todos estos hallazgos, la línea que separa los dinosaurios terópodos de las aves se ha ido volviendo cada vez más borrosa. Caracteres que antaño considerábamos como definitorios de las aves se estaban descubriendo en sus ancestros: un sistema de sacos aéreos, las plumas… ya nada de esto servía para diferenciar las aves. Además, el nuevo método de clasificación y ordenación de los seres vivos, basado en sus relaciones de parentesco, que es la sistemática filogenética, considera las aves plenamente dinosaurios. Y es que, aunque echaran el vuelo y hayan llegado a ser un grupo tan diverso, siguen siendo tan dinosaurios como el *Tyrannosaurus rex*.

67

¿En qué animal se ha inspirado el hombre para hacer los submarinos?

Los submarinos son medios de transporte capaces de variar su profundidad en el agua. ¿Cómo lo hacen? Poseen una serie de cámaras que se llenan o vacían de agua para hundirse más o menos.

En la célebre novela *Veinte mil leguas de viaje submarino*, de Julio Verne, el capitán Nemo había construido un submarino espectacular, al que había llamado *Nautilus*. Además de ser un nombre que suena genial, los nautilus son un molusco real. Un molusco que posee una concha enrollada en espiral y que internamente está tabicada en cámaras, que llena o vacía de agua para hundirse más o menos. ¡Exactamente igual que un submarino!

Hoy en día los nautilus son raros, prácticamente considerados fósiles vivientes. Nos son tan extraños porque tienen una

Reconstrucción de un amonite en vida. Aunque poseían una concha enrollada en espiral que puede recordar a los caracoles, los amonites eran cefalópodos, como los pulpos y los calamares. Sabemos cuál era su aspecto gracias a fósiles de conservación excepcional en los que se observan sus tentáculos. Ilustración: F. Gascó.

concha que puede recordar a la de un caracol, pero a la vez son parientes de los pulpos, con sus tentáculos y todo. Pero hubo un tiempo en que los nautilus eran simplemente un grupo más. Porque durante el Mesozoico no eran los únicos cefalópodos con concha.

Los amonites son posiblemente el fósil más característico del Mesozoico. Su nombre procede del dios egipcio Amón, por la semejanza de la concha de estos moluscos con los cuernos de un carnero, que era una de las formas de representar a esta deidad. Técnicamente, su grupo, el de los ammonoideos, aparece a principios del Paleozoico, pero es durante el Mesozoico que los amonites se vuelven muy abundantes hasta finales del Cretácico. De hecho, son uno de los grupos de fósiles más característicos del Mesozoico. Los hubo de muchas formas y tamaños, algunos superando un metro de diámetro. Como los nautilus, su concha era enrollada en espiral y tenía tabiques que separaban cámaras en su interior, que usaban para controlar la flotabilidad. Pero al contrario que los nautilus, los septos entre las cámaras en los amonites se volvieron cada vez más complicados, llegando a tener forma fractal. El animal vivía en la última cámara, llamada cámara de habitación, mientras que al resto de la concha, tabicada, se la conoce como fragmocono. Gracias a que eran animales tan abundantes y a su elevada tasa de especiación, son excelentes fósiles guía, especialmente para el Mesozoico marino.

Otro grupo emparentado con estos son los belemnites. Estos cefalópodos poseían una concha, también tabicada con cámaras, pero sin enrollar. De modo que era más semejante a las plumas de las sepias. La concha de los belemnites tenía una estructura sólida en forma de bala llamada rostro, que solía encerrar parte del fragmocono y estaba formado por un fragmento sólido de calcita, razón por la cual el rostro fosilizaba fácilmente, siendo el resto más común de belemnites. Sus fósiles se han encontrado durante siglos, e incluso se les dieron explicaciones mitológicas. Por ejemplo, se les llamaba rayo del diablo, ya que se creía que se formaban cuando un relámpago alcanzaba el suelo. Externamente, estos cefalópodos habrían sido muy semejantes a los calamares. Y al igual que estos, poseían un saco de tinta, como se ha observado en algunos fósiles de conservación excepcional.

Ni los amonites ni los belemnites sobrevivieron a la extinción de finales del Cretácico, famosa por ser la extinción en la que desaparecieron la mayoría de dinosaurios.

68

¿Han existido desde siempre las flores?

Hoy en día cualquier paisaje natural tiene flores. Pero ¿y si os dijera que no siempre ha sido así? De hecho, no todas las plantas tienen flores. Las plantas vasculares muestran una gran radiación adaptativa y formas muy diversas. De ellas, las espermatófitas o fanerógamas son las que producen semillas y las plantas con las que estamos más familiarizados. De hecho, son el linaje que más se ha diversificado, con más de ciento cincuenta mil especies vivas actualmente.

Tradicionalmente se subdivide a las espermatófitas en gimnospermas y angiospermas. Las gimnospermas se caracterizan por que sus semillas no se forman en ovarios cerrados que dan lugar a frutos. Técnicamente tienen flores, pero no son la flor con pétalos que da lugar a frutos que todos tenemos en mente. Al grupo de las gimnospermas pertenecen las cicadas, los ginkgos, las coníferas y gnetales.

Las flores y frutos que todos conocemos aparecen en las angiospermas. Son llamadas comúnmente plantas con flores, aunque técnicamente deberían ser llamadas plantas con frutos. Son las plantas con semilla cuyas flores, normalmente hermafroditas, tienen verticilos, formaciones espiraladas y ordenadas de sépalos, pétalos, estambres y carpelos. Los carpelos encierran a los óvulos y reciben el polen en su superficie estigmática, en lugar de recibirlo directamente en el óvulo como ocurría en las gimnospermas. Posteriormente, al madurar el fruto, la semilla madura se encuentra encerrada dentro del fruto.

Aparecen en el registro fósil hace 130 millones de años, durante el Cretácico Inferior, en latitudes bajas, y empiezan a expandirse por el resto del globo, hasta que hace 100 millones de años ya se encuentran en prácticamente cualquier lugar del mundo, como demuestran sus fósiles, que aparecen en formaciones geológicas muy distantes a lo largo y ancho del globo.

Hay diversas hipótesis sobre su origen: por un lado, pudieron aparecer a partir de representantes de la subdivisión Gneticae, que tienen un esbozo de periantio y de envuelta para la semilla. Y aunque siguen teniendo flores unisexuales como el resto de gimnospermas, algunas presentan inflorescencias con tendencia al hermafroditismo.

Otra opción es que aparecieran a partir de representantes de la subdivisión Cicadicae, por la presencia de flores hermafroditas en este grupo. Son plantas similares a helechos arborescentes, pero sus frondes tenían granos de polen y semillas.

Las ventajas evolutivas de las angiospermas, que les han llevado a ser las más abundantes en la actualidad, derivan de su mayor eficacia reproductiva: poseen flores hermafroditas, más pequeñas; esto conlleva una polinización más económica (sin tanta pérdida de recursos: como el polen y los óvulos sin fecundar) y una mayor rapidez y eficacia en la fecundación.

Además, hay otro grupo de seres vivos que irrumpen en el registro fósil durante el Cretácico Inferior: los insectos polinizadores, como los himenópteros, grupo al que pertenecen las abejas, las avispas y las hormigas. No es de extrañar que posiblemente la aparición de ambos grupos esté relacionada, siendo un caso claro de coevolución por mutualismo: los insectos obtienen alimento a cambio de ayudar en la polinización, cosa que repercutió en el enorme éxito de ambos grupos, que rápidamente se extendieron por todo el mundo.

69

¿Es verdad que un meteorito acabó con los dinosaurios?

Durante mucho tiempo se tuvo una imagen muy distorsionada de los dinosaurios. Se les consideraba como animales pesados, tontos y torpes, una especie de experimento fallido de la naturaleza, condenado a extinguirse. Sin embargo, el creciente hallazgo de nuevas especies de dinosaurio fue ampliando la diversidad que conocíamos. Y los cada vez más frecuentes estudios paleobiológicos que se les hicieron a lo largo del siglo xx empezaron a cambiar la imagen de estos animales. Ya no eran seres condenados a extinguirse por lentos y estúpidos, sino animales activos y diversos, muy bien adaptados a su medio. ¿Qué les pasó entonces para que se extinguieran?

La respuesta vino a finales de la década de 1970. Un equipo multidisciplinar de la Universidad de California estaba tratando de datar el límite entre el Cretácico y el Paleógeno. Para tal misión estaban midiendo la abundancia de iridio, un elemento muy poco abundante en la superficie terrestre, que suele llegar en los meteoritos que constantemente entran en la atmósfera terrestre. Sin embargo, encontraron una abundancia de este elemento fuera de lo común. Pero esta abundancia de iridio no era una anomalía local: se buscó y se encontró en el límite

Cretácico-Paleógeno a lo largo y ancho del globo. ¡Estaba por todas partes!

El físico Luis W. Álvarez, de este equipo de investigación, propuso que la explicación más plausible era que este iridio proviniera de un enorme asteroide que hubiera impactado en la Tierra hace 65 millones de años, liberando una nube de polvo que habría viajado por todo el planeta. Y claro, un evento catastrófico como este es más que capaz de provocar una extinción en masa, como la de los dinosaurios y demás formas de vida que desaparecieron a finales del Cretácico.

Claro, que si esto hubiera pasado, deberíamos poder encontrar un cráter enorme con esa antigüedad, ¿no es así? Pues se encontró. Durante unas prospecciones petrolíferas en el golfo de México, se encontró una estructura circular enterrada bajo el lecho marino: un enorme cráter de hace 65 milones de años. A este cráter se le dio el nombre de la población mexicana donde se encontró: Chicxulub. Además, se calculó que el asteroide o cometa que debió impactar para formarlo debía tener alrededor de diez kilómetros de diámetro. ¡Un meteorito de este tamaño ya es capaz de provocar efectos globales!

Con el tiempo, se han descubierto otros cráteres de impacto de esta misma edad, como posiblemente el cráter Shiva en el océano Índico. Por lo que se propone que pudiese haber varios impactos. Lejos de ser un caso de fatales coincidencias y muy mala suerte, estos impactos múltiples pudieron ser fragmentos del mismo asteroide o cometa, ya que es habitual que al acercarse al campo gravitatorio de un planeta, estos cuerpos se rompan en pedazos. Un fenómeno parecido fue observado en 1994 cuando el cometa Shoemaker-Levi 9 impactó en Júpiter tras haberse partido en fragmentos en los momentos en que se acercó mucho al planeta, debido a las fuerzas de marea.

El impacto de un asteroide o cometa de cierto tamaño tiene un efecto devastador en un planeta. Más allá de las ondas de impacto, terremotos y maremotos asociados, es muy probable que el calor emitido en el impacto, junto con las partículas eyectadas en el impacto, provocasen incendios forestales de gran alcance. Además, una nube de polvo y partículas procedentes del impacto, tanto de la corteza terrestre como del propio asteroide, pudo cubrir la atmósfera durante un período de tiempo variable, desde unos cuantos meses a varios años, período durante el cual no habría llegado tanta luz solar a la

Reconstrucción de un meteorito impactando en la Tierra a finales del Cretácico. Francesc Gascó.

superficie. Evidencias de esta nube de polvo, en parte procedente del propio asteroide, son los depósitos de iridio que se encuentran en todo el planeta. Los cambios de condiciones ambientales matarían de por sí a muchos seres vivos. Y tanto en el mar como en tierra firme, los ecosistemas se sostienen a partir de la producción primaria de las plantas y otros organismos fotosintéticos, como el fitoplancton, los cuales se verían muy afectados por la disminución de luz solar. Esto habría debilitado e incluso derrumbado las cadenas tróficas, tanto en los océanos como en tierra firme. Y por ello tantas especies se vieron afectadas.

Los grupos de seres vivos más generalistas y menos especializados, y que tuvieran más recursos para sobrevivir, fueron los únicos que se salvaron de esta catástrofe. Por ejemplo, aquellos capaces de dormitar, como las plantas con sus semillas y esporas; los mamíferos que pudieran esconderse en madrigueras o hibernar; las aves, capaces de estar protegidas de las inclemencias por sus plumas y siendo capaces de volar y emigrar para seguir buscando alimento…, pero muchas especies desaparecieron. Animales grandes, con mayores necesidades de ingesta de alimento, o animales más especializados, desaparecieron. Y entre ellos, estaban los amonites, los pterosaurios, los reptiles marinos o los dinosaurios no avianos.

Se calcula que en esta extinción en masa desaparecieron un 75 % de las especies que vivían a finales del Cretácico. Entre ellas, los dinosaurios no avianos, los pterosaurios, los reptiles marinos como los plesiosaurios o los mosasaurios o moluscos como los amonites.

70

¿Vivieron los hombres con los dinosaurios?

En la literatura fantástica y en el cine muchas veces se muestran escenas de convivencia entre dinosaurios y hombres prehistóricos. Películas como *Hace un millón de años* o dibujos animados como *Los Picapiedra*, por entretenidas que sean, han creado mucha confusión a muchas generaciones.

Como acabamos de ver, la mayoría de dinosaurios desapareció a finales del Cretácico, durante la gran extinción en masa. Las últimas dataciones de esta extinción en masa la sitúan hace 66 milones de años. Y tras esta extinción, los únicos dinosaurios que quedan vivos pertenecen al linaje de las aves. Desde este punto ya no quedan grandes dinosaurios terópodos, ni tireóforos acorazados, ni saurópodos de cuello largo. ¡Solo aves!

¿Y cuándo aparecieron los primeros hombres? Cuando hablamos de humanos nos referimos normalmente al género *Homo*, al que pertenece nuestra especie *Homo sapiens*. Se han descrito un puñado de especies del género *Homo*, pero ¿cuál es la más antigua? Los primeros *Homo* se datan de hace unos 2,5 millones de años, y pertenecen a las especies *Homo habilis*, cuyos restos se han encontrado en Tanzania, y *Homo rudolfensis*, encontrado en Kenia.

Así pues, entre la extinción de los dinosaurios no avianos hace 66 millones de años y la aparición del género *Homo* hace 2,5, hay 63,5 millones de años de diferencia. ¡No hubo ninguna convivencia! Así que las escenas de cavernícolas huyendo de dinosaurios se quedan para las viñetas y relatos fantásticos.

Así mismo, en muchos de estos relatos suelen mezclarse faunas fácilmente. Reptiles relacionados con el origen de los mamíferos, como *Dimetrodon*, no vivieron con los dinosaurios, sino mucho antes, durante el período Pérmico. Y los grandes mamíferos como los mastodontes, los mamuts y los tigres de dientes de sable vivieron mucho tiempo después. Los mastodontes, parientes lejanos de los elefantes, aparecieron durante el Oligoceno, hace unos 20 millones de años. Los mamuts, parientes más cercanos, vivieron durante las últimas glaciaciones, aparecieron hace unos 4 millones de años y los últimos se extinguieron hace unos 5000 años.

Las faunas que conocemos por el registro fósil se han solido agrupar popularmente a la hora de representar el pasado pretérito, pero cada uno de estos seres vivos vivió en un lugar y tiempo concreto, de modo que no hay por qué mezclarlos. Afortunadamente, estos errores son cada vez menos frecuentes.

VIII

EL CENOZOICO: LA ERA DE LOS MAMÍFEROS

71

¿EN QUÉ SE DIFERENCIAN UN ORNITORRINCO, UN CANGURO Y UN CONEJO?

La mayoría de los mamíferos que vivimos hoy a nuestro aire a lo largo y ancho del globo pertenecemos al grupo de los mamíferos placentarios. O sea, aquellos cuyas crías se desarrollan dentro del útero materno, alimentadas por la placenta. Y a este grupo pertenecemos mamíferos tan dispares como los humanos, los gatos, los elefantes, los conejos y las ballenas.

El grupo de mamíferos más cercanamente emparentado con nosotros, los placentarios, es el de los marsupiales. En ellos, el desarrollo de las crías en el útero materno se reduce muchísimo, nacen muy prematuramente, y el resto de su desarrollo tiene lugar dentro de una bolsa llamada marsupio. Allí, las crías prematuras se desarrollan agarradas a las glándulas mamarias de su madre. A este grupo pertenecen los canguros y los koalas, pero en total hay unas doscientas setenta especies de marsupiales en el mundo, repartidas entre Sudamérica y Australia. Esta distribución tan caprichosa se debe a que, durante mucho

El koala es un buen ejemplo de animal marsupial. Come exclusivamente eucalipto y vive en Australia. Foto: Adriana Oliver.

tiempo Sudamérica, al igual que Australia, funcionó como una isla, de modo que las faunas que allí se desarrollaron fueron muy diferentes a las del resto del mundo. Mientras que en el resto del mundo dominaban los placentarios, allí eran los marsupiales los mamíferos dominantes. ¡Incluso llegaron a haber marsupiales con dientes de sable, llamados *Thylacosmilus*! De hecho, aunque ahora veamos los marsupiales como formas curiosas y caprichosas, fueron mucho más diversos en el pasado. Con el tiempo, y posiblemente por entrar en contacto con especies de placentarios que pudieran ser su competencia, su diversidad ha disminuido mucho.

También son mamíferos los monotremas, que son los últimos mamíferos que ponen huevos. ¡Sí, huevos! Además, tienen todos los orificios reunidos en una cloaca, como los reptiles o las aves. Y de ahí viene su nombre. En la actualidad quedan muy pocas especies de monotremas: tan solo quedan los ornitorrincos y los equidnas. Estos mamíferos son muy curiosos, conservando caracteres muy primitivos. Por ejemplo, no poseen glándulas mamarias al uso, formando mamas, sino que poseen campos mamarios por donde exudan la leche. Sus dientes están atrofiados y sus hocicos cubiertos de una funda.

Además, poseen espolones venenosos. Por todo ello, además de por ser ovíparos, se trata del grupo de mamíferos más primitivo que existe en la actualidad.

Los monotremas y marsupiales más antiguos que se conocen datan de principio del Cretácico, y los placentarios más antiguos datan del Jurásico. Esto lo sabemos no porque la placenta fosilice, sino por una serie de características en nuestros huesos: la ausencia de orificios en el paladar o la posesión de los maléolos (expansiones del extremo de la tibia y la fíbula con forma redondeada, que dan esa forma tan característica a nuestros tobillos). No obstante, los placentarios, los marsupiales y los monotremas no son todos los grupos de mamíferos que han existido: en el registro fósil también encontramos los triconodontos y los multituberculados, aunque se extinguieron hace millones de años.

72

¿EXISTIERON ELEFANTES ENANOS Y RATAS GIGANTES?

Pues sí, en algunas islas han existido ratas y erizos gigantes, elefantes enanos, aves que no vuelan o cabras con los ojos en posición frontal y muchos cuernos.

Esto es debido a un curioso fenómeno conocido por varios nombres: regla de las islas, norma insular o regla de Foster. Consiste en que el tamaño de las especies varía según los recursos que haya en la isla. Es una tendencia gradual hacia el enanismo en especies grandes (como los elefantes, los mamuts, los ciervos o los carnívoros) y gigantismo en las especies pequeñas (como los erizos, roedores, insectos, lagartos o tortugas).

Esta regla no se cumple en todos los casos, ni en todas las especies (de ahí que sea una regla), aunque es más pronunciado en el caso de los mamíferos. A continuación vamos a ver algunos curiosos ejemplos:

Los elefantes enanos son un caso muy curioso. Se han encontrado fósiles de diferentes especies distribuidas prácticamente por todo el mundo, desde Indonesia hasta las islas del canal de California, pasando por las islas del Mediterráneo como Creta, Cerdeña o Chipre. Los mamuts pigmeos encontrados en Creta y Cerdeña también son muy llamativos. Estos animales, lejos de ser cíclopes eran especies endémicas insulares de pequeño tamaño (alrededor de 1,70 metros hasta los hombros y unos 750 kilos) que tenían crías cada menos tiempo.

El hombre de Flores (*Homo floresiensis*), también conocido como el *Hobbit*, vivió en la isla de Flores, al este de Asia hace entre 100 000 y 60 000 años. Era de pequeño tamaño, un metro de altura y unos 25 kilos de peso. Aunque tenía el cerebro del tamaño de un chimpancé, eran capaces de fabricar complejas herramientas líticas.

El *Myotragus* es quizá uno de los casos más llamativos, fue una curiosa cabra que vivió en Mallorca y Menorca hasta hace unos 4300 años. En vez de tener los ojos en posición lateral (como las cabras actuales) los tenía en posición frontal, lo que le otorgaba un aspecto muy peculiar, pero una gran visión estereoscópica. Era de pequeña talla (unos 45 centímetros y 40 kilos de peso) y muy robusta, con patas cortas y anchas, lo que hacía que no fuera rápida (no lo necesitaba) pero sí muy resistente a las fracturas. Sus mandíbulas y dientes eran un poco diferentes a los de las cabras actuales, con incisivos de crecimiento continuo y muelas muy altas, adaptados a una dieta muy dura y abrasiva. Además, tenía una tasa de crecimiento muy lenta para adaptarse a la escasez estacional de alimentos.

Los mamíferos con gigantismo también son muy abundantes y sorprendentes. En las islas Canarias vivieron ratas gigantes de 25 centímetros, *Canariomys bravoi* en Tenerife y *Canariomys tamarani* en Gran Canaria.

En las Baleares las gigantescas musarañas (*Asoriculus hidalgoi*) y los lirones *Eliomys morpheus* en Mallorca y *Eliomys mahonensis* en Menorca de casi 30 centímetros de tamaño. La extinción de todos ellos coincidió con la llegada de los humanos y la introducción de las ratas.

En Gárgano (Italia) vivieron sorprendentes animales, como el gigantesco *Deinogalerix koenigswaldi*, de 60 centímetros de longitud, este pariente lejano de los erizos era, junto con la lechuza gigante *Tyto gigantea*, el gran depredador de la isla. Tenía un morro alargado y estrecho, con muelas muy fuertes, patas pequeñas y cortas y una larga cola.

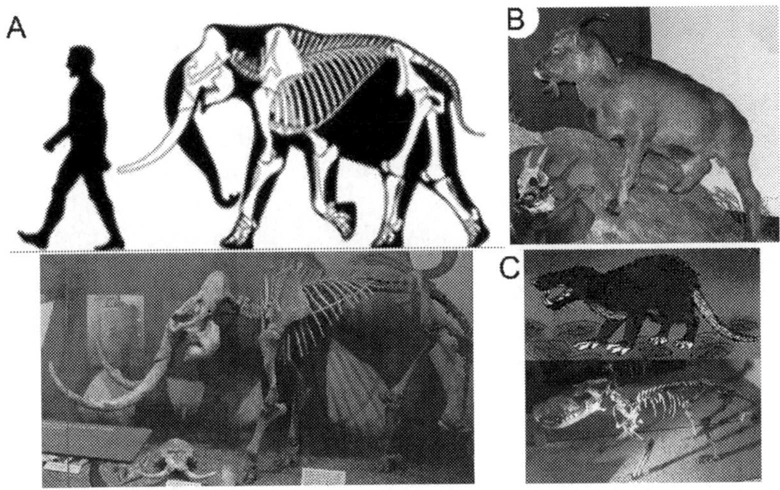

La insularidad es un fenómeno muy curioso que se da en algunas islas,
que consiste en que los animales grandes sufren enanismo y los pequeños
sufren gigantismo. Algunos ejemplos de insularidad: A. Enanismo del
mamut pigmeo, reconstrucción y fósil. B. Cabra mallorquina *Myotragus
balearicus,* reconstrucción del fósil y detalle del cráneo. C. Gigantismo
del erizo *Deinogalerix,* reconstrucción y esqueleto. Fotos: Wikimedia
Commons.

La rata endémica *Mikrotia* vivía bajo tierra, y también alcanzó un gran tamaño, su cráneo medía 10 centímetros. Lo
más destacado eran sus dientes, muy diferentes a los de las ratas
actuales, eran muy altos y estaban adaptados a una dieta muy
abrasiva y para excavar y alimentarse bajo tierra.

Hemos hablado de algunos sorprendentes ejemplos de
gigantismo y enanismo, ¿pero cómo es posible que ocurra
esto? ¿Qué determina que algunos animales se hagan gigantes y otros en cambio diminutos? No es debido a un único
factor sino a un conjunto de ellos, entre los que se incluyen
el aislamiento por estar en una isla o la limitación de recursos.
Estos factores limitan el tamaño, lo que permitiría explicar el
enanismo.

Mientras que la falta de depredadores permite que animales
que en el continente son pequeños (para poder escapar y esconderse) ahora puedan aumentar de tamaño.

Otro factor podría ser la falta de competidores, es decir, la disponibilidad de nichos ecológicos vacíos, que puedan ser ocupados por animales que en el continente lo tendrían muy complicado, explicaría el gigantismo.

Pero este curioso fenómeno no se reduce a los fósiles, en la actualidad hay muchos ejemplos como en Nueva Zelanda, con el kakapo, un peculiar loro incapaz de volar; o el kiwi, que tampoco vuela, o incluso los wetas, unos insectos de 20 centímetros. Por otro, lado en las islas Mauricio vivieron los dodos, aves no voladoras de 12 kilos de peso y un metro de altura, extinguidos a finales del siglo XVII.

73

¿Cuál ha sido el animal más grande que ha existido en la historia de la Tierra? ¿Y el más pequeño?

La naturaleza está poblada de organismos asombrosos: algunos gigantes y otros diminutos; algunos muy complejos y otros extremadamente simples; algunos son capaces de vivir en cualquier sitio, en cambio otros están hiperadaptados a un ambiente concreto.

A medida que se van descubriendo nuevos fósiles vamos aprendiendo cómo eran los extraordinarios seres que poblaron la Tierra en el pasado. Poco a poco vamos descubriendo curiosidades sobre ellos, su forma, su tamaño, su modo de vida...

Hablar de cuál es el animal más grande o más pequeño que ha existido en la Tierra es relativo, puesto que con el descubrimiento de nuevos fósiles los récords pueden cambiar rápidamente. En cualquier caso, vamos a tratar de dar una serie de datos de lo más curiosos:

Los seres terrestres más grandes que se conocen son los Titanosaurios, pertenecieron a un grupo de dinosaurios saurópodos, caracterizados por tener cuello y cola largos y ser herbívoros. El titanosaurio más grande del mundo se llama *Patagotitan mayorum*, que significa 'el titán de la Patagonia de la

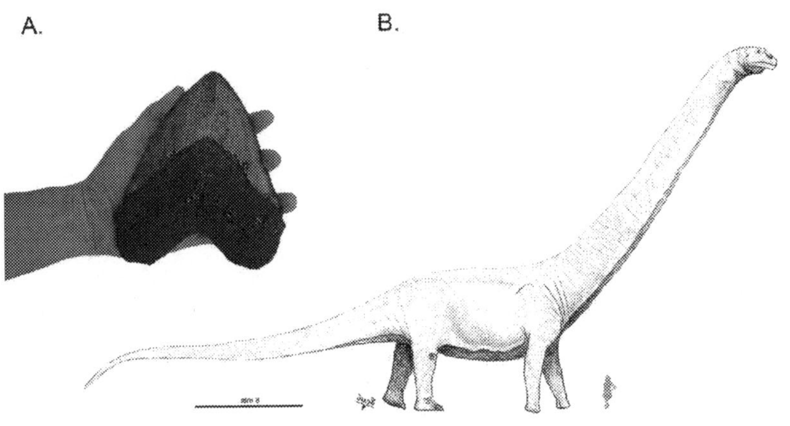

Algunos animales fósiles gigantescos: A. Diente fósil perteneciente al tiburón *Carcharocles megalodon*, fue el animal acuático más grande que se conoce. Cortesía de Geosfera C.B. B. Fósil terrestre más grande descubierto hasta la fecha. Pertenece al titanosaurio *Patagotitan mayorum* de casi 40 metros de longitud. Foto: Wikimedia Commons.

familia Mayo' en honor, por un lado, a donde fue descubierto (la Patagonia argentina) y, por otro, a los dueños del rancho donde fueron encontrados los fósiles. Este colosal animal vivió en el Cretácico Inferior hace unos 100 millones de años, medía unos 37 metros de longitud, ¡como dos camiones colocados uno detrás de otro y tan alto como un edificio de siete pisos!, y pesaba 70 toneladas (unos 14 elefantes africanos).

Los fósiles acuáticos más grandes que se conocen son una especie de tiburón fósil llamada *Carcharocles megalodon* que significa 'diente grande'. Este gigantesco tiburón superó en tamaño tanto al tiburón blanco como al tiburón ballena, alcanzando los dieciocho metros de longitud y unas cincuenta y nueve toneladas de peso. ¡Solo es superado por la ballena azul! Vivió entre los 16 y los 2,6 millones de años y tenía un aspecto parecido al tiburón blanco, aunque más corpulento. Al igual que él era un terrible depredador que cazaba cetáceos (delfines y ballenas), mamíferos marinos (focas y leones marinos), tortugas y peces. Vivió prácticamente por todos los océanos del mundo ocupando tanto aguas costeras poco profundas como alta mar y grandes profundidades. Por supuesto, también el mar Mediterráneo. A veces es una suerte que los animales se hayan extinguido, ¿verdad?

Al igual que el resto de tiburones su esqueleto estaba formado por cartílago, en vez de hueso, por lo que los únicos restos fósiles que se conservan de estos enormes tiburones son los dientes y algunas vértebras. ¡Los dientes medían unos dieciocho centímetros de tamaño!

Ya hemos hablado de los más gigantescos, veremos qué nos depara ahora el mundo del microscopio. ¿Te atreves a descubrirlo?

Los organismos vivos más pequeños que se conocen son las bacterias, algunas de ellas tan diminutas que solo miden 0,009 micras (una micra es la millonésima parte de un metro). Para que nos hagamos una idea, ¡en la punta de un cabello humano entrarían más de ciento cincuenta mil!

Desgraciadamente no se han encontrado fósiles de bacterias, sino estructuras orgánicas formadas por la acción de la actividad de las bacterias, que tienen tamaños muy variados, desde unos centímetros hasta un par de metros, y que se llaman estromatolitos. Además, ¡ostentan el récord de ser los organismos más antiguos del planeta, con 3700 millones de años! Pertenecieron a unas bacterias muy especiales llamadas cianobacterias, que eran fotosintéticas (igual que las plantas), y que tras obtener la energía del sol producían como producto de desecho oxígeno.

Es irónico que tanto las cianobacterias como las plantas desechen oxígeno, el cual es imprescindible para que el ser humano pueda sobrevivir, ¿no te parece?

El fósil más pequeño escaneado hasta la fecha pertenece a un ácaro que se encontraba encima de una araña que quedó atrapada en un trozo de ámbar (resina fósil). Aunque parece un trabalenguas, no lo es, ¡la naturaleza es así de sorprendente!

Este minúsculo ácaro de 45 millones de años, medía únicamente 176 micras (176 millonésimas de metro).

Su descubrimiento fue especialmente relevante no solo por el descubrimiento de uno de los fósiles más pequeños, sino que además ha permitido estudiar el comportamiento de estos organismos y saber que utilizaban otros artrópodos (en este caso arañas) como medio de transporte. ¿No te parece alucinante?

Algunos animales diminutos: A. Fósil de estromatolito, producido por la acción de las cianobacterias. Foto: Cortesía de Geosfera C.B. B. Muela fósil del hámster *Megacricetodon*. La parte de la izquierda del diente corresponde con la parte más delantera de la muela, es una cúspide muy característica. De hecho, es uno de los caracteres más diagnósticos de la especie. Al científico que definió la especie le pareció que era especialmente grande y por eso lo llamó *Megacricetodon*. Foto: Adriana Oliver.

En cuanto a los mamíferos fósiles, no el más pequeño, pero sí uno de los más sorprendentes, es sin duda *Megacricetodon*. Este pequeño hámster vivió en Europa y Asia entre los 18 y los 10 millones de años. Pese a su pequeño tamaño (aproximadamente unos diez centímetros) tiene este curioso nombre, *Megacricetodon*, que parece indicar unas enormes dimensiones. En realidad, su nombre hace referencia a lo alargado que es la parte anterior de su primer molar inferior, que es la parte que más llamó la atención a su descubridor, un paleontólogo alemán llamado Volker Fahlbusch en 1964.

Este hámster fue extremadamente abundante en la península ibérica, constituyendo el 95 % de la fauna de roedores, y es muy importante en paleontología porque la aparición y evolución de sus diferentes especies en combinación con otros roedores nos permite datar la edad de las rocas y de los yacimientos paleontológicos.

Otros pequeñísimos animales son los radiolarios. Son unos protozoos marinos protegidos por una cápsula perforada con espinas de composición muy variable.

Uno de los más característicos son los policístidos, son marinos planctónicos y sus tamaños varían entre las cien y las dos mil micras. ¡Solo se pueden ver con ayuda de un microscopio!

El esqueleto de los radiolarios fosiliza con mucha facilidad, por lo que son muy importantes en paleontología. ¿Sabes por qué?, pues porque las diferentes especies evolucionan muy rápidamente y son muy importantes como indicadores bioestratigráficos, es decir, son muy útiles para saber la edad del fósil y de las rocas que lo rodean.

74

¿Cómo perdieron las ballenas las patas traseras?

En 1981 los paleontólogos Ginegrich y Russell publicaron los fósiles de un nuevo mamífero del Eoceno: *Pakicetus*. Aunque la descripción original se basaba en un cráneo, en 2001 se publicaron nuevos hallazgos que nos permitieron conocerlo mejor. Este mamífero era cuadrúpedo y poseía patas largas, tenía un hocico alargado y una boca provista de incisivos, caninos, premolares y molares, un cuello móvil y una cola larga y robusta. Casi parece la descripción de cualquier mamífero al azar, ¿verdad? ¿Qué tenía de especial *Pakicetus*?

Del estudio de sus dientes y el desgaste de estos se extrae que se habría alimentado de pescado y de pequeños mamíferos. Y, por otro lado, sus ojos parecen estar situados en la parte superior del cráneo, lo cual es común en animales de vida semiacuática. Por si esto fuera poco, un estudio señaló que los huesos de sus extremidades eran osteoscleróticos, o sea, más macizos y densos que el resto del esqueleto, lo cual le serviría como lastre y le ayudaría a mantener el equlibrio en el agua. Por todo ello, se infiere un estilo de vida anfibio para *Pakicetus*. ¡Pero es que la cosa no queda ahí!

Pakicetus posee adaptaciones relacionadas con el oído: una bulla auditiva gruesa, que aísla el oído medio, y un pequeño foramen en la mandíbula inferior. Estas son características que se observan en cetáceos y que están relacionadas con la adaptación del oído al medio acuático, lo que apunta a *Pakicetus* como un buen ejemplo de fósil transicional entre los mamíferos y los cetáceos.

Pero claro, *Pakicetus* sigue teniendo un cuerpo de mamífero terrestre, con sus cuatro patitas largas, y era un animal

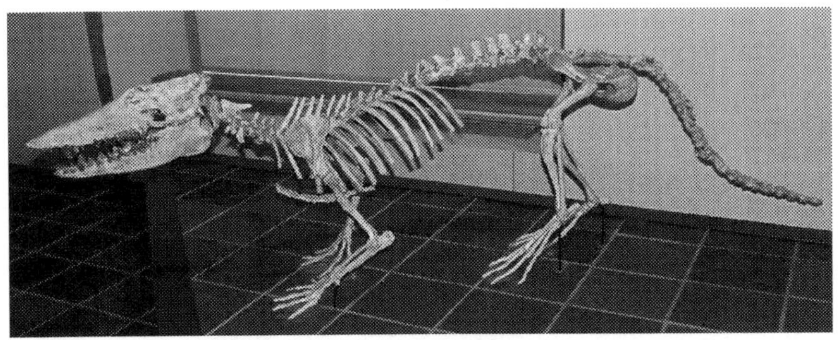

Esqueleto de *Pakicetus*, un cetáceo primitivo que todavía alternaba la vida acuática con la terrestre. Foto: Wikimedia Commons.

perfectamente capaz de andar en tierra firme. El siguiente paso lo encontramos en *Ambulocetus*: un cetáceo de hábitos anfibios con aspecto de cocodrilo. *Ambulocetus* presentaba las cuatro extremidades todavía bien desarrolladas, de modo que se le infiere un modo de vida anfibio, y su mayor característica es su cráneo alargado que recuerda al de los cocodrilos. Las patas traseras parecen haber estado más adaptadas al nado, y se ha sugerido que podría tener un estilo de nado semejante al de las nutrias.

Basilosaurus, sin embargo, ya tiene aspecto de ballena. Este cetáceo, ya de finales del Eoceno, muestra mayores adaptaciones al medio acuático: posee un cuerpo muy alargado, como resultado del alargamiento de sus vértebras, sus patas anteriores están adaptadas al medio acuático, asemejándose a las aletas de las focas, mientras que sus patas posteriores son muy cortas y muy probablemente no participaban en el desplazamiento. Sin embargo, aún muestra unos dientes heterodontos semejantes a sus ancestros, cónicos en la parte anterior de las mandíbulas, y triangulares en la parte trasera, perfectos para alimentarse de carne.

El *Basilosaurus* podía alcanzar los dieciocho metros, lo que lo convierte en el mayor depredador de los ecosistemas marinos de su tiempo. De hecho, en algunos casos se han encontrado restos de peces y pequeños tiburones entre sus restos, interpretados como sus contenidos estomacales en el momento de su muerte. Y dada su anatomía, ya era plenamente acuático.

Todos estos cetáceos primitivos se clasifican como arqueocetos, mientras que los cetáceos actuales se dividen en misticetos (las ballenas barbadas) y los odontocetos (delfines y demás cetáceos dentados). Estas formas aparecieron en el Mioceno, aunque durante mucho tiempo no alcanzaron grandes tamaños. A finales del Plioceno, con la extinción de uno de sus principales depredadores, el *Carcharocles megalodon*, empezaron a aumentar de tamaño. Hoy en día, la ballena azul, *Balaenoptera musculus*, alcanza casi los treinta metros de longitud, lo que la convierte en el mayor animal de la actualidad y de los mayores que han existido.

75

¿Por qué antes los caballos tenían tres dedos?

En realidad, al principio los caballos tenían cuatro dedos. Luego evolucionaron a tener tres y actualmente solo tienen un dedo. ¿Quieres saber cómo es posible esto?

Hace aproximadamente unos 55 millones de años aparecieron en América del Norte unos caballos primitivos muy peculiares: eran muy pequeñitos, del tamaño de un perro pequeño y pesaban unos 9 kg. Tenían dientes bajos adaptados a comer arbustos y frutas. ¡Pero lo más raro de todo es que tenían cuatro dedos en las patas delanteras y tres dedos en las traseras!

En esa época el paisaje era muy diferente al de ahora, con grandes bosques, repletos de árboles y arbustos. Aunque no eran muy veloces, estos primitivos caballos aprovechaban su pequeño tamaño para esconderse fácilmente entre los matorrales.

Pero con el tiempo el clima empezó a cambiar, la falta de lluvias hizo que los árboles comenzaran a secarse y el bosque se fue transformando poco a poco en una pradera, con arbustos y árboles cada vez más esporádicos.

Esto propició que sobrevivieran otros caballos mejor adaptados a estas nuevas condiciones ambientales. Los primitivos caballos evolucionaron hacia un mayor tamaño. Ahora tenían

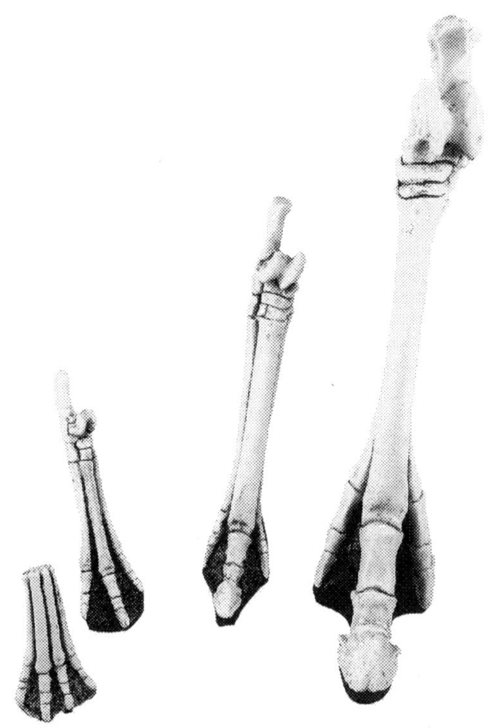

Los caballos han evolucionado a lo largo del tiempo disminuyendo el número de dedos de las patas. Los caballos más primitivos tenían cuatro dedos en las patas delanteras y tres en las traseras y eran de tamaño muy pequeño. Con el tiempo aumentaron de tamaño y redujeron el número de dedos a tres. Finalmente, los caballos actuales son muy grandes y tienen un único dedo. Foto: Cortesía de Geosfera C. B.

el tamaño de gacelas, unos cuarenta kilos de peso ¡y tres dedos en las patas! Aunque el dedo central era ligeramente más grande que los laterales.

Estas adaptaciones les permitían correr más rápido para huir de sus depredadores, ya que ahora no podían esconderse por la falta de arbustos. Además se adaptaron a otro tipo de alimentación, basada en hierba y ramas.

Con el paso de los millones de años los caballos siguieron evolucionando, aumentando cada vez más su tamaño, pasaron de medir sesenta centímetros a alcanzar el metro de longitud,

255

seguían teniendo tres dedos en las patas, aunque únicamente apoyaban el dedo central para caminar y correr, los dedos laterales estaban atrofiados. Su cuello era más largo, lo que le permitía aumentar su campo de visión y ver a los posibles depredadores. Además, sus dientes se hicieron cada vez más altos para adaptarse a una dieta de hierbas y pastos.

Pero los implacables cambios climáticos hicieron que los caballos tuvieran que seguir adaptándose a unas condiciones cada vez más secas. Hace unos cinco millones de años aproximadamente aparecieron unos caballos adaptados completamente a la carrera. Medían en torno a 1,20 metros y ¡solo tenían un dedo en cada pata!

El caballo moderno apareció hace poco más de un millón de años en América del Norte, extendiéndose hacia Sudamérica, Asia, Europa y África. Eran más grandes que sus predecesores (en torno al 1,60 metros), con patas largas y poderosas, adaptadas a recorrer grandes distancias corriendo. Sus pezuñas eran enormes para soportar todo el peso del cuerpo al andar. Sus dientes eran muy altos, adaptados a comer hierba.

Los caballos, al ingerir el pasto, tragaban (y tragan) muchas partículas de arena que junto con los fitolitos de las plantas desgastan sus dientes constantemente. Por eso sus muelas no tienen raíces sino que son de crecimiento continuo, para que a lo largo de la vida del animal siempre tengan superficie con la cual puedan masticar. Curioso, ¿verdad?

Los caballos presentan un maravillo ejemplo de evolución a lo largo de sus casi cincuenta millones de años de linaje, con numerosos fósiles de transición, que presentan todos los cambios progresivos que han sufrido a lo largo del tiempo, tanto en sus extremidades, reduciendo progresivamente el número de dedos en las patas, como de su tamaño, cada vez mayor. Sin olvidar su cambio en la dentición, de dientes con coronas bajas, adaptados a una dieta rica en arbustos, a unos dientes muy altos y de crecimiento continuo, adaptados al continuo desgaste que produce una dieta rica en hierba.

76

¿Ha habido alguna vez tigres dientes de sable y rinocerontes en la península ibérica?

Aunque ahora nos cueste imaginarlo, el paisaje que había en la península ibérica hace aproximadamente 9 millones de años es completamente diferente al que nos encontramos ahora. La zona central de la península ibérica era una zona relativamente árida, poblada por mastodontes, rinocerontes, jirafas y tigres dientes de sable.

¿Que cómo lo sabemos? Pues porque en 1991 se descubrió en la Comunidad de Madrid un yacimiento excepcional a nivel mundial. Su singularidad viene dada por la calidad y cantidad de los restos fósiles que allí se encuentran, en la mayoría de los casos esqueletos completos y articulados, que ha permitido saber no solo cómo era el hábitat de Madrid hace 9 millones de años, sino cómo eran los animales que allí vivían.

Este espectacular yacimiento conocido como Cerro de los Batallones se encuentra ubicado en el municipio de Torrejón de Velasco. Se descubrió de forma casual mientras se llevaban a cabo prospecciones del mineral sepiolita en la zona. Los trabajadores, al ver los fósiles, avisaron al Museo Nacional de Ciencias Naturales, y un equipo de paleontólogos. capitaneados por el Dr. Jorge Morales, acudieron raudos a investigar la zona, iniciando así la primera campaña de excavación en Batallones-1. ¡Se descubrió así el primero de los nueve yacimientos que componen el conjunto paleontológico de Cerro de los Batallones!

La reactivación de las explotaciones de sepiolita y los consecuentes seguimientos paleontológicos que tuvieron lugar en el cerro propiciaron el descubrimiento de nuevos yacimientos. Batallones-2, 3 y 4 se descubrieron en el año 2000, Batallones-5 en el 2001, Batallones-6 en 2002, Batallones-7 en 2004, Batallones-9 en 2006 y finalmente Batallones-10 en 2007.

Estos yacimientos se formaron en cuevas que actuaron como trampas naturales en la que quedaron atrapados los animales. Los grandes herbívoros (mastodontes, rinocerontes o

Cerro de los Batallones es un conjunto de yacimientos paleontológicos de 9 millones de años. En la imagen vemos la excavación de Batallones-10 durante la campaña de excavación de 2016. Actualmente, es el único yacimiento en activo. Foto: Adriana Oliver.

jirafas) caían en las cavidades y el olor atraía a los carnívoros. El acceso a la trampa debió de ser relativamente fácil para estos ágiles animales, pero una vez que entraban no podían salir. Pese a que las cavidades tenían charcas con agua dulce (deducido por la presencia de fósiles de peces y anfibios), los carnívoros fallecían sin alimentarse de los animales. El continuo olor a carroña hacía de reclamo para que nuevos animales entraran a las cuevas, retroalimentando constantemente la trampa.

Con el tiempo, estas cavidades fueron rellenándose de sedimentos (acumulación de materiales de origen detrítico, químico u orgánico) de los alrededores, que en algunos casos permitió la formación de charcas de lodo y pequeños lagos, que llegaron a producir nuevas trampas naturales, atrapando animales de gran envergadura, esta vez sin la presencia de carnívoros. Para que el lector visualice la morfología de las trampas en toda su magnitud, debe pensar en un reloj de arena, donde en la parte más baja se acumularían los carnívoros, seguida de una zona subvertical con ausencia casi total de fósiles y finalmente una parte superior de nuevo ancha donde se formaría otra trampa, pero esta vez llena de herbívoros.

Los diferentes yacimientos del Cerro de los Batallones han proporcionado un asombroso número de animales, entre los que destacan los mamíferos. Vamos a conocerlos un poco mejor. ¿Te imaginas un elefante con defensas arriba y abajo de la boca? Pues así eran los gonfotéridos, unos parientes lejanos de los elefantes, que se caracterizaban por tener cuatro larguísimos incisivos (defensas). El par superior curvados hacia abajo y el par inferior alojados en el extremo de las alargadas mandíbulas.

El cerro estaba dominado por trece especies diferentes de micromamíferos. Estos pequeños mamíferos pertenecen a tres órdenes diferentes: los roedores, entre los que destacan los fósiles de lirones, ardillas terrestres, castores, ratones y hámsteres. Lagomorfos con los fósiles de pikas (o liebres silvadoras) y los insectívoros con los erizos, las ratas lunares y las musarañas. Gracias a las distintas especies de micromamíferos que han aparecido se ha podido averiguar que el yacimiento tenía nueve millones de años. ¿Te imaginabas que estos pequeños animales eran tan útiles?

Los grandes herbívoros se dividen en dos grupos, los que tienen un número impar de dedos (perisodáctilos) y los que tienen un número par (cetartiodáctilos). En el primer grupo se incluyen los rinocerontes y los caballos. En el yacimiento se han encontrado dos especies de rinocerontes, una con cuernos y otra sin ellos, además de unos pequeños caballos primitivos de tres dedos (*Hipparion*). En los cetartiodáctilos destacan los fósiles de jabalíes, bóvidos, cérvidos, rumiantes como los tragúlidos (o ciervos ratón) y los mósquidos (o ciervos almizcleros), y finalmente uno de los fósiles más espectaculares, las grandes jirafas (Decennatherium rex), caracterizadas por tener patas largas, un cuello más corto que las jirafas actuales, cuatro oxiconos (cuernos) y hasta 2,5 metros de longitud.

Finalmente, nos encontramos a los espectaculares carnívoros, ausentes en la mayoría de yacimientos aunque excepcionalmente abundantes entre los fósiles del cerro. Destacan sobre todo los tigres dientes de sable, con dos especies de diferente tamaño, una del tamaño de un leopardo (*Promegantetheron*) y la otra del tamaño de un león (*Machairodus*). Diferentes especies de félidos y mustélidos (tanto mofetas como un mustélido gigante). Hiénidos como el pequeño *Protictitherium* de la talla y envergadura de un chacal. Los gigantes y carnívoros ailúridos, parientes de los pandas rojos. Los anficiónidos que tienen semejanzas con osos y cánidos. Y finalmente los úrsidos, del tamaño de un oso pardo actual pero con morfología más parecida a los pandas gigantes.

Aunque de manera mucho más escasa, también se han encontrado fósiles de otros vertebrados como por ejemplo los peces teleósteos, las ranas, los luciones (lagartos sin patas), serpientes, los varanos, las tortugas (tanto galápagos como tortugas terrestres gigantes de hasta dos metros de longitud) y varios tipos de aves (arrendajos, paseriformes, aves carroñeras y águilas).

Todos los años se realizan campañas de excavación en las que participan investigadores del Museo Nacional de Ciencias Naturales y de la Universidad Complutense de Madrid. En ellas pueden participar gratuitamente alumnos universitarios y conseguir créditos optativos. Además, desde 2015, se realizan jornadas de puertas abiertas para público general, estas visitas tienen lugar únicamente durante un fin de semana de la campaña de excavación.

Los espectaculares fósiles del Cerro de los Batallones están expuestos en el Museo Arqueológico Regional de Alcalá de Henares y en el Museo Nacional de Ciencias Naturales. ¡No te los puedes perder!

77

¿Ha estado alguna vez Europa recubierta de hielo?

Una de las épocas más atractivas de la historia de la vida para todos los públicos es la de las glaciaciones o Era del Hielo. No solo por su fauna, dominada por mamíferos de gran tamaño cubiertos de pelo, sino también por su propio concepto: durante las glaciaciones, extensos casquetes polares cubrieron Norteamérica y Eurasia. Bueno, esto es si nos referimos a las últimas glaciaciones, porque en realidad la Tierra ha pasado por muchas glaciaciones anteriores.

Por ejemplo, la Glaciación Huroniana tuvo lugar a principios del eón proterozoico, hace unos 2500 millones de años, y se considera una de las glaciaciones más intensas. Como así se considera el evento *Snowball Earth*, una glaciación global que hipotéticamente habría dejado la Tierra con aspecto de bola de nieve, que ocurrió durante el período Criogénico, hace entre 750-580 millones de años, y cuyo final pudo coincidir con la explosión cámbrica. Glaciaciones menores ocurrieron a finales del Ordovícico hace 430 millones de años, posiblemente relacionada con la primera extinción en masa, y a finales del Carbonífero y principios del Pérmico, hace unos 300 millones de años.

Pero sin duda alguna las glaciaciones más famosas son las más recientes. Este período de glaciaciones empezó hace 40 millones de años, a finales del Eoceno, con la expansión del casquete polar en la Antártida. Pero se intensificó a finales del Plioceno, hace 3 millones de años, con la extensión de capas de hielo en el hemisferio norte, y continuó durante el Pleistoceno. Durante este período hemos sufrido ciclos de glaciación con el avance y retroceso de los glaciares durante cientos y miles de años.

De hecho, en sentido estricto, todavía estaríamos inmersos en una glaciación, por la presencia de casquetes polares en ambos polos de la tierra. Sin embargo, la opinión más extendida es que en la actualidad estamos en un período interglaciar, que es como se denominan los períodos alternantes de temperaturas más templadas entre ciclos de glaciación. Según esta idea, la última glaciación terminó hace unos 13 000-10 000 años. Cada ciclo glacial también suele recibir su nombre de acuerdo al lugar en el que se describe. Así por ejemplo, los nombres Riss (hace 180 000-130 000 años) y Würm (hace 70 000-10 000 años) se refieren específicamente a glaciaciones de la región alpina en el hemisferio norte, aunque en muchos casos se usan estos nombres de manera general para hablar de cada ciclo glacial a nivel global.

Si bien, como acabamos de ver, ha habido muchas glaciaciones a lo largo de la historia de la vida en la Tierra, fue la última de ellas, la Glaciación Cuaternaria, la primera que fue descubierta y demostrada científicamente por geólogos en el siglo XVIII. Los depósitos de glaciares recientes en zonas de latitudes altas fueron clave para identificar depósitos semejantes de glaciaciones cuaternarias, depósitos que durante mucho tiempo tuvieron explicaciones diluvistas: se pensaba que eran piedras arrastradas por las aguas del diluvio universal narrado en el libro del Génesis.

A lo largo de la historia de la vida en la Tierra ha habido numerosas glaciaciones. Algunas muy importantes han sido la Glaciación Huroniana hace 2500 millones de años, el evento *Snowball Earth*, hace entre 750 y 580 millones de años, o la Glaciación Cuaternaria. Foto: Wikimedia Commons.

Tiene sentido que las glaciaciones cuaternarias fueran las primeras en descubrirse, dado que su registro es reciente y aún son visibles sus efectos en muchos lugares, como las propias marcas dejadas por el hielo en las rocas o las propias rocas y sedimentos arrastrados por los glaciares y posteriormente depositados durante el deshielo. Con el descubrimiento y descripción de estas evidencias de glaciaciones se pudieron identificar evidencias semejantes en otras épocas de la historia de la Tierra.

Entre las causas que se han dado para estas glaciaciones están irregularidades en la órbita terrestre, los llamados ciclos de Milankovic, como la variación de la distancia de la Tierra al Sol, la excentricidad de la órbita terrestre o el ángulo que forma el eje de la Tierra con el plano de traslación alrededor del Sol. Otras causas pueden incluir las fluctuaciones del CO_2 en la atmósfera debido a variaciones del ciclo del carbono; o los cambios en las corrientes marinas, en ocasiones debidas al movimiento de las placas tectónicas, con la apertura o cierre de corredores.

78

¿Qué hicieron los mamíferos para adaptarse al frío?

Ya hemos comentado anteriormente cómo, durante la glaciación de principios del Pérmico, muchos animales, entre ellos los ancestros de dinosaurios y mamíferos, pudieron desarrollar estructuras primitivas semejantes a pelo y protoplumas. Durante las últimas glaciaciones, no obstante, los animales terrestres predominantes eran ya los mamíferos. ¿Qué hicieron para enfrentarse a las condiciones de las glaciaciones?

Los mamíferos son endotérmicos, lo que significa que ellos por sí solos mantienen su temperatura, pero en un ambiente frío necesitas aislarte del medio para poder mantener ese calor. Además, los mamíferos tienen una serie de mecanismos fisiológicos para enfrentarse al frío, como espasmos musculares involuntarios —cuando nos dan escalofríos y nos ponemos a tiritar—, o la habilidad de algunos mamíferos para ralentizar el metabolismo y aletargarse durante un tiempo, lo que comúnmente llamamos hibernación.

No obstante, estas son pequeñas *tiritas* para el frío que hizo durante los picos altos de los ciclos glaciales. En aquel momento, los mamíferos mejor adaptados sobrevivían por tener un pelo muy abundante, semejante a lana. Los mamuts lanudos, *Mammuthus primigenius*, estaban cubiertos de abundante pelambrera, y eso lo sabemos porque se han encontrado cuerpos completos congelados en Siberia. Este pelo podía llegar a ser de casi noventa centímetros de largo, y se asemeja al pelo del actual buey almizclero. Por si esto fuera poco, poseían una capa de grasa de unos diez centímetros de espesor, que también lo aislaba del frío, a la vez que servía de reservas.

Esta estrategia no fue únicamente usada por los mamuts. El rinoceronte lanudo, *Coelodonta antiquitatis*, fue una especie de rinoceronte que habitó Eurasia durante el Pleistoceno. Su pelaje abundante y sus patas cortas eran idóneas para habitar en estos ambientes fríos de tundra, y conocemos su aspecto externo, tanto por el hallazgo de ejemplares momificados en

Los mamíferos se han adaptado de muchas maneras diferentes al frío. En la imagen vemos que los zorros que viven más al norte tienen el pelo más largo que los zorros que viven más al sur. Foto: Wikimedia Commons.

Siberia, como por sus representaciones en pinturas rupestres de *Homo sapiens*.

¡Pero no todas las adaptaciones de los mamíferos son gruesas capas de grasa y cubiertas de pelo denso! Si nos fijamos en los animales que viven en zonas frías, como en el Ártico, vemos diferencias con sus parientes de zonas templadas. Por ejemplo, muchos mamíferos reducen sus orejas o su pelaje es más largo, e incluso más claro, permitiéndoles camuflarse en paisajes nevados.

Y es que, si la vida ha estado centenas de millones de años adaptándose y sobreviviendo, incluso a extinciones en masa, ¿cómo no va a adaptarse a una glaciación?

79

¿Se ha desecado alguna vez el Mediterráneo?

Pues aunque parezca increíble, la respuesta es sí. El mar Mediterráneo no siempre ha parecido tan lozano y saludable como lo vemos ahora, ya que hace aproximadamente seis millones de años se secó completamente.

El mar Mediterráneo es el tercer mar más grande de la Tierra y uno de los más profundos y, pese a eso, se quedó completamente seco.

¿Que cómo ocurrió? Muy sencillo, hace 6 millones de años, en un período de tiempo que los geólogos llamamos Mioceno, los continentes tenían una configuración y una posición muy parecida a la actual, pero con algunas diferencias.

Por ejemplo, el istmo de Panamá aún no se había cerrado, por lo que el océano Atlántico y el océano Pacífico estaban comunicados y, por lo tanto, América del Norte y América del Sur estaban separados.

O el mar Rojo, que actualmente se comunica con el océano Índico, separando África y Asia; y aún no se había abierto.

El mar Mediterráneo no se comunicaba con el océano Atlántico a través del estrecho de Gibraltar, como ocurre ahora, sino que lo hacía a través de dos estrechos diferentes.

Recordemos que los continentes no ocupaban las posiciones actuales y que, por lo tanto, la parte oeste del Mediterráneo englobaba tres continentes: el sur de Europa, África y el continente Mesomediterráneo. La comunicación entre el océano Atlántico y el Mediterráneo era a través del estrecho Norbético, actualmente la cuenca del Guadalquivir, (que separaba el sur de la península ibérica y el norte del continente Mesomediterráneo) y el estrecho Sur-Rifeño, en el actual Marruecos (que separaba el continente Mesomediterráneo y África). El problema fue que la placa africana empujaba hacia arriba, y hace 6 millones de años levantó el fondo oceánico, provocando la colisión de los tres continentes y cerrando el paso de los dos estrechos, con lo cual, el océano Atlántico y el mar Mediterráneo dejaron de comunicarse. A este sorprendente episodio se le conoce con el nombre de la crisis de salinidad del Messiniense, porque se produjo durante el Mioceno en un período llamado Messiniense.

El aislamiento del mar Mediterráneo tuvo unas drásticas consecuencias: ¡comenzó a secarse! El nivel del mar fue bajando lenta pero constantemente, hasta un kilómetro por debajo de su nivel inicial, quedando aisladas pequeñas superficies de terreno y formándose lagos hipersalinos en las partes más profundas. Como consecuencia, se depositaron grandes cantidades de rocas evaporíticas (sobre todo yesos y sal común) que en algunos puntos ¡alcanzaron el kilómetro y medio de espesor!

Esta desecación provocó que durante el millón de años, que fue lo que duró aproximadamente la crisis del Messiniense, los animales pudieran moverse libremente entre Europa y África,

Crisis de salinidad del Messiniense y desecación del mar Mediterráneo. La evaporación del Mediterráneo provocó la precipitación masiva de yesos y sal y la formación de lagos hipersalinos. Además se produjo el intercambio faunístico entre los continentes europeo y africano. Foto: Wikimedia Commons. Interpretación artística realizada por Pau Bahí bajo la supervisión científica de Daniel García Castellanos, geofísico del Instituto de Ciencias de la Tierra Jaume Almera (CSIC).

produciéndose intercambios faunísticos entre estos dos continentes, que de otra manera habría sido imposible.

¿Pero cómo es posible que el mar Mediterráneo se secara tan rápidamente cuando se cortó la comunicación con el océano Atlántico? Ocurrió porque en el Mediterráneo se evapora más agua de la que entra por lluvia o por vertido de los ríos, lo que se conoce como régimen hídrico negativo, y esto hace que sea un mar bastante salino, sobre todo en comparación con cualquier océano. Afortunadamente para él, es un mar abierto, y entre el océano Atlántico y el Mediterráneo hay un trasvase de agua. Lo que ocurre es que cuanto más salada es el agua, como es más densa que el agua dulce, más pesa, y más abajo está en la columna de agua, es decir, más hundida está. Por lo tanto, el agua del mar Mediterráneo circula por debajo del agua del océano Atlántico. Y hay una corriente de agua que va por la superficie trasvasando agua del Atlántico al Mediterráneo y otra corriente en profundidad con agua salada, trasvasando agua del mar al océano, produciendo que la zona del océano Atlántico próxima al Mediterráneo tenga mayor salinidad que el resto del océano y lo que es más importante, compensando el régimen hídrico negativo del mar Mediterráneo.

Con la crisis de salinidad del Messiniense y el cierre de los estrechos, el intercambio entre el Atlántico y el Mediterráneo se paró, provocando la desecación de este último.

Sin embargo, hace 5 millones de años, probablemente debido a una combinación de movimientos tectónicos y a una subida del nivel del mar, el continente Mesomediterráneo se separó, formando el estrecho de Gibraltar y provocando una enorme inundación. ¡Fue tan descomunal que el Mediterráneo volvió a llenarse únicamente en dos años! ¡Imagínate lo que fue, el nivel del mar subía siete metros por día!

80

¿Me puedo comer un mamut?

Los mamuts son, junto con los tigres dientes de sable, los animales de la Era Glaciar más famosos. Eran proboscídeos, parientes de los elefantes actuales, y de tamaño parecido, aunque hubo especies muy grandes, como *Mammuthus sungari*, que llegaba a medir más de cinco metros de altura en la cruz y podían llegar a pesar doce toneladas. También hubo especies más pequeñas o consideradas enanas, como una raza del propio *M. primigenius*, que alcanzaba entre uno y dos metros de altura en la cruz, o *M. lamarmorai*.

En general, los mamuts se caracterizan por sus largos colmillos curvados —el más largo conocido medía cinco metros—, así como por su cabeza abombada y una trompa muy musculosa —llamada probóscide—. Las especies que vivían en zonas frías estaban cubiertas de un pelo muy abundante, largo y enmarañado, razón por la cual se les conoce como mamuts lanudos. Esto lo sabemos porque desde hace décadas se han

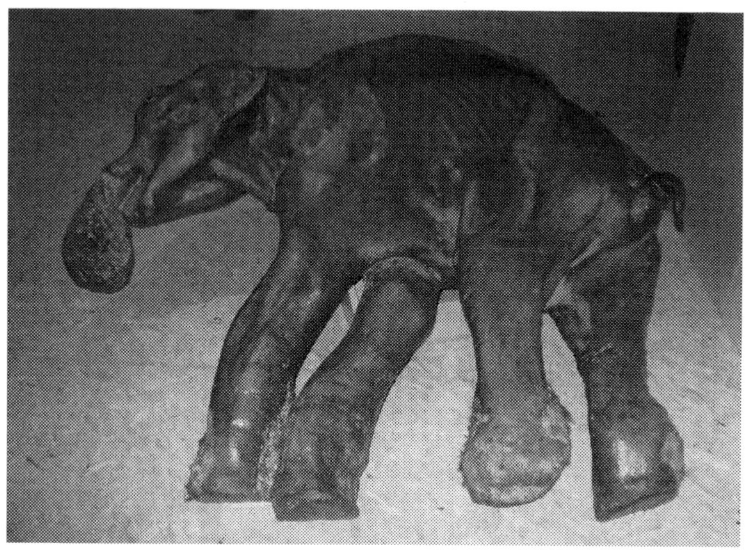

En Siberia se encontró una cría de mamut lanudo preservada
en hielo. Fue apodada cariñosamente como Dima.
Foto: Wikimedia Commons, autor: Ben2.

encontrado cuerpos completos momificados o congelados en las tundras siberianas. Además, también lo sabemos porque se les ha representado en pinturas rupestres. Como sus parientes los elefantes, su espalda estaba arqueada y sus orejas eran pequeñas.

Sin embargo, los mamuts desaparecieron hace unos 10 000 años, más o menos a finales de la última glaciación, que recibe el nombre de Würm. Pero no fue la única especie en desaparecer en ese momento. De hecho, se habla de un evento de extinción del Cuaternario, y, aunque no tiene la magnitud de una extinción masiva, fue igualmente importante. En general, hablamos de este evento para agrupar a las extinciones de megafauna que han tenido lugar en los últimos cincuenta mil años.

Estas extinciones masivas de megafauna empezaron a finales del Pleistoceno en lugares como Asia y Oceanía, a las que siguieron las desapariciones de especies en Europa hace entre 40 000 y 20 000 años. El máximo pico se registró a finales de esta última glaciación, con la que se extinguieron las especies pertenecientes a la megafauna adaptada a esta glaciación, como los mamuts lanudos, los rinocerontes lanudos, los leones cavernarios, osos cavernarios o los tigres dientes de sable.

Esta extinción de la megafauna redujo el número de mamíferos de gran tamaño en el mundo, incluyendo grandes herbívoros, depredadores y carroñeros. Así, desde hace al menos cincuenta mil años y comenzando por Asia y Australia, aproximadamente dos de cada tres de todos los géneros de mamíferos terrestres con una masa de más de cincuenta kilogramos se han extinguido en Eurasia, norte de África, Oceanía y las Américas.

Probablemente el propio final de la glaciación tuvo que ver con la desaparición de esta megafauna, pero la teoría más aceptada es que la propia acción humana tuvo algo que ver. De hecho, es la hipótesis más aceptada que la mayoría de esas últimas extinciones tuvieron que ver, ya sea directa o indirectamente, con la acción del hombre. Si bien durante mucho tiempo las extinciones de la megafauna se trataron y estudiaron independientemente en cada continente, recientes estudios integrados han puesto de manifiesto y demostrado estadísticamente que al menos la mitad de estos eventos de extinción están significativamente relacionados con la llegada del hombre a estos territorios. Lamentablemente, ya habíamos empezado a hacer de las nuestras…

81

¿Estamos llegando a la sexta extinción?

Desde nuestra llegada hemos estado causando que algunas especies se extingan. Pero desde hace un par de siglos, encima, estamos contribuyendo a que el cambio climático se acelere. ¿Estamos causando directa o indirectamente una sexta extinción en masa?

Recientemente un grupo de investigadores usó las bases de datos de la Unión Internacional para la Conservación de la Naturaleza (IUCN) para estimar el ritmo actual de extinción de especies. Eso sí, se centraron en los vertebrados, porque son de los que hay más datos, ya sea en el registro fósil o en los registros históricos. Según sus cálculos, en condiciones naturales tendrían que pasar diez mil años para que desaparecieran las especies extinguidas en los últimos cien años. De hecho, echando un vistazo al registro fósil de los últimos dos millones de años estimaron que la tasa natural de extinción sería de entre una y dos especies de cada diez mil cada cien años. ¡La aceleración ha sido terrible! ¡La tasa de los últimos siglos es hasta cien veces mayor! De hecho, si la tasa natural de extinción de los últimos dos millones de años se hubiese mantenido, desde 1900 solo se habrían extinguido nueve especies de vertebrados. ¿Y cuántas se han extinguido en realidad? La friolera de 477 especies.

Y esta aceleración se ha producido en los últimos quinientos años. En los registros históricos desde el año 1500 se ha constatado la extinción de más de trescientas especies. Otras tantas ya solo se encuentran en zoos y zonas de conservación de fauna, y no son avistados en su medio natural, por lo que podríamos darlas por extintas o, siendo menos dramáticos, podríamos considerarlas en peligro inminente de extinción. Pero siendo realistas, estamos ante una cifra de seiscientas especies desaparecidas.

Aparentemente, el grupo de vertebrados más afectado en los últimos siglos es el de los anfibios. Desde 1500 se ha registrado la desaparición de más de treinta especies, y solo desde 1980 se han extinguido otras cien especies. Y este alarmante escenario se encrucede si nos paramos a pensar en la de especies, ya no solo de anfibios, sino de otros vertebrados, que podrían haberse extinguido sin nosotros habernos dado cuenta. ¡Puede haber especies que no hemos llegado a descubrir que ya hayan desaparecido!

Pero ¿qué estamos haciendo? Bueno, lo cierto es que, si bien en el pasado hicimos que algunas especies desaparecieran dándoles caza, muchas han desaparecido de forma indirecta. Estamos destruyendo muchos ambientes que son sus hábitats, estamos explotando muchas especies, contaminando las aguas y la atmósfera, y contribuyendo al cambio climático.

Así que puede que seamos directa o indirectamente responsables de las extinciones de especies de la megafauna del Cuaternario, como los mamuts. Y diez mil años después nos hemos vuelto incluso más eficaces en esta triste habilidad de extinguir especies. Lamentablemente, actuamos como si todo esto no fuera con nosotros y pudiéramos sobrevivir sin las demás especies, cuando lo cierto es que todos corremos el riesgo de desaparecer en esta potencial sexta extinción.

IX

HOMININOS

82

¿CUÁL FUE LA CUNA DE LA HUMANIDAD?

Lo primero que hay que aclarar es qué significa la expresión «cuna de la humanidad». Los paleontólogos definimos con este curioso nombre el primer emplazamiento donde se encontraron nuestros antepasados. Es decir, en qué lugar aparecieron y por qué aparecieron en ese lugar.

Todo parece indicar que los primeros homininos, nuestros primeros antepasados, aparecieron en África y habitaron selvas húmedas y lluviosas.

¿Quieres saber por qué?, pues porque los primates más próximos a nosotros, que son los chimpancés y los gorilas, son africanos y habitan en selvas tropicales húmedas.

Los gorilas se alimentan de vegetales tiernos, en cambio, los chimpancés se pasan mucho tiempo en los árboles alimentándose de frutos maduros, que en ocasiones complementan con caza en grupo. Los primeros homininos tenían probablemente una alimentación más parecida al chimpancé y, como ellos, pasarían mucho tiempo en los árboles comiendo e incluso dormirían en las copas.

Pero ¿cuál es nuestra posición dentro del árbol de la vida? Nosotros, los *Homo sapiens* pertenecemos junto con los orangutanes, gorilas y chimpancés a los homínidos. Nos caracterizamos por tener las manos alargadas y el pulgar oponible pero reducido, tener los brazos más largos que las piernas, poder desplazarnos colgándonos de las ramas de los árboles con los brazos extendidos y en posición vertical, tener el tórax aplanado dorsiventralmente, es decir, lo tenemos aplastado de pecho a espalda. Y no tenemos cola. Pero, además, tenemos los ojos en una posición frontal que nos permite tener una visión 3D y calcular distancias tanto para alcanzar una rama como para poder perseguir a una presa.

Por otro lado, tenemos la piel desnuda alrededor de la nariz y nuestro labio superior es continuo y móvil, lo que nos permite tener expresión y poder sonreír. ¡Si no tuviéramos los labios continuos no podríamos poner *morritos* al hacernos los *selfies*!

Vale, ahora ya sabemos que somos muy parecidos a los grandes primates, pero ¿en qué momento nos separamos de ellos?

Hace unos 9 millones de años, los gorilas se separaron de chimpancés y humanos. Mientras que hace *tan solo* 6 millones de años, los chimpancés y los humanos nos separamos, de ahí que únicamente nos diferenciemos en un 1,6 % de los genes.

A partir de esa separación es cuando empieza nuestro linaje evolutivo, los homininos.

¡Ojo! Aunque la palabra homínido y hominino se parezca mucho, no debemos confundirlas. Vamos a verlo con un ejemplo muy sencillo: nosotros somos homininos junto con el resto de nuestro linaje humano, es decir, aquellos primates que andan o andaban a dos patas como hacemos nosotros. Por lo tanto, serían los ardipitecus, los australopitecus, los parántropos y todas las especies dentro del género *Homo*.

Sin embargo, Los homínidos somos un grupo formado por los grandes primates, que es el grupo formado por los orangutanes, los gorilas, los chimpancés y los homininos. ¿A que ahora te ha quedado mucho más claro?

El proceso de evolución biológica de la especie humana, también llamado hominización, no fue un proceso que ocurriera de golpe, sino que se pueden resumir en dos fases que duraron varios millones de años, a lo largo de los cuales fueron sucediéndose distintas adaptaciones. ¿Quieres saber cuáles son?

De las primeras cosas que ocurrieron es que se redujeron los caninos. Los chimpancés y los gorilas tienen fuertes colmillos. En cambio, los nuestros y los de nuestros antepasados homininos son muy pequeños. ¿No te lo crees? Pues vete delante de un espejo y prueba a mirarte los tuyos, no son muy diferentes en tamaño a los demás dientes que le rodean ¿a queno?

A la vez que se reducían los colmillos cambiaba la manera de caminar. Se pasaba de una locomoción cuadrúpeda a una locomoción totalmente bípeda, o lo que es lo mismo, ya no andaban a cuatro patas sino que andaban a dos patas.

Igual estás pensando que estos autores no se enteran, puesto que los monos pueden andar a dos patas. Tenemos respuesta a tu duda. Es cierto que los grandes primates pueden andar en ocasiones de forma bípeda, e incluso pueden sentarse erguidos, pero su modo habitual de caminar es a cuatro patas, ayudándose de las manos. Su cadera no está adaptada a la locomoción bípeda y por eso parecen tan torpes cuando andan así.

Y por supuesto aumentó la destreza manual. Al no tener las manos ocupadas en andar, pudieron fabricar herramientas, manipular objetos y cosas, sujetar a las crías...

La segunda fase de hominización se caracterizó por un aumento de la talla, sobre todo de las extremidades inferiores. Del escaso metro de altura que tenían los primeros homininos se pasó al 1,80 metros que alcanzaron los *Homo ergaster*.

¡Pero sobre todo aumentó el tamaño cerebral! Uno de los homininos más antiguos son los australopitecus y tenían un cerebro muy pequeño, menos de quinientos centímetros cúbicos, los *Homo ergaster*, que aparecieron dos millones de años después, ya tenían un cerebro de ochocientos cinco centímetros cúbicos, que no está nada mal.

Como todo no puede ser maravillo, estos cambios en nuestra anatomía también generaron problemas: la postura bípeda produjo una modificación en la cadera con el consiguiente estrechamiento del canal del parto, que generó problemas al dar a luz, lo que hacía que el parto fuera mucho más largo y complicado. Esto conllevó que el desarrollo del cerebro de los bebés estuviese poco desarrollado, lo que se traduce en una infancia y una adolescencia muy prolongadas. Es decir, que el período de crecimiento se alargó considerablemente en comparación con los grandes primates.

Por otro lado, nuestra vida social se volvió muy importante, tanto para asistir a las hembras en el parto, como para enseñar y proteger a las crías y a los ancianos, cazar, recolectar frutos...

Volviendo al origen de los homininos y el ambiente en el que vivían, hay que recordar que durante los últimos veintitrés millones de años se produjo un progresivo enfriamiento de la temperatura. En el este de África, el enfriamiento se agrava con la apertura del Rift, generando una disminución de la humedad y una mayor aridez, que facilita la expansión de las praderas, haciendo que las selvas tropicales se reduzcan. Este hecho, aparentemente tan trivial, se interpreta como decisivo en el proceso de hominización.

Hasta la fecha, los homininos más primitivos han aparecido en el Chad (con el descubrimiento del cráneo de *Sahelanthropustchadensis*), y en el Gran Valle del Rift. El Rift es una fractura de más de cuatro mil quinientos kilómetros que cruza África ecuatorial de norte a sur, expandiéndose y formando una fosa hundida que separa poco a poco África en dos mitades. Por la gran importancia de los fósiles humanos que se han recuperado en este valle, recibe el apelativo de cuna de la humanidad.

83

¿QUÉ RELACIÓN TIENEN LOS BEATLES CON LOS PRIMEROS HOMININOS?

¿Quién se iba a imaginar que uno de los grupos de música más famosos de todos los tiempos estaría relacionado con el descubrimiento de nuestros antepasados más antiguos? La historia es tan curiosa que es digna de leer. Pero para entenderla es importante saber el contexto en el que se produjo.

Los fósiles no salen así como así, sino que requieren de un laborioso trabajo por parte de los paleontólogos que excavan en los yacimientos. Es un trabajo que requiere de muchísima paciencia, ya que, aunque los fósiles parezcan muy duros, al extraerlos de la tierra no solo les cambiamos las condiciones en las que se encontraban, sino que además ponemos de manifiesto las fracturas que los huesos podían tener, ocasionadas por la tierra depositada encima o las condiciones fisicoquímicas que sufrieron para convertirse en fósiles... y que hacen que ahora sean muy frágiles y delicados.

Por lo tanto, en excavar un fósil podemos tardar desde un par de minutos, si es una pieza pequeña, hasta un par de semanas si es un hueso de dinosaurio.

Estar tantas horas haciendo lo mismo, tirados en el suelo y con posturas muchas veces inverosímiles, hace que en ocasiones se convierta en un duro trabajo, así que la radio suele ser un compañero imprescindible en los yacimientos paleontológicos, casi tanto como un destornillador o una brocha.

En 1974, en Hadar, Etiopía, Donald Johanson y su equipo estaban excavando escuchando la radio. Mientras sonaba la canción de los Beatles *Lucy in the sky with diamonds* tuvieron la enorme suerte de encontrar un esqueleto parcial de hembra de una especie a medio camino entre un chimpancé y un humano. El descubrimiento fue tan espectacular e inesperado que los investigadores bautizaron cariñosamente el esqueleto con el nombre de Lucy. Los huesos descubiertos pertenecían a una hembra adulta de pequeña estatura, alrededor de un metro y treinta kilos de peso, piernas cortas, brazos muy largos y cerebro pequeño, pero lo más sorprendente de todo era que tenía dientes muy parecidos a los nuestros, en vez de los poderosos colmillos de los monos y sobre todo ¡podían andar de forma bípeda! Es decir, andaban sobre dos patas como hacemos los humanos en vez de a cuatro patas como hacen el resto de primates. Este cambio en la forma de andar resultó crucial para nuestra evolución, y este primer hominino, denominado *Australopithecus*, se convirtió en nuestro primer antepasado.

Estos primeros homininos aparecieron hace 3,7 millones de años en África y, debido a su reducido tamaño y fuerza, no eran intrépidos cazadores como nos gustaría creer, sino que se alimentaban de carroña que conseguían robar a otros animales, así como de frutos y raíces. Para huir de sus depredadores trepaban a los árboles, donde se cobijaban y ya de paso se alimentaban de hojas y frutas.

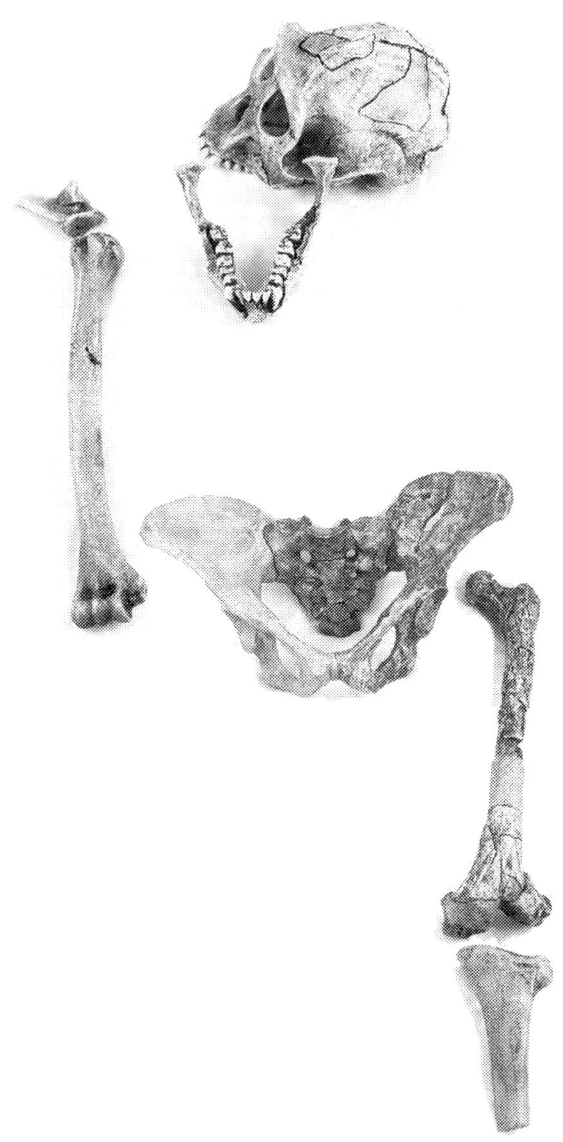

Restos encontrados del cráneo y esqueleto de Lucy, la hembra de *Australopithecus afarensis*. Aunque apenas llegaba al metro de altura, Lucy ya era capaz de andar de manera bípeda, como los humanos modernos. Tenía brazos largos y, aunque todavía vivía en los árboles, pasaba temporadas en el suelo buscando comida y carroñeando. Foto cortesía de Geosfera C. B.

Afortunadamente, Lucy solo fue la primera de estos homininos. A lo largo de los años siguientes fueron apareciendo nuevos descubrimientos africanos, tanto en el Gran Valle del Rift, en el este, como en la zona central y el sur. Estos hallazgos resultaron vitales para la historia de la humanidad.

A continuación, vamos a conocer a los austrolopitecus más en detalle:

Lucy pertenece a la especie *Australopithecus afarensis*. Vivió hace entre 3,5 y 2,8 millones de años, en África oriental (Etiopía, Kenia y Tanzania). Se sabe que no eran muy altos, 1 metro de altura las hembras y 1,30 metros los machos, y que tenían un marcado dimorfismo sexual, es decir, que los machos y las hembras eran muy diferentes. Las diferencias en peso podían varíar de veintinueve kilos para las hembras a cuarenta y cinco kilos para los machos. Su capacidad craneal era de cuatrocientos veintiséis centímetros cúbicos. ¿Que no te haces a la idea de si es mucho o poco? Pues para que te hagas una idea los chimpancés tienen aproximadamente trescientos noventa centímetros cúbicos y nosotros tenemos mil trescientos cincuenta centímetros cúbicos.

Australopithecus anamensis es el miembro más antiguo de su género, data de casi 4 millones de años. Sus restos fueron descubiertos en Kanapoi (Kenia). Aunque se han descubierto muchos dientes, muchas otras partes del cuerpo son aún desconocidas. Eso sí, se sabe que eran bípedos. Vivieron en sabanas arbustivas y su alimentación se componía de semillas, hojas y frutas.

El *Australopithecus africanus* vivió entre hace 3 y 2,3 millones de años en África meridional. Era pequeño, apenas alcanzaba el metro de altura y tenía una cavidad craneal más alta y redondeada que *A. afarensis*, pero con miembros menos adaptados al bipedismo y más a la vida arbórea.

El *Australopithecus bahrelgazali* fue descubierto en el Chad, cerca del río Bahr el Ghazal, entre los años 1995 y 2000. Esta especie se ha datado entre 3,5 y 3 millones de años. Sus restos son muy parciales, ya que solo se conocen dos mandíbulas con dientes, una de ellas fragmentada y un premolar aislado. A partir del estudio de los dientes se ha podido averiguar que esta especie tenía una dieta mucho más herbívora que otros australopitecus, basada sobre todo en juncos fibrosos, y es que en esta época el Chad estaba lleno de bosques y lagos, donde habitaban sin grandes problemas estos pequeños homininos.

El *Australopithecus sediba* es una especie descubierta en el año 2008 en el yacimiento sudafricano de Malapa. Consta de dos esqueletos muy completos, que ostentan el récord de ser los restos más completos de australopitecus. Tienen una edad de 2 millones de años y se caracterizan por tener unos rasgos gráciles pero muy evolucionados, entre los que se incluyen unas manos y cadera modernos. Además, esta especie tenía una mayor capacidad craneal.

El *Australopithecus prometheus* fue una especie que vivió en Sterkfontein (Sudáfrica) hace 2,8 millones de años. Esta especie está basada en el descubrimiento de un esqueleto de una hembra bautizada como Little Foot por el pequeño tamaño de su pie. Los restos han permitido averiguar que midió entre 1,20 y 1,30 metros de altura, tenía la cara plana, la frente ancha y los dientes muy grandes. Además, era bípeda, con manos grandes y brazos largos que le permitían combinar un modo de vida tanto arbóreo como terrestre. El *Australopithecus prometheus* es, hasta la fecha, la especie más reciente descrita, porque, aunque los primeros huesos fósiles de esta especie se descubrieron en 1994, no se asignaron a esta especie hasta el año 2013.

Finalmente, el *Australopithecus garhi* habitó en Etiopía (en Afar) hace aproximadamente 2,5 millones de años. Sus restos fueron descubiertos en la década de los noventa y publicados en 1999. De esta especie se conocen tanto dientes y fragmentos craneales como restos poscraneales. Pese a los 6660 kilómetros que los separan de los *Australopithecus africanus*, presenta muchas similitudes con esta especie, entre las que se incluyen una mayor capacidad craneal (unos 450 centímetros cúbicos).

Pero lo más sorpredente del *Australopithecus garhi* es que podría ser la transición hacia los primeros *Homo*, debido por un lado, a la longitud de sus piernas (con proporciones más parecidas a las nuestras), y sobre todo ¡porque habrían podido utilizar las primeras herramientas!

Como acabamos de decir, con el paso de los millones de años estos primeros *Australopithecus* fueron evolucionando a otras especies, desarrollando la habilidad de fabricar herramientas con piedras y palos. Finalmente evolucionaron hasta un nuevo grupo, llamado *Homo*, que irá evolucionando poco a poco, creciendo de tamaño y aumentándole el cerebro, perfeccionando cada vez más sus herramientas, hasta evolucionar a nuestra especie, los *Homo sapiens*.

84

¿Existió el Cascanueces?

Sí, la verdad es que sí. Hace entre 2,5 y 1,2 millones de años vivieron en África unas especies muy peculiares de homininos. Tenían una pequeña estatura, en torno a 1,40 metros, y un cráneo muy muy llamativo, tanto, que su descubridora apodó el primer resto que encontró como el Hombre Cascanueces.

¿Quieres saber más sobre estos curiosos antepasados? Para eso, hay que retroceder hasta mediados del siglo XX, a unas cuevas sudafricanas, donde excavaba buscando fósiles humanos el paleontólogo Robert Broom. En 1938, un niño encontró unos curiosos dientes en la cueva sudafricana de Kromdraai. El pequeño enseñó su descubrimiento a un amigo, que casualmente trabajaba en la mina con Robert Broom, y así llegó hasta sus oídos. Broom, impresionado por el descubrimiento, fue a la escuela a conocer al niño y tras convencer al pequeño con monedas y chucherías adquirió tanto los dientes como la localización exacta del yacimiento. De esa manera, descubrió el resto del cráneo y el esqueleto del que sería el primer parántropo, *Paranthropus robustus*.

Mientras Robert Broom excavaba en Sudáfrica, el matrimonio inglés Leakey excavaba en el este de África, en la garganta de Olduvai en Tanzania. Desde 1930, Mary y Louis Leakey habían excavado en esta zona buscando restos humanos, encontrando únicamente herramientas, numerosos restos de animales y una muela aislada. Sin embargo, en el verano de 1959, sus esfuerzos se vieron recompensados. Casualmente un día que Louis se había quedado enfermo en el campamento, la intrépida Mary encontró parte de un cráneo de un nuevo hominino. A lo largo de las semanas siguientes desenterraron completamente el fósil comprobando las peculiaridades y rarezas que presentaba. Debido a lo ansiado de su búsqueda (recordemos que el matrimonio llevaba veintinueve años buscando fósiles humanos), el cráneo tuvo numerosos apodos cariñosos: desde Querido Niño (*Dear Boy* en inglés), pasando por Zinj (antiguo nombre de África Oriental) hasta el más conocido Hombre Cascanueces (*Nutcracker Man* en inglés) por sus increíbles muelas.

¿Pero qué caracterizaba a estos fósiles para que se pensara que se alimentaban de nueces?: sobre todo sus gigantescas muelas y premolares, ¡cuatro veces más grandes que los que tenemos nosotros! Pero además, su cráneo era muy robusto, con pómulos hinchados, cara muy ancha y hundida, arcos superciliares muy grandes, un cerebro muy pequeñito (únicamente quinientos treinta centímetros cúbicos, mientras que nosotros tenemos de media mil trescientos cincuenta centímetros cúbicos), una enorme cresta en medio del cráneo (llamada cresta sagital) que servía para anclar los músculos que sujetan la mandíbula y una poderosa mandíbula.

En realidad, la alimentación de los parántropos no se basaba ni en nueces ni en ningún otro fruto seco, sino que se alimentaban de semillas, juncos y sobre todo vegetales y plantas blandos. ¡Eso sí, tenía que masticarlos durante larguísimos períodos de tiempo!

Para que te hagas una idea, los parántropos tenían un comportamiento parecido al que tienen los gorilas, con los machos en la parte externa del territorio protegiendo a las hembras. Además, al igual que ellos, los machos y las hembras estaban muy diferenciados, el macho era más grande y pesado con la cresta sagital mucho más marcada, mientras que la hembra era más bajita y más ligera.

¿Quieres saber cuántas especies de parántropos se han encontrado? Únicamente tres, muy pocas en comparación con la diversidad de australopitecus. Vamos a conocerlas un poco mejor.

El *Paranthropus boisei* se descubrió en 1959 en la garganta de Olduvai, en Tanzania. Esta especie vivió entre hace 1,75 y 1,30 millones de años. Tenía una capacidad craneal de entre quinientos diez y quinientos treinta centímetros cúbicos, una fortísima cresta sagital y una enorme mandíbula.

El *Paranthropus aethiopicus* se descubrió en 1985 en el lago Turkana, en Kenia. Es el parántropo más antiguo, con una edad de entre 2,6 y 2,4 millones de años. Tenía una capacidad

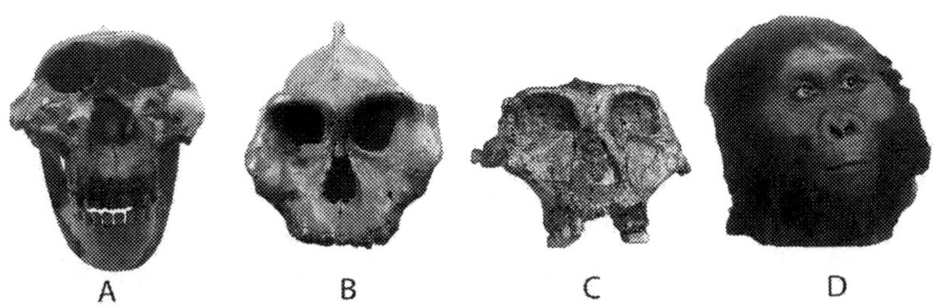

Los parántropos son exclusivamente africanos. Hay dos especies del este de África, *Paranthropus boisei* y *Paranthropus aethiopicus* y una especie sudafricana, *Paranthropus robustus*. A. Cráneo de *Paranthropus boisei* conocido como el Hombre Cascanueces. B. Cráneo de *Paranthropus aethiopicus* conocido como el cráneo negro, por el color oscuro del fósil. C. Cráneo de *Paranthropus robustus*. D. Reconstrucción de un parántropo adulto (realizado por John Gurche). Fotos: Wikimedia Commons.

craneal de cuatrocientos diez centímetros cúbicos, una cara cóncava, unos enormes premolares y molares y una espectacular cresta sagital (la más desarrollada de todos los parántropos), que le permitía tener unos enormes músculos masticatorios.

El *Paranthropus robustus* se descubrió en 1938 en Sudáfrica (Kromdraai). Esta especie apareció entre hace 2 y 1,5 millones de años, y se caracteriza por tener una capacidad craneal de entre quinientos cuarenta y seiscientos centímetros cúbicos (más alta que los australopitecus), una cara muy ancha y plana con una poderosísima mandíbula, y sin cresta sagital.

Los parántropos convivieron en el tiempo con uno de los primeros *Homo*, aunque no competían por los mismos recursos, puesto que el *Homo ergaster* comía un poco de todo (carne, frutos, semillas) usando herramientas, y los parántropos eran vegetarianos. En realidad, competirían más en alimentación con los grandes herbívoros, como los hipopótamos o los elefantes. Pese a esto los parántropos eran capaces de fabricar herramientas muy toscas de huesos y piedras que usaban para romper los termiteros y los tubérculos.

Se cree que eran tan especialistas en su dieta que esto les llevó a la extinción. Veamos, cuanto más especializado está un grupo en un tipo concreto de alimentación, más sensible es a los cambios, porque si su fuente de alimentación se extingue, también lo hacen ellos. Por ejemplo, los osos panda, que se alimentan exclusivamente de bambú. Si el bambú faltara, estos adorables animales se extinguirían rápidamente. Con los parántropos ocurrió algo parecido. Se secaron los ecosistemas de sabanas tropicales donde vivían y se transformaron en sabanas más secas. Los parántropos que dependían de estas plantas ricas en agua se extinguieron. Por otro lado, se cree también que, aunque los *Homo ergaster* no competían con los parántropos en nicho ecológico, sí debieron de ejercer algún tipo de presión demográfica que redujo aún más el delicado nicho ecológico de los parántropos.

85

¿QUÉ TIENE DE ESPECIAL EL LAGO TURKANA EN KENIA Y ETIOPÍA?

El lago Turkana es un gran lago. Tiene una superficie de 6400 km². Está situado en el valle del Gran Rift, en África oriental. Prácticamente toda su superficie se encuentra en Kenia, aunque la parte más septentrional está situada en Etiopía.

Al lago también se le conoce como mar de Jade por el característico color verdoso que tienen sus aguas o lago Rudolf en honor al archiduque Rodolfo de Habsburgo, príncipe heredero de Austria. Además, ostenta varios récords, como el de ser el lago más alcalino del mundo y el más grande situado en un entorno desértico.

En la actualidad es un relicto de agua para los animales que viven por los alrededores, ya que está situado en una zona muy seca y cálida, pero... ¿y en el pasado?

Resulta que tanto el lago Turkana como sus alrededores son especialmente importantes porque se han descubierto numerosos e importantísimos yacimientos de homininos. De hecho, en 1997, fue nombrado Patrimonio de la Humanidad por la Unesco. Los abundantes hallazgos en esta zona han resultado cruciales para el conocimiento de nuestro linaje, y es que en los alrededores del lago se han descrito ¡hasta cinco especies diferentes de homininos! ¿Quieres saber cuáles son?

La primera que se encontró fue la especie *Australopithecus anamensis*. Fue descubierta por Meave Leakey en los alrededores del lago Turkana, con una antigüedad aproximada de cuatro millones de años. A lo largo de veintinueve años de excavaciones (de 1965 a 1994), se han descubierto un total de cuarenta y siete individuos en Kanapoi (suroeste del lago) y treinta y uno en Allia Bay (al este del lago). Este primitivo hominino era bípedo (andaba a dos patas) y vivió en una sabana arbustiva donde se alimentaba de semillas y hojas, y en menor medida de frutas.

En 1972, el marido de Meave, Richard Leakey, y su equipo descubrieron la especie *Homo rudolfensis*, en el yacimiento de Koobi Fora (en la orilla oriental del lago Turkana), con base en un cráneo fósil que encontraron en ¡ciento cincuenta piezas! Este cráneo fue apodado Rudy en honor al antiguo nombre del lago Turkana, lago Rudolf.

Posteriormente se encontraron más fósiles pertenecientes a otros individuos, hasta un total de seis cráneos, once mandíbulas y únicamente cinco huesos del esqueleto poscraneal. Todos los restos se encontraron en el yacimiento de Koobi Fora.

El *Homo rudolfensis* pertenece ya a nuestro linaje *Homo*, y tenía una antigüedad de entre 2 y 1,8 millones de años. Se caracterizaba por tener una capacidad cerebral de quinientos veintiséis centímetros cúbicos (la nuestra es de mil trescientos cincuenta centímetros cúbicos), una cara ancha y larga, un torus poco marcado y una mandíbula con grandes muelas de esmalte grueso, similares a las de los parántropos. Los escasísimos materiales poscraneales encontrados sugieren un esqueleto más derivado, con una bipedación más lograda que la de *Homo habilis*.

En 1984, Richard Leakey descubrió cerca del lago Turkana, en el yacimiento de Nariokotome, un esqueleto infantil perteneciente a *Homo ergaster*. Este esqueleto perteneció a un niño de unos ocho o nueve años de edad, que medía 1,60 metros, al que apodaron el Niño de Turkana o el Niño de Nariokotome.

Las proporciones del *Homo ergaster* ya eran como las nuestras y se cree que de haber completado su desarrollo habría medio 1,80 metros de estatura. Tenía una capacidad cerebral de ochocientos cinco centímetros cúbicos, que para los adultos se estima en novecientos diez centímetros cúbicos.

La especie *Homo ergaster* habitó los alrededores del lago Turkana hace poco más de un millón y medio de años. Uno de los fósiles más famosos de esta especie es el Niño de Nariokotome o Niño de Turkana, que falleció a los nueve años de edad. En la imagen vemos su reconstrucción y el fosil del cráneo. Fotos: Wikimedia Commons.

Los hallazgos posteriores han permitido inferir mucha más información sobre esta especie, como que tenían herramientas más especializadas. De hecho inventan un tipo de industria lítica conocido como achelense o modo 2 (caracterizada por la talla bifacial y eje de simetría). Por otro lado, al ser más altos consumían menos energía al andar. Otro rasgo muy llamativo es que al *Homo ergaster* se le representa con mucho menos vello en el cuerpo. Además, tuvieron una cohesión grupal mayor en forma de clan. Esta especie se ha datado en 1,6 millones de años.

En 1985, Alan C. Walker descubrió al oeste del lago Turkana un cráneo de 2,5 millones de años de antigüedad, perteneció a una especie llamada *Paranthropus aethiopicus.* Este cráneo es conocido como el cráneo negro por el color tan oscuro que tiene el fósil, ya que es negro-azulado. Los parántropos eran de pequeña talla (en torno a 1,30 metros), muy parecidos en el cuerpo a los australopitecus, aunque se diferenciaban mucho en su cara. Tenían un cráneo adaptado a una dentición herbívora, con molares y premolares gigantescos, mandíbulas muy fuertes, pómulos hinchados, cara plana y una marcada cresta sagital.

En 1999, de nuevo Meave Leakey y su equipo, descubren un cráneo al oeste del lago Turkana. El fósil pertenece a una especie llamada *Kenyanthropus platyops* (que significa 'hombre de cara plana de Kenia') datada en aproximadamente 3,5 millones de años (entre 3,5 y 3,2 millones de años). Sus rasgos son intermedios entre *Australopithecus* y *Homo,* con el cráneo y la forma típicos de los australopitecus, con la cara aplanada y delicada, y dientes pequeños típicos de los *Homo.*

El estudio de los dientes de *Kenyanthropus platyops* ha revelado que probablemente tuvieron una dieta omnívora, con mucha ingesta de frutos, larvas, aves y pequeños mamíferos.

En épocas posteriores, mucho más recientes, el lago y sus alrededores han seguido siendo fundamentales para los humanos, como atestiguan las numerosas evidencias del paso de migraciones, con edades que varían desde 10 000 años, a épocas mucho más recientes, unos 5000 años.

Y es que este enorme lago ha tenido y tiene un emplazamiento sin igual, con numerosos recursos para la vida, que han resultado fundamentales tanto para los humanos como para los animales y las plantas.

86

¿Cuáles fueron los primeros europeos?

Cuando los *Homo sapiens* llegaron a Europa se encontraron con que la casa estaba ya habitada. Y es que los homininos habían llegado mucho antes en una migración anterior, hace alrededor de un millón de años. La cosa es que no solo habían migrado, sino que se habían establecido, dando lugar a otras especies.

Según apuntan los yacimientos de la sierra de Atapuerca, hace más de un millón de años (aproximadamente 1,2), llegó una especie de *Homo* que aún no se ha identificado. Un poco después, como hace 850 000 años llego otra especie, *Homo antecessor*, sus restos se encuentran en los yacimientos de Atapuerca de Gran Dolina y la Sima del Elefante. Esta especie se originó en África y llegó a Europa poco después. Los *Homo antecessor* que se quedaron a vivir en Europa dieron lugar a los *Homo heidelbergensis*, mientras que en África, evolucionaron al *Homo sapiens*.

El *Homo heidelbergensis* es una especie que surgió alrededor de hace 600 000 años y vivió hasta hace unos 200 000 años. Su nombre lo reciben de la población alemana de Mauer, cerca de Heidelberg, donde se encontraron sus primeros fósiles en 1908. En la península ibérica se han encontrado abundantes restos suyos en la Sima de los Huesos, en Atapuerca, con una antigüedad de 500 000 años.

Estos humanos tenían una altura media de 1,75 metros y un peso de alrededor de 90 kilogramos, sus cráneos eran ligeramente más aplanados que los nuestros, sus mandíbulas sobresalían un poco más y tenían grandes fosas nasales.

En el yacimiento de la Sima de los Huesos se han encontrado al menos veintiocho individuos de esta especie, lo que lo convierte en el yacimiento de fósiles humanos más rico del planeta y el único en el que está representada una amplia población humana compuesta por individuos de ambos sexos y diferentes edades de muerte. Aún hay debate acerca de si este yacimiento está formado por una acumulación natural, o incluso una muerte catastrófica o si en realidad es un lugar de enterramiento. A favor de esta última hipótesis está el hallazgo de un bifaz perfectamente tallado y no usado que se interpreta como una ofrenda o ajuar funerario.

¿Sabías que actualmente la especie *Homo heidelbergensis* tiene mucha controversia? Es decir, que es una especie muy problemática. ¿Quieres saber por qué?

Según algunos paleontólogos, los *Homo heidelbergensis* presentan rasgos que los relacionan con la especie que los sucedió, los *Homo neanderthalensis*, con la que es posible que guardaran una relación de descendencia directa.

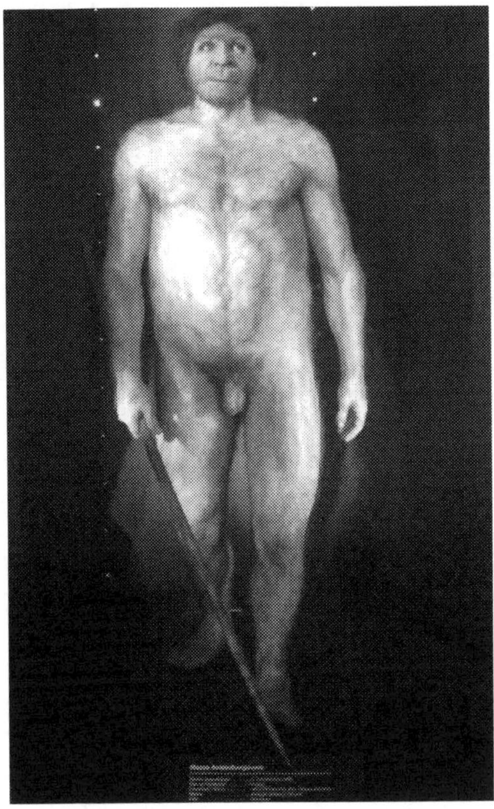

Reproducción de un *Homo heidelbergensis* del Museo de la Evolución
Humana de Burgos. Actualmente esta especie tiene controversia. Según
algunos científicos no sería una especie válida. Foto: Wikimedia Commons,
autor: Zarateman.

En cambio, para otros, no sería una especie válida, sino
que directamente sería *Homo neanderthalensis*. El equipo de
Atapuerca desde el año 2014 considera que sus veintiocho
ejemplares serían de esta especie. Qué complicado, ¿verdad?

Vale, ¿y entonces cómo eran los *Homo neanderthalensis*?
¿Dónde vivieron? ¿Qué aspecto tenían?

Esta especie humana, en ocasiones llamada Hombre
de Neandertal recibe su nombre del valle de Neander, en

Alemania, donde se encuentra la cueva Feldhofer. Allí se encontraron sus primeros restos. Curiosamente, con la publicación del hallazgo de estos restos en 1856 nació la paleoantropología, y el interés en la búsqueda de nuestros ancestros y parientes creció exponencialmente en las décadas siguientes.

Los hombres de Neandertal habitaron Europa, Próximo Oriente y Medio y Asia Central hace, aproximadamente, entre 230 000 y 28 000 años, durante el final del Pleistoceno Medio y casi todo el Superior. Se ha llegado a considerar que en realidad fueron una subespecie del *Homo sapiens*, recibiendo el nombre de *Homo sapiens neanderthalensis*, aunque actualmente lo más aceptado es que se trate de una especie aparte, cercanamente emparentada, y siendo ambas especies descendientes independientes de *Homo antecessor* o una forma afín. ¿Te creías que esta especie iba a ser sencilla?

Los neandertales eran más robustos que nosotros, con un tórax y una cadera anchos y extremidades más cortas. Su estatura era más baja, en torno a 1,65 metros y unos 70 u 80 kilos de peso. El cráneo se caracteriza por su doble arco superciliar encima de los ojos, frente huidiza, nariz ancha y prominente, ausencia de mentón y una capacidad craneal media más grande que la de *Homo sapiens*. Nosotros tenemos mil trescientos cincuenta centímetros cúbicos de media, mientras que los *Homo neanderthalensis* tenían alrededor de mil quinientos cincuenta centímetros cúbicos. ¿Quiere esto decir que eran más listos que nosotros? No necesariamente, la capacidad craneal únicamente indica el volumen del interior del cráneo, no el tamaño del cerebro. La inteligencia suele medirse con el coeficiente de encefalización, que es una relación entre el tamaño corporal y el tamaño cerebral. Hoy en día se cree que tendrían una inteligencia parecida a los *Homo sapiens* y al igual que nosotros tendría pensamiento complejo; lo único que tendrían menos capacidades sociales, ya que su cerebro estaría más enfocado a la orientación espacial. Además, enterraban a sus muertos, cuidaban a sus enfermos y mayores, realizaban grabados y pinturas, ¡y hasta se adornaban el cuerpo! De hecho, fueron impulsores de la cultura musteriense (o modo 3), que se caracteriza por realizar herramientas con lascas.

> La metodología para realizar herramientas con lascas consistía en golpear un núcleo de piedra con golpeadores de madera o hueso para que se rompiera en elementos de piedra mucho más pequeños y diversos. Los útiles eran *más especializados que en culturas anteriores, como lo atestiguan las raederas, los buriles, los hendidores o los raspadores.*

Cuando los *Homo sapiens* llegaron, se encontraron con los neandertales, y posiblemente compitieran entre ellos durante siglos. Aunque hay lugares donde hay evidencias de hibridación (incluso un pequeño porcentaje de nuestro genoma es aparentemente neandertal), lo cierto es que desaparecieron. Y en la actualidad, somos la única especie del género *Homo* que existe en el planeta.

87

¿HAY YACIMIENTOS DE HOMININOS EN ESPAÑA?

Claro que sí. En España tenemos la suerte de tener un registro fósil excepcional. Hemos encontrado yacimientos en prácticamente todas las comunidades autónomas, encontrando desde fósiles de grandes dinosaurios a pequeños fósiles de ratones, pasando por yacimientos con conchas de moluscos y enormes corales.

Los yacimientos con restos humanos o con fósiles de algún antepasado nuestro son sin duda uno de los más preciados tesoros de los paleontólogos, porque ¿quién no quiere aprender sobre cómo vivían nuestros antepasados? ¿De qué se alimentaban? ¿O dónde se escondían de los depredadores?

Aunque estos fósiles son tremendamente escasos, en diversos lugares de España hemos encontrado algunos yacimientos que por su importancia son referencias mundiales en el campo de la paleoantropología.

La antropología (o la paleoantropología), como ya habrás imaginado, es la disciplina que estudia al ser humano y su linaje evolutivo tanto desde el punto de vista de las ciencias naturales como desde las ciencias sociales y la filosofía.

La antropología social y cultural estudia a los seres humanos como colectivos que viven en sociedad y tienen cultura. Mientras que la antropología física (que es de la que nos vamos a ocupar en este libro) estudia la variabilidad biológica de los grupos humanos a lo largo de su historia y responde a preguntas del tipo: ¿qué huesos tenían?; ¿cómo eran físicamente?; ¿qué comían?

A continuación, vamos a hablar de algunos de los lugares de homininos más importantes de España:

Sin duda alguna, la sierra de Atapuerca es uno de los yacimientos de referencia mundial. Son un conjunto de yacimientos paleontológicos y arqueológicos ubicados en la provincia de Burgos. Los yacimientos se localizan en cuevas dispuestas a lo largo del cauce del río Arlanzón. Tienen tanta importancia y repercusión mundial que desde el año 2000 son Patrimonio de la Humanidad. Allí se han descubierto cinco especies diferentes de humanos con edades de entre 1,2 millones de años a 50 000 años: la más antigua es una especie de *Homo* aún por determinar de 1,2 millones de años, seguido de *Homo antecessor* (850 000 años), *Homo heidelbergensis* (500 000 años), *Homo neanderthalensis* (50 000 años) y *Homo sapiens* (13 500 años).

Aunque hay muchos más, los yacimientos que se excavan actualmente son: Sima del Elefante, Complejo Galería, Gran Dolina (estos tres son visitables), Sima de los Huesos, el portalón de Cueva Mayor, Galería del Sílex, Galería de las Estatuas, Cueva de El Mirador, Hundidero, Hotel California y Valle de las Orquídeas.

Estos yacimientos han proporcionado un elevadísimo número de fósiles, algunos muy emblemáticos. ¿Quieres descubrir algunas curiosidades sobre ellos?

Uno de los fósiles más famosos es el cráneo número cinco de *Homo heidelbergensis* (ahora se considera que es *Homo neanderthalensis*), que tenía un enorme flemón y que fue apodado *Miguelón*, porque fue descubierto mientras tenía lugar el Tour de Francia y Miguel Induráin arrasaba en las carreras.

En los yacimientos de la sierra de Atapuerca, en Burgos, se han descubierto
una gran variedad de especies del linaje humano, con edades que van desde
el millón de años hasta los 13 500 años. Todos los veranos tienen lugar
las excavaciones paleontológicas. En la imagen vemos a paleontólogos y
arqueólogos trabajando en armonía. Fotos: Wikimedia Commons.

O la cadera *Elvis*, la pelvis, apodada así en honor a Elvis Presley, que permitió saber que su dueño era un varón de aproximadamente 1,75 metros de altura y 95 kilos de peso.

O incluso el hacha de mano, apodada *Excalibur* como la espada del rey Arturo, una herramienta fabricada en piedra que fue enterrada como ofrenda al muerto.

Para conocer más sobre este increíble conjunto de cuevas y galerías se puede visitar el Museo de la Evolución Humana en Burgos, así como realizar visitas guiadas a los yacimientos y al Centro de Arqueología Experimental. Todos los veranos se realizan campañas de excavación donde participan estudiantes, paleontólogos y arqueólogos.

La cueva de El Sidrón está ubicada en Piloñas, Asturias. Fue descubierta en 1994 por espeleólogos. Desde el año 2000 es excavada por paleontólogos e historiadores y representa la colección de restos de neandertales (*Homo neanderthalensis*) más completa y numerosa de la península ibérica. Los fósiles presentan una edad aproximada de 49 000 años y se han descubierto en la Galería del Osario, en la que se incluyen al menos trece mujeres y hombres de diferentes edades (siete adultos, tres adolescentes, dos juveniles y un infantil). Los huesos, aunque fragmentados, están tan bien conservados que se ha podido obtener ADN mitocondrial y ADN nuclear, lo que ha permitido deducir que tenían lazos familiares entre ellos.

Junto a los neandertales se ha encontrado más de trescientas herramientas líticas, así como restos de animales, entre los que se incluyen lobos, osos, conejos o gamos, entre otros.

Los concienzudos estudios han permitido averiguar cosas tan curiosas como que los neandertales usaban palillos para limpiarse los dientes, que una de las mujeres era pelirroja o que practicaron canibalismo.

Aunque la cueva no es visitable, hay visitas guiadas y didácticas a la exposición «Los 13 del Sidrón» en el Centro de Recepción de Visitantes de Piloña Tierra de Asturcones para conocer cómo eran los neandertales asturianos y cómo vivían.

Otro lugar importante es Pinilla del Valle. Se trata de un conjunto de yacimientos paleontológicos y arqueológicos emplazados en la localidad de Pinilla del Valle (Madrid), a lo largo de una extensión que se conoce como el valle de los neandertales. En 1979 se descubrió la cueva del Camino, y desde entonces se han descubierto tres nuevas cavidades con huesos: el abrigo de

Navalmaíllo, la cueva de la Buena Pinta y la cueva Des-Cubierta. Debido al interés de la zona, en 2005 fue declarada Bien de Interés Cultural por la Comunidad de Madrid.

En ellas se han descubierto restos de mamíferos, entre los que se incluyen osos, lobos, linces, hienas, leones, jabalíes, toros, rinocerontes, gamos, ciervos, caballos y muelas de *Homo neanderthalensis*, de edades que varían entre los 130 000 años y los 61 000 años aproximadamente.

Dos de las cuevas (cueva del Camino y cueva de la Buena Pinta) se han descrito como cúbiles de hienas, es decir, refugios que empleaban estos animales para protegerse y guardar su comida de otros animales.

En cambio, el abrigo de Navalmaíllo se ha interpretado como un hogar de los neandertales, debido a la abundante presencia de herramientas de piedra.

Finalmente, la cueva Des-Cubierta se cree que era un lugar de enterramiento, debido a la presencia de unos dientes de un individuo infantil, bautizados como la niña de Lozoya.

La Sima de las Palomas del Cabezo Gordo está situada en el municipio de Torre Pacheco, en Murcia. Esta cueva kárstica fue descubierta de manera casual en 1991 por Juan Carlos Blanco. Mientras este muchacho descendía haciendo rápel la pared de las Palomas encontró un maxilar, una mandíbula. Los restos tenían una edad de 50 000 años y pertenecía a *Homo neanderthalensis*. Las excavaciones posteriores llevadas a cabo en la zona han producido una riquísima cantidad de fósiles neandertales, herramientas musterienses (típicas de neandertales) y fauna fósil como panteras, zorros, caballos, rinocerontes, conejos o erizos, en la que ¡algunos huesos estaban carbonizados!

El estudio de los restos fósiles ha permitido averiguar que al menos había once individuos diferentes (hombres y mujeres) de diferentes edades. Algunos esqueletos estaban superpuestos, lo que sugiere una deposición intencional.

El esqueleto SP96 apodado Paloma constituye el esqueleto neandertal femenino más completo de todo el litoral mediterráneo europeo.

El último de los yacimientos españoles que vamos a describir en detalle es Cova Foradà, en Oliva, Valencia. En esta cueva kárstica han aparecido numerosos restos de mamíferos, tanto de pequeño tamaño (roedores y conejos) como grandes mamíferos (caballos, ciervos, hienas...), mucha industria lítica y al menos tres restos de esqueletos pertenecientes al linaje humano, dos adultos y un niño. El mejor conservado de ellos (cuya sigla es CF10) fue descubierto en 2010 y pertenece a *Homo neanderthalensis*. Tenía muy bien conservado el cráneo, parte de la cara, algunas vértebras y parte de la caja torácica. ¿No te resulta alucinante?

Aunque solo hemos hablado de unos pocos yacimientos, en la península ibérica tenemos muchos otros con restos neandertales como son: la cueva Negra del estrecho del río Quípar, en Caravaca de la Cruz (Murcia), Cova Negra en Xátiva (Valencia) y Cova del Parpalló en Gandía (Valencia).

88

¿CONVIVIÓ EL *HOMO SAPIENS* CON ALGÚN OTRO HOMININO?

Posiblemente nuestro antepasado más antiguo perteneciente al género *Homo* sea *Homo habilis*. Los restos más antiguos que con certeza pertenecen a esta especie datan de hace poco menos de 3 millones de años y su nombre significa 'hombre hábil', debido a su uso y elaboración de herramientas de piedra.

Esta especie fue descubierta en 1962, en la garganta de Olduvai en Tanzania, por el matrimonio inglés Louis y Mary Leakey, pero no fue hasta unos años más tarde (1964) cuando se publicó la especie. Su rango cronológico está datado entre 2,8 y 2 millones de años.

El *Homo habilis* surgió en una época de enfriamiento y aridificación del planeta, durante la cual se redujeron las selvas lluviosas en favor de las sabanas, los árboles eran menos abundantes y el paisaje era más abierto, con muchos matorrales y pastos. Sus ancestros eran el género *Australopithecus*, con los que se diferencian principalmente por su capacidad craneal. El *Homo habilis* tuvo unos seiscientos centímetros cúbicos, mientras que los australopitecus tuvieron alrededor de cuatrocientos cuarenta centímetros cúbicos. Además, tenían la cara más reducida y menos prognata, es decir, menos adelantada, los dientes eran de pequeño tamaño, los molares estrechos, los

El *Homo habilis* fue el primer representante del género *Homo*, el mismo linaje al que pertenecemos nosotros. Esta especie evolucionó a partir de los australopitecus. Su nombre *Homo habilis* proviene de su capacidad de elaborar herramientas, aunque eran muy toscas. No conocía el uso del fuego ni tendría aún un lenguaje articulado. En la imagen aparece el cráneo KNMR 1813 descubierto en el yacimiento de Koobi Fora (Kenia). Foto: Wikimedia Commons.

premolares simétricos y eran más altos (en torno a 1,40 metros frente al metro de los australopitecos).

Por otro lado, también tenían un comportamiento diferente a los australopitecus, ya no eran tan carroñeros sino que empezaron a cazar y a fabricar herramientas para procesar y extraer recursos de sus presas.

¿Sabías que tiene un nombre el tipo de herramientas que fabricaban los *Homo habilis*? Se llama modo 1 o cultura olduvayense (porque fueron encontradas en la famosísima garganta de Olduvai) y son unas herramientas sencillas producidas en cantos rodados o sílex, que no requerían casi elaboración y que eran abandononadas después de su uso.

La especie *Homo rudolfensis* surgió en Kenia, a la orilla del lago Turkana. Fue descubierta por Richard Leakey (marido de Meave Leakey, e hijo de Meave y Louis Leakey) en 1972.

Esta especie vivió entre hace 2 y 1,8 millones de años y era muy parecida a *Homo habilis* aunque andaba un poco mejor, tenía una mayor capacidad craneal, unos 526 centímetros cúbicos, una cara más ancha, larga y plana, un torus poco marcado y una mandíbula con grandes molares de esmalte grueso.

Hace 1,8 millones de años el *Homo habilis* dio lugar a otra especie, *Homo ergaster*, unos homininos mucho más parecidos a nosotros. Esta especie fue también descubierta por Richard Leakey en 1984, en Nariokotome, en los alrededores del lago Turkana. Encontró un esqueleto prácticamente completo de un niño.

El *Homo ergaster* vivió en un período cronológico que abarca aproximadamente desde hace 1,8 a 1,4 millones de años. Tenía una estatura de 1,80 metros aproximadamente, proporciones corporales muy parecidas a las nuestras, dientes pequeños y una capacidad craneal de novecientos cuarenta centímetros cúbicos. La infancia duraba más tiempo, ya que su desarrollo era más lento y por lo tanto el entorno social era más protector. ¡Se cree que hasta desarrollaron clanes!

Además, tenían herramientas más especializadas que el *Homo habilis*. Inventaron una nueva manera de tallar la piedra que se conoce como modo 2 o achelense, caracterizada por las hachas de mano o bifaces.

Igual te estás empezando a preguntar cuándo dieron el salto los *Homo* fuera de África. ¿Qué especie crees tú que fue la valiente?

Los primeros fósiles de homininos encontrados fuera de África tienen una antigüedad de 1,8 millones de años. Se descubrieron en Georgia (Próximo Oriente) y en Java (Indonesia).

En el yacimiento de Dmanisi en Georgia, en pleno corredor entre Europa y Asia, apareció la especie *Homo georgicus*, junto con unas dos mil herramientas y restos de la fauna que consumieron, entre las que se incluye el ciervo y el rinoceronte. Esta especie está caracterizada por ser individuos gráciles, con poco torus supraorbital y tener una capacidad craneal de unos seiscientos cincuenta centímetros cúbicos.

Actualmente, los paleontólogos no se ponen muy de acuerdo con los diferentes cráneos encontrados en Georgia, algunos creen que corresponden a varias especies, otros que solo a *Homo georgicus*, otros que a formas primitivas de *Homo ergaster*... ¡vamos, un auténtico lío!

En Java aparece otra especie llamada *Homo erectus*. Fue descubierta en 1891 por Eugène Dubois en el yacimiento de Trinil 2, y fue apodado como el hombre de Java. Posteriores hallazgos ayudaron a descubrir más datos sobre esta nueva especie, como que tenía una gran capacidad craneal (entre novecientos cuarenta y mil cuatro centímetros cúbicos), frente muy plana, cresta sagital, pómulos planos y torus occipital muy marcado.

En 1921, en la cueva de Zhoukoudian, cerca de Pekín, en China, también se encontraron numerosos restos de *Homo erectus*. Fueron datados ente 600 000 y 400 000 años y aparecieron junto a restos de fuego, fauna e industria lítica.

Como no podía ser de otra manera, el *Homo erectus* también tiene controversia, y según los paleontólogos a los que preguntes, considerarán que *Homo erectus* y *Homo ergaster* son sinónimos, o que *Homo ergaster* es la especie africana mientras que *Homo erectus* es la asiática.

En cualquier caso, el *Homo ergaster* habría dado lugar en África al *Homo antecessor*, que habría llegado a Europa, reemplazando a los *Homo erectus/ergaster* y dando lugar a *Homo heidelbergensis*, y posteriormente, a los neandertales.

Con cada nuevo descubrimiento se pone de manifiesto cuán diversa y complicada fue la evolución del género *Homo*. Por ejemplo, tras el estudio del ADN del hominino de Denisova, se ha demostrado que una tercera especie, diferente de *Homo neanderthalensis* y de *Homo sapiens*, sobrevivió en Asia hasta hace 40 000 años.

O los hallazgos de la isla de Flores, en Indonesia, donde apareció el *Homo floresiensis*, unos homininos que vivieron hace 200 000 años y sobrevivieron hasta hace 60 000 años y que posiblemente descendían de poblaciones de *Homo erectus*. Esta especie se caracterizaba entre otras cosas por ser más pequeña que sus parientes cercanos (medían un metro y pesaban veinticinco kilos), razón por la cual se les ha apodado *hobbits*.

Tenían un cerebro de cuatrocientos centímetros cúbicos (aproximadamente igual que el cerebro del chimpancé), pero eran capaces de fabricar complejas herramientas líticas y de hacer fuego.

En 2014, en otro punto de la isla de Flores, se encontró un fragmento de mandíbula y varios dientes, así como numerosas herramientas. Estos restos fueron datados en 700 000 años. El estudio de su morfología parece indicar que pertenecían a individuos aún más primitivos y pequeños que *Homo floresiensis*, por lo que algunos autores proponen que sería un antepasado de *Homo floresiensis*.

Más recientemente, se descubrió una cuarta especie que convivió en Sudáfrica con el *Homo habilis*, el *Homo ergaster* y el *Homo rudolfensis*: fue el *Homo naledi*, que muestra características a medio camino entre *Australopithecus* y el género *Homo*.

La especie *Homo naledi* fue descrita en 2015 en una cueva sudafricana. Su nombre significa 'estrella' en africano. Hasta la fecha se han descubierto quince individuos de todas las edades (desde bebés hasta individuos ancianos) y tanto hombres como mujeres. Medían 1,5 metros y pesaban unos 45 kilos de peso. Tenían un cráneo primitivo con una capacidad craneal que variaba entre 466 y 560 centímetros cúbicos y dientes pequeños y simples. Sus manos tenían dedos relativamente curvados adaptados a trepar, aunque curiosamente sus proporciones corporales eran más evolucionadas, con brazos, piernas y pies parecidos a los humanos modernos, adaptados a recorrer grandes distancias andando.

Si algo pone de manifiesto la imagen que ahora tenemos de la evolución del género *Homo* es que esta no ha sido lineal, sino un abanico de especies que se han ido adaptando a diferentes ambientes, una constante radiación adaptativa. Y, posiblemente, hubiera casos de hibridación entre ellas, como se ha demostrado entre *Homo sapiens* y *Homo neanderthalensis*.

Así pues, las especies del género *Homo* desde sus inicios han convivido con otros homininos, ya sea con australopitecinos o con otras especies del género *Homo*. Hoy en día tan solo quedamos los *Homo sapiens*, pero quién sabe, igual que podemos portar genes neandertales, podemos llevar dentro partes de otras especies de nuestro propio género. ¿A que empiezas a ver la evolución de una manera no lineal?

89

¿Por qué fue tan importante empezar a andar a dos patas?

Aunque parezca un cambio insignificante, el evolucionar de andar a cuatro patas, es decir, ser cuadrúpedo, a andar a dos patas, ser bípedo, fue un cambio importantísimo y crucial en la historia de la humanidad.

Los grandes simios, como los gorilas, los orangutanes, los chimpancés o los bonobos, andan apoyando manos y pies, aunque de manera ocasional pueden andar erguidos y tanto al sentarse como al moverse por los árboles mantengan el tronco vertical. Aun así no son capaces de estirar totalmente el cuerpo, y mantienen flexionadas las articulaciones de las rodillas y de la cadera, oscilando el tronco de un lado a otro al andar.

Los únicos primates que andan únicamente utilizando sus piernas son los que pertenecen a nuestro linaje evolutivo, los homininos.

Llegados a este punto es importante aclarar que los humanos no venimos exactamente del mono, aunque tenemos antepasados primates comunes y somos todos homínidos.

Los chimpancés y los humanos descendemos de un antepasado común que vivió hace unos seis millones de años aproximadamente, del que aún no hemos encontrado sus restos fósiles, y a partir de ahí cada especie siguió su propio camino evolutivo, por lo tanto, no venimos de ninguna especie de mono que viva actualmente.

Los primeros de nuestros antepasados en andar a dos patas son los *Australopithecus*, que tenían un tamaño pequeño, brazos largos y piernas cortas. Su cráneo, aunque muy primitivo aún, presentaba unas características que lo asociaban sin ninguna duda a nuestro linaje: por un lado, tenían unos dientes muy parecidos a los nuestros, es decir, sin grandes colmillos como tienen los chimpancés o los gorilas; y por otro, tenían el orificio que conecta el cráneo con la columna vertebral ubicado en la base del cráneo. Este hecho, aparentemente insignificante y trivial, en realidad está relacionado con el tipo de locomoción y la posición corporal. Si el orificio (denominado *foramen*

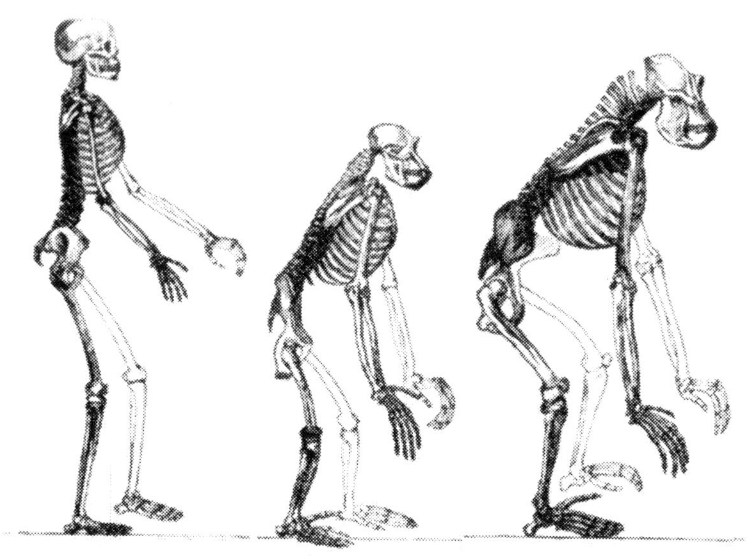

De izquierda a derecha: esqueleto humano, esqueleto de chimpancé y esqueleto de gorila. En el esqueleto humano se puede observar cómo la columna vertebral sale vertical desde el cráneo, indicando una locomoción bípeda. En cambio, en el chimpancé y en el gorila la columna sale desde un orificio que ocupa una posición posterior en el cráneo, indicando una locomoción cuadrúpeda. Foto: Wikimedia Commons.

magnun) está ubicado en una posición basal, el animal es bípedo, como era el caso de los *Australopithecus* o como hacemos nosotros, los *Homo sapiens*. En cambio, si ocupa una posición posterior el animal anda a cuatro patas, como hacen los monos, los perros o los gatos.

Además, estos primeros antepasados tenían una pelvis (huesos de la cadera) más parecida a la de los humanos que a la de los chimpancés. La pelvis es un hueso muy importante que aporta mucha información cuando se descubre en un yacimiento. Nos informa sobre el sexo del individuo, el tipo de parto, las dimensiones corporales del individuo o la locomoción. En el caso de los *Australopithecus* su pelvis, aunque primitiva, mostraba unas interesantes semejanzas con la nuestra, como la forma de andar o las dificultades en el parto.

La cadera de los homininos es muy especial. A continuación vamos a describirla para que lo entendamos mejor. La pelvis se compone de dos huesos coxales y un sacro. A su vez esos huesos coxales se componen de tres huesos que se fusionan durante la infancia, que son el ilion, el isquion y el puvis. A diferencia de los grandes primates, los homininos tenemos unos mecanismos estabilizadores (los músculos abductores) que hacen que no nos caigamos al andar. Asimismo, tenemos ciertas adaptaciones en los huesos de la pelvis a nuestro peculiar modo de andar. Por ejemplo, el ilion es más corto que en los primates, pero es mucho más ancho y su orientación es completamente diferente, lo que facilita el equilibrio del tronco en cada zancada. Además, el isquion es corto y el puvis es ancho.

Por otro lado, las articulaciones del hueso coxal con la columna vertebral y el fémur (que es el hueso de la pierna) se han aproximado mucho para reducir la tensión a la que se ve sometido el hueso durante la bipedestación, pero esto ha acortado el agujero por donde tiene que salir el feto para nacer, es decir, ha reducido el canal del parto y como consecuencia lo ha dificultado. ¡Todo no puede ser! Madre mía, ¡qué difícil es ser bípedo!

Pero ¿por qué fue tan importante el bipedismo (también llamado bipedestación)? ¿Qué ventajas aporta para que la dificultad del parto compense?

Muy sencillo, el andar erguido aporta una serie de ventajas, que resultaron fundamentales para estos primeros homininos, como son una mejor visión en praderas o parecer más grandes e intimidar a los posibles depredadores.

Otra ventaja es que permite ser más eficientes energéticamente a la hora de caminar largas distancias, ya que al caminar sobre las piernas se pierde menos energía andando, y se recibe menos insolación (porque al andar erguidos se reduce la cantidad de cuerpo expuesto al sol).

Pero sobre todo permite tener las manos libres para transportar y recoger alimentos, llevar a las crías o fabricar herramientas.

Todas estas ventajas resultaron cruciales para unos animales relativamente pequeños y desprotegidos que de otra manera no habrían podido sobrevivir en un paisaje de sabana arbolada.

90

¿Cuándo apareció el lenguaje?

Hablar de la aparición del lenguaje humano es hablar de los cambios morfológicos que lo hicieron posible. ¿Cuándo fuimos capaces de hablar? ¿Qué clase de vociferaciones emitíamos?

Nuestros primos los chimpancés pueden aprender una versión primitiva de lenguaje de signos, pero nuestra especie es capaz de tener un lenguaje más complejo basado en emisiones acústicas. Para que una especie como nosotros tenga la capacidad de emitir y articular sonidos como aquellos de los que se compone nuestro lenguaje hacen falta ciertas innovaciones evolutivas morfológicas, algunas de ellas muy probablemente anteriores al desarrollo de un cerebro lo suficientemente complejo.

Por poner un ejemplo, en los mamíferos, a excepción del humano, la laringe se encuentra en la parte alta de la garganta, de modo que la epiglotis cierra la tráquea al tragar. En cambio, en el *Homo sapiens* la laringe se ubica más abajo, lo que permite a las cuerdas vocales la producción de sonidos más claramente diferenciados y variados, pero al no poder cerrar completamente la epiglotis la respiración y la ingesta deben alternarse. ¡O nos ahogaríamos!

Estudios realizados en los yacimientos de la sierra de Atapuerca han propuesto que el *Homo antecessor*, hace más de 800 000 años, ya podía haber tenido la capacidad, al menos en su aparato fonador, para emitir un lenguaje oral lo suficientemente articulado como para ser considerado simbólico, aunque la fabricación de utensilios por parte del *Homo habilis* hace unos 2 millones de años sugiere que ellos ya habrían tenido una especie de lenguaje rudimentario, pero lo suficientemente eficaz como para transmitir la suficiente información o enseñanza para la confección de los toscos artefactos. ¿Cómo si no íbamos a enseñar a nuestros hijos o nuestros semejantes a construir herramientas?, ¿o cómo hacer fuego? Entonces, podríamos decir que con las primeras manifestaciones culturales, las primeras herramientas, debió haber aparecido un primer lenguaje, por tosco y primitivo que fuese. Y si esto es así,

La ubicación de la laringe nos permite que las cuerdas vocales puedan emitir sonidos más claros. Foto cortesía de Ana Rosa Gómez.

nuestros parientes pudieron tener diferentes lenguajes. ¿Cómo hablaría un neandertal? ¿Nos podríamos haber entendido con ellos?

La culminación de la aparición de nuestro lenguaje fue la aparición de la escritura, que se ha datado hace unos 6000 años, en pleno Paleolítico Superior. ¡Pero ningún sistema de escritura puede salir de la nada! Nos referimos a ellos como protoescritura, y son unas secuencias de signos o símbolos claramente destinados a transmitir algún tipo de información, aunque probablemente no tenían un contenido que llamaríamos lingüístico. Una vez nuestra especie logró la escritura, se termina la prehistoria y empieza la historia escrita. Pero de eso ya mejor os hablarán nuestros colegas los arqueólogos e historiadores…

X

PALEONTOLOGÍA APLICADA

91

¿CÓMO SABEMOS QUÉ FÓSIL ES MÁS ANTIGUO?

Puede que alguna vez te hayas quedado observando las formaciones rocosas en una montaña. La mayoría de las veces salta a la vista que estas montañas están formadas por capas de roca. Al menos, cuando hablamos de rocas sedimentarias. Capas y capas de roca que aparecen unas encima de otras. ¿Y si nos planteamos una pregunta? ¿Cuál de esas capas se depositó antes?

La lógica parece que nos arrastra a contestar que la capa inferior. Y así suele ser la mayoría de las veces. De esto se dio cuenta uno de los padres de la geología, el científico danés Nicolaus Steno, cuando en su obra *De solido intra solidum naturaliter contento dissertationis prodromus* enumeró los principios que tiempo después se popularizarían como los principios de Steno. El primero de ellos es precisamente que en una secuencia de capas, la más antigua, la que se depositó primero es la inferior. Y el segundo establece que estas capas sedimentarias, como se depositaron en medios acuosos, fueron originalmente horizontales. El tercero establece que esta sedimentación fue originalmente continua, interrumpida solo al llegar al límite de la cuenca.

Por lo tanto, los fósiles encontrados en las capas inferiores serán *a priori* más antiguos que los que se encuentran en las capas superiores. Así es como se van ordenando las capas de roca y los fósiles que las contienen. Pero como te puedes imaginar, en millones de años las capas han aflorado, pueden haberse roto, fracturado, erosionado, plegado o incluso invertido. De manera que no podemos estudiar los afloramientos de manera individual, sino que tenemos que hacerlo de manera integrada. Y ahí los fósiles pueden ser nuestro guía.

Hay seres vivos que vivieron en determinadas épocas. Es por eso que si una roca contiene trilobites, podemos inferir que son rocas del Paleozoico. Pero es que además, podemos hilar mucho más fino: hay especies que son muy útiles para datar las rocas, por tratarse de seres vivos que muestran una distribución amplia y una tasa de cambio rápida. Gracias a esta tasa de cambio rápida, normalmente ligada a una tasa reproductiva alta, estas especies cambiaban rápido, de manera que no observamos la misma forma durante millones de años. Y gracias a tener distribución amplia, podemos encontrar esas especies en afloramientos muy alejados de la misma cuenca, o de cuencas que se formaron en el mismo momento.

A esta datación y ordenación de las capas de rocas sedimentarias usando su contenido en fósiles se la denomina bioestratigrafía.

Por estas características son tan útiles los invertebrados y microfósiles marinos, como los organismos del plancton, dado que las distribuciones en el medio acuático suelen ser amplias por la inexistencia de barreras. Así, son de especial interés los foraminíferos, organismos unicelulares eucariotas con un caparazón, normalmente de carbonato cálcico.

En el caso de rocas sedimentarias continentales también se usan microfósiles. Los de mayor uso son foraminíferos de agua dulce, carófitas, ostrácodos o micromamíferos.

Las carófitas son algas cuyas células germinales femeninas tienen una cubierta que se calcifica, como si se tratara de una especie de concha, lo cual facilita mucho su fosilización.

Los ostrácodos son crustáceos de agua dulce de pequeño tamaño que poseen un caparazón de dos valvas que puede calcificarse, como el exoesqueleto de muchos otros crustáceos, lo cual también facilita que se conserven fósiles de este grupo.

Los micromamíferos son los vertebrados más útiles en bioestratigrafía. El término hace referencia a mamíferos de tamaño pequeño, sin valor de grupo taxonómico. Normalmente agrupamos dentro de los micromamíferos los insectívoros, roedores, quirópteros (murciélagos) y lagomorfos (conejos). Al contrario de los microfósiles de invertebrados u organismos unicelulares, en este caso normalmente no se estudian cuerpos completos, sino sus dientes. Todos estos grupos de mamíferos de pequeño tamaño tienen una tasa reproductiva muy alta y tienden a expandirse rápidamente. Además, sus dientes son la parte más dura y con mayor posibilidad de fosilización de sus esqueletos, de modo que se usan constantemente en bioestratigrafía de yacimientos del Cenozoico.

92

¿POR QUÉ SON TAN IMPORTANTES LOS DIENTES FÓSILES DE HÁMSTER?

Aunque nos resulte difícil de creer los dientes fósiles de estos pequeños animales nos dan una gran información. Los hámsteres, junto con las ardillas, los lirones, los ratones o las ratas, son roedores. Y forman, junto a los lagomorfos (conejos, liebres y pikas), los insectívoros (erizos, musarañas y ratas lunares) y los quirópteros (murciélagos), parte de un grupo de mamíferos de pequeño tamaño, llamados micromamíferos.

Los micromamíferos suelen ser muy abundantes en los yacimientos, puesto que sirven de alimento a diversos depredadores como carnívoros o aves rapaces, que acostumbran a depositar sus desechos en sitios fijos mediante excrementos o egagrópilas. Las egagrópilas son el resultado del regurgitado (parecido al vómito) que realizan algunas aves rapaces con los alimentos no digeridos. Estas egagrópilas tienen forma de pequeñas pelotillas alargadas y suelen estar formadas por pelo, huesos, dientes, plumas o celulosa. Las egagrópilas fósiles únicamente contienen un amasijo de huesos y dientes, que son superútiles para los paleontólogos.

Como te habrás podido imaginar, los restos suelen estar todos mezclados y desarticulados. ¿Y entonces cómo sabemos los paleontólogos diferenciar un animal de otro?

Muy sencillo, estudiamos únicamente los dientes. Las piezas dentales aportan importantísima información sistemática (qué especie es), ecológica (en qué ambiente vivían y qué comían), tafonómica (cómo se ha formado el yacimiento) y bioestratigráfica (qué edad tienen los fósiles). Pero además, fosilizan muy bien debido a que su tejido está mineralizado y son muy duros. ¡No te parece asombroso que con algo tan pequeño se puedan averiguar tantas cosas!

Aunque los micromamíferos salgan perdiendo en las comparaciones sobre espectacularidad, puesto que no es lo mismo encontrarse un gigantesco hueso de un dinosaurio o un terrorífico tigre dientes de sable, que un diminuto hueso de ratón o de erizo, tienen otras bazas, que los convierte en ocasiones en muchísimo más importantes. Y es que estos pequeños animales tienen muchísimas utilidades para los paleontólogos. ¿Quieres saber para qué sirven los micromamíferos?

Una de las principales utilidades es la reconstrucción del paisaje y los cambios históricos del ambiente, o dicho de otro modo, las reconstrucciones paleoecológicas. El estudio de las comunidades de micromamíferos tiene la gran ventaja de basarse en un registro fósil muy abundante y completo. Los roedores son particularmente interesantes, ya que su distribución geográfica es relativamente amplia: se distribuyen prácticamente por todo el mundo. Sufren cambios evolutivos rápidos, es decir, como se reproducen muy rápidamente y tienen tasas metabólicas rápidas, a lo largo del tiempo cambian mucho más rápido que los animales de gran tamaño. Y sus necesidades están muy ligadas al medio, por lo que son muy sensibles a las variaciones ambientales.

Todo ello los convierte en un grupo ideal para realizar reconstrucciones climáticas y ambientales.

Asimismo, los roedores presentan una gran variedad de formas y tamaños, desde la gigantesca capibara que mide un metro y pesa cincuenta kilos, hasta el diminuto jerbo pigmeo que mide cinco centímetros y pesa tres gramos. Presentan, además, adaptaciones a modos de vida terrestres, subterráneos, planeadores y acuáticos. De hecho, en la actualidad representan aproximadamente el 42 % de la biodiversidad mundial de mamíferos ¡y es que ocupan casi todos los hábitats terrestres, exceptuando el continente Antártico! ¡Qué versátiles! ¿A que sí?

Otra de las utilidades que tienen es que sirven para hacer estudios macroecológicos a fin de estudiar los ritmos y modos de evolución. Los micromamíferos son ideales para investigar cómo funcionan los ritmos de presencia y de extinción de las diferentes especies; estudiar evolución convergente, es decir, diferentes grupos no relacionados entre sí que presentan las mismas adaptaciones a un medio; así como calcular momentos de diversificación (incremento rápido del número de especies).

Estos modelos de diversificación fósiles resultan muy interesantes, ya que se pueden aplicar en desarrollar estrategias de conservación en las especies actuales.

Aunque quizá una de las aplicaciones más importantes que tengan los micromamíferos sean los estudios bioestratigráficos para saber la edad de las rocas. Los micromamíferos, y especialmente las secuencias faunísticas de roedores, se han establecido en paleontología continental como una de las metodologías más útiles en la construcción de escalas bioestratigráficas.

Los roedores se caracterizan por presentar una elevada tasa de metabolismo y una rápida capacidad de reproducción, con tiempos cortos de gestación y un gran número de camadas. Esto implica una alta tasa de cambio morfológico a lo largo de su historia evolutiva y una menor duración temporal de cada especie. Así, la presencia de este grupo de pequeños mamíferos en los yacimientos nos permite datar la edad del yacimiento en el que se encuentran y determinar el rango de tiempo en el que se formó el mismo.

93

¿Qué métodos se han utilizado para saber la edad de un fósil?

Pongamos que encontramos un fósil, como por ejemplo un esqueleto parcial de un mastodonte. ¿Cómo sabemos cuál es su edad?

La propia roca, la capa sedimentaria en la que ha aparecido el fósil es ya una pista. Normalmente los principales afloramientos de rocas ya han sido mapeados por geólogos, de modo que existen mapas geológicos, gracias a los cuales podemos saber qué formación rocosa estamos pisando: si son rocas continentales o marinas y de qué edad aproximada. Estos mapas, al igual que la escala de tiempo geológico que manejamos constantemente geólogos y paleontólogos, se han construido a través de métodos de datación relativa y absoluta.

La datación relativa hace referencia a una pregunta simple: ¿qué roca es más antigua y cuál es más moderna? Gracias a la ordenación de capas de rocas sedimentarias en muchos afloramientos (y a los fósiles que contienen) se puede llegar a reconstruir una secuencia de las rocas de una región desde las más antiguas abajo, hasta las más modernas arriba. Y gracias al registro de eventos globales en las rocas, o a la presencia de fósiles comunes, podemos llegar a correlacionar estas secuencias de muchos lugares. Y los cambios grandes de faunas y extinciones, ya sean globales o de ciertos organismos, nos sirven para dividir esta secuencia en períodos o épocas. Así, localizando nuestro yacimiento en esta secuencia regional, podemos tener idea de lo antiguo que es. Pero ¿de dónde salen las cifras? ¿Cómo sabemos cuántos miles o millones de años han pasado? De esto se ocupa la datación absoluta.

La datación absoluta es la responsable de los valores de miles y millones de años que manejamos en la escala de tiempo geológico. Estos medios de datación se basan principalmente en el uso de isótopos radiactivos.

Un isótopo es un átomo que pertenece al mismo elemento químico que otro (y que por lo tanto tiene su mismo número atómico), pero distinta masa atómica, porque su núcleo tiene un número diferente de neutrones. Existen diferentes isótopos de muchos elementos, es algo muy normal, y la mayoría de ellos son estables. No obstante, algunos isótopos son inestables, y con el tiempo se desintegran, emitiendo partículas subatómicas para dar lugar a un isótopo más estable, de un elemento diferente. Y durante esa desintegración se emite energía. Estos son los llamados isótopos radiactivos. ¿Y por qué nos son útiles? Porque cada isótopo tiene un período de semidesintegración característico, que es el tiempo necesario para que se desintegren la mitad de los núcleos de una muestra de un radioisótopo.

Fue Ernest Rutherford, descubridor de esta desintegración, quien sugirió que conociendo este período de semidesintegración de cada isótopo y calculando la proporción entre elementos radiactivos en un mineral y sus elementos resultantes, podríamos datar la formación de estos minerales. Y esto es aplicable igualmente a fósiles.

Así, estudiando los elementos radiactivos de las diferentes rocas podemos llegar a asignar una antigüedad al período y evento de nuestra escala de tiempo.

¿Y en el caso de nuestro yacimiento de mastodonte? Podemos conocer su posición exacta en la escala gracias a los otros fósiles que aparezcan con estos huesos, en especial microfósiles como los micromamíferos.

94

¿PODEMOS CALCULAR LA TEMPERATURA DEL PASADO?

Si echamos un vistazo a los seres vivos que viven hoy día en el planeta, nos daremos cuenta de que en todas partes no viven el mismo tipo de animales. En las sabanas no viven los mismos animales que en las selvas o que en los bosques templados y, mucho menos, que en latitudes altas, como en las tundras. Entonces, si encontramos restos de animales típicos de otro ambiente en un yacimiento, podemos llegar a proponer la teoría de que el ambiente era diferente al actual. Por ejemplo, pensemos en un yacimiento en el que hallamos un fósil de un esqueleto parcial de un mastodonte: si en él encontramos también parientes de las jirafas o gacelas, podemos llegar a proponer que cuando se formó el yacimiento había un ambiente de sabana, por mucho que este yacimiento actualmente esté en la sierra de Madrid. Y de ahí podemos inferir un clima diferente del actual, más cálido.

Pero ¿podemos llegar más lejos? ¿Podemos llegar a saber con certeza si las temperaturas medias anuales eran mayores o menores?

Y cuando encontramos faunas y floras de hace más millones de años, cuando no había antílopes ni jirafas, ¿cómo inferimos los ambientes y el clima si los animales y demás seres vivos no eran equivalentes a los actuales?

En este caso se usarán los isótopos para las dataciones. Recordemos: un isótopo es un átomo que pertenece al mismo elemento químico que otro (y que por lo tanto tiene su mismo número atómico), pero distinta masa atómica, porque su núcleo tiene un número diferente de neutrones. Existen diferentes isótopos de muchos elementos, es algo muy normal, y la mayor parte de ellos son estables. Los que se suelen usar para dataciones son inestables, pero los que nos interesan para estimar las temperaturas del pasado son estables.

Del oxígeno se conocen más de una docena de isótopos, pero nos interesan especialmente dos de ellos: O^{16} y O^{18}. Los isótopos de un elemento tienen las mismas propiedades químicas, pero difieren algo en sus propiedades físicas. Esta pequeña diferencia deriva de su distinta masa atómica. El O^{18}, por poseer dos neutrones más en el núcleo, es más pesado que el O^{16}. Pero por el contrario, el O^{16} es el más abundante en la naturaleza. En condiciones frías, a menor evaporación, las moléculas de agua formadas por O^{16} pasan más fácilmente a la atmósfera, quedándose retenidas las de agua con O^{18} en las masas oceánicas. Y son estas moléculas en las masas oceánicas las que usarán los organismos, como los foraminíferos, para fabricar sus caparazones. De manera que la proporción de isótopos del oxígeno en los caparazones refleja la proporción en el agua. De modo que en climas fríos, los foraminíferos mostrarán más proporción de O^{18}, mientras que si esta proporción disminuye, sería evidencia de un aumento de las temperaturas y de la evaporación. Así se pueden llegar a registrar las fluctuaciones, subidas y bajadas de esta proporción de isótopos del oxígeno y, con ello, la subida y bajada de temperaturas.

95

¿PUEDE UN FÓSIL AYUDARNOS A BUSCAR PETRÓLEO?

¿Petróleo? ¿Qué hacemos hablando de petróleo en un libro sobre paleontología? Pues verás, ¡el petróleo es un combustible fósil! Su origen se encuentra en la acumulación de restos de organismos hace millones de años, principalmente organismos del plancton que vivieron en los océanos y mares. Los restos de estos seres vivos se acumularon en el fondo marino en condiciones de poco oxígeno, lo que dificulta que su materia orgánica se degrade. La acumulación de esta materia orgánica, tras ser enterrada y sometida a altas presiones y temperatura en el interior de la Tierra, sufrió un proceso de transformación química que llamamos craqueo, en el cual sus moléculas se van rompiendo, dando lugar a moléculas orgánicas más sencillas. Este proceso es continuo, y va generando hidrocarburos cada vez más ligeros, partiendo de betún y llegando a formas menos densas, líquidas y gaseosas. Por ser poco densos, tienden a escapar hacia la superficie, hasta que dan con una capa de roca impermeable, donde se cumulan, formando las acumulaciones que serán explotadas como yacimientos petrolíferos.

Este petróleo tiene infinidad de usos, como su refinado para la obtención de gasolinas y otros combustibles o la fabricación de plásticos y otros materiales. Es por eso que tiene un interés económico tan grande. ¡Nuestra economía se basa en gran medida en el petróleo, y quien posee yacimientos petrolíferos, manda!

Pero el hallazgo de estos yacimientos no es casual. Como cualquier otro fósil, para encontrarlo hay que saber dónde buscar. Y para este cometido resultan muy útiles los conodontos. Estos fósiles son muy pequeños, semejantes a pequeños dientecillos milimétricos encontrados en rocas desde el Cámbrico hasta el Triásico. Fueron un misterio durante mucho tiempo, hasta que, como ocurre a veces, se encontró un fósil de conservación excepcional en el que se veía el animal que portaba estos dientecillos. Y este animal resultó ser una especie de cordado —un pariente de los vertebrados, que portaba estos elementos a modo de un aparato bucal—. Los conodontos eran pequeños animales anguiliformes, con grandes ojos, aletas, musculatura en paquetes, semejante a la de los peces, y una notocorda. Esta notocorda es una especie de varilla de colágeno, que es el precursor de la columna vertebral.

El descubrimiento de estos fósiles excepcionales permitió poner orden al caos que era el estudio de los conodontos, ya que este aparato conodontal está formado por elementos de forma muy diferente, y cuando se encontraban sueltos en las rocas se pensaba que podían ser de animales muy diferentes. Actualmente se interpreta este aparato como un sistema de

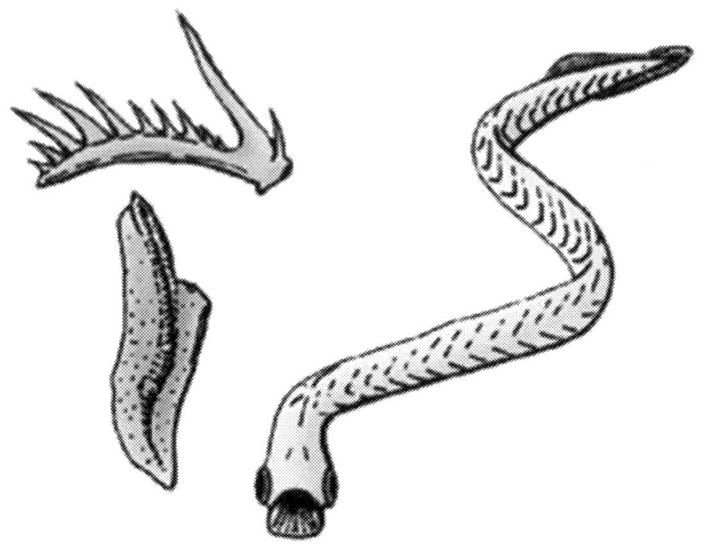

Reconstrucción de un conodonto. A la izquierda se observan dos elementos de su aparato masticador. Foto: Wikimedia Commons, autor: Philippe Janvier.

procesado del alimento, incluso realizándose estudios biomecánicos de cómo podían masticar la comida estos pequeños animales.

Los elementos conodontales, o simplemente conodontos, tienen muchas aplicaciones en micropaleontología. Tienen una tasa de cambio alta y amplia distribución, por lo que son útiles en bioestratigrafía. Pero además, lo que es útil para la búsqueda de petróleo es que se pueden usar como paleotermómetros, ya que estos cambian de color cuando se ven sometidos a diferentes temperaturas. Con lo cual son chivatos de las temperaturas a las que se han sometido las rocas que los contienen. Gracias a esto son buenos indicadores de rocas en las que buscar yacimientos petrolíferos.

96

¿Se puede replicar un dinosaurio con un mosquito conservado en ámbar?

Si hay una saga de películas que nos ha hecho soñar con ver dinosaurios vivos ha sido *Parque Jurásico*. En esta saga de ciencia ficción, que parte de la novela homónima de Michael Crichton, unos científicos logran clonar dinosaurios en el presente usando su ADN, conservado en el interior de mosquitos que habían picado a dinosaurios, y luego habían quedado atrapados en ámbar. Pero ¿qué hay de cierto en todo esto?

El ámbar es la resina fosilizada de árboles del pasado. Cuando la corteza de un árbol es herida debido a una rotura o a un ataque por insectos, bacterias u hongos, se produce la salida de la resina, que al exudar al exterior se endurece por polimerización.

Cuando esta sustancia pegajosa de los árboles fluye por los troncos o las ramas, pueden quedar atrapadas muchas inclusiones, desde burbujas de aire hasta hojas, flores, granos de polen, esporas, invertebrados o vertebrados. Y si esta resina queda enterrada, puede llegar a fosilizar. Normalmente, los yacimientos de ámbar se forman en sedimentos de arcilla o sedimentos arenosos. Actualmente, las mayores explotaciones de ámbar se encuentran en el Báltico y en la República Dominicana.

Si un pequeño animal, como un insecto, quedó atrapado en la resina que fosiliza, podremos observar este animalito atrapado dentro del ámbar. Pero ojo, que pese a que pueda parecer que el insecto está perfectamente conservado, lo mejor conservado es su superficie. La mayor parte de su materia orgánica habrá desaparecido, y lo que quede de él habrá fosilizado como la resina que lo envuelve. De hecho, pese a tener un aspecto como de plástico impermeable, hay ámbar de diferente porosidad. Esto significa que habrá tipos de ámbar más permeables que otros. ¡No son una cápsula en el tiempo perfecta! Eso sí, lo que es innegable, es que nos permite estudiar la anatomía de los animales atrapados como si fuesen actuales, ya que su exterior se ha conservado perfectamente.

Hormiga atrapada en ámbar. Foto: Wikimedia Commons, autor: Anders L. Damgaard.

Incluso en el caso de que un mosquito que hubiera picado a un dinosaurio quedara atrapado en resina, se conservara como ámbar y, además, este ámbar fuera muy impermeable y se conservara parte de la materia orgánica del interior del mosquito, tendríamos un problema. Y es que, como los mosquitos se alimentan de sangre, la digieren. En su aparato digestivo sus enzimas se habrían puesto a digerir la sangre del dinosaurio, por lo que es muy improbable que llegara a conservarse algún fragmento grande del ADN del dinosaurio. ¡Sería más probable encontrar fragmentos del ADN y otras biomoléculas del propio mosquito! Y aún así, sería todo un hallazgo…

A pesar de que a día de hoy resulta improbable el hallazgo de ADN de dinosaurio en ámbar, estos peculiares fósiles no dejan de darnos agradables sorpresas. En 2017 se publicó el hallazgo de una cría de ave de la era de los dinosaurios que ha sido descubierta en un tipo de ámbar de 99 millones de años. El polluelo pertenecía al grupo de aves conocido como enantiornites, que desaparecieron en la extinción en masa de finales del período Cretácico, hace 66 millones de años. Este descubrimiento proporciona mucha información esencial acerca de estos antiguos pájaros que todavía conservaban dientes. Este hallazgo también es el fósil más completo descubierto hasta la fecha en ámbar birmano. Los depósitos de ámbar birmano, extraídos en minas al norte de Myanmar, contienen una representación privilegiada de la diversidad de vida animal y vegetal del Cretácico, entre hace 145,5 y 65,5 millones de años.

El ámbar se conoce desde hace siglos y se ha ido usando de maneras muy variadas. Y es que, además de ser el fósil de esta resina, es considerada una piedra semipreciosa, y por eso también se usa mucho en joyería. En la antigüedad se creía que tenía poderes mágicos o místicos, usándose como talismán protector o en remedios medicinales, y se viene comerciando con él desde entonces, siendo muy apreciado por los fenicios o los romanos. De hecho, el objeto hecho de ámbar más antiguo trabajado por el hombre data de hace aproximadamente 30 000 años y se encontró en Hannover, Alemania. En la actualidad sigue habiendo grandes explotaciones de ámbar con propósito comercial, dado su extendido uso en joyería.

97

¿Existen fósiles vivientes?

En vísperas de Navidad de 1938, el barco pesquero *Nerine* se encontraba faenando como de costumbre en la costa sudafricana, en aguas del océano Índico. Largaron sus redes para recoger la pesca como de costumbre una y otra vez. Pero una de esas veces, entre la pesca apareció un pez extraño para sorpresa de los pescadores. Se trataba de un pez de gran tamaño, como de unos cincuenta kilogramos, que podía recordar a un mero, pero que tenía lo que llamamos aletas lobuladas, aletas carnosas, frente a las aletas típicamente membranosas de los demás peces. Además, este pez parecía agarrarse a la vida más que sus trágicos compañeros de red: en vez de morir a los pocos minutos de estar privado del agua de la que obtienen el oxígeno, luchó durante cuatro horas. Es más, se cuenta que el animal estuvo paseándose por cubierta, arrastrándose gracias a esas aletas musculosas. Era un animal tan extraño, que el capitán lo guardó para que lo examinara la conservadora del museo local, Marjorie Courtenay-Latimer, zoóloga, aunque especialista en aves. A pesar de estar fuera de su especialidad, realizó una disección muy cuidadosa y una descripción y figuración muy detalladas para mandarle los datos a su colega James L. Smith, ictiólogo. Cuando Smith recibió el material no podía creerlo: estaba ante una disección de un celacanto, un pez de aletas lobuladas que se creía extinto desde hace ochenta millones de años. A esta especie de celacanto se la llamó *Latimeriachalumnae*, y desde entonces se han recuperado muchos más ejemplares. ¡Incluso se descubrió una nueva especie más del mismo género!

Los celacantos actuales no han cambiado demasiado desde hace millones de años. Estos peces de aletas lobuladas (que llamamos sarcopterigios) son parientes de los primeros tetrápodos, los primeros vertebrados en salir del agua. También son miembros de los sarcopterigios los dipnoos, peces pulmonados que respiran aire.

Pero no son los únicos seres vivos que parecen haberse quedado congelados en el tiempo, a los que solemos llamar fósiles vivientes por conservar la forma desde hace millones de años.

Los nautilus son moluscos marinos muy antiguos que pertenecen al grupo de los cefalópodos. Aunque poseen una concha enrollada en espiral como los gasterópodos —los caracoles—, en realidad pertenecen al mismo grupo que las sepias, pulpos y calamares.

Hoy en día los nautilus son raros, prácticamente considerados fósiles vivientes. ¡Nos son tan extraños, con una concha que puede recordar a la de un caracol, pero parientes de los pulpos, con sus tentáculos y todo! Sin embargo, hubo un tiempo en que los nautilus eran simplemente un grupo más. Porque durante el Mesozoico no eran los únicos cefalópodos con concha, existían los amonites —también con concha espiralada— y los belemnites. Hoy en día únicamente viven en los océanos Índico y Pacífico y habitualmente viven a cientos de metros

Espécimen de *Latimeriachalumnae* expuesto en el Museo Natural de Viena.
Foto: Wikimedia Commons, autor: Alberto Fernández Fernández.

de profundidad; y solo ascienden a aguas más superficiales por la noche para alimentarse, donde en ocasiones pueden ser vistos alrededor de arrecifes.

Otro caso es el de las metasecuoyas. Estos árboles se conocieron primero en el registro fósil, siendo descrito el género a partir de material fósil del Jurásico Superior en 1941. Con el tiempo se descubrieron también restos fósiles del Cenozoico, ¡e incluso ejemplares vivos en China! Estas metasecuoyas vivas llegan a alcanzar los cincuenta metros de alto, e incluso se han empezado a usar como árboles ornamentales.

También se consideran fósiles vivientes los gingkos, los últimos árboles de la división Ginkgophyta, que aparecieron durante el Pérmico, fueron muy abundantes en el Mesozoico, y hoy no abundan, salvo cuando se usan también como árbol ornamental. Entre los animales también consideramos fósiles vivientes los tuátaras, reptiles del género *Sphenodon* que no han cambiado su anatomía prácticamente en doscientos millones de años, y que fueron mucho más abundantes en el pasado.

Estos son solo unos cuantos de los seres vivos que no han cambiado en millones de años. Y es que, si bien solemos pensar en la evolución como un proceso de cambio constante, la naturaleza rara vez cambia, a menos que tenga una buena razón para ello. Cuando un animal tiene una característica que resulta una ventaja a la hora de sobrevivir o reproducirse, esta tiende a conservarse. Y es que, si algo funciona bien de una manera, ¿para qué vamos a cambiarlo?

XI

PRESENTE Y FUTURO DE LA PALEONTOLOGÍA

98

¿QUÉ NOS ENSEÑAN EN LOS MUSEOS?

En los museos nos enseñan gran cantidad de cosas: nos enseñan increíbles colecciones del pasado, con animales y plantas fascinantes, colecciones clásicas recogidas y recuperadas hace mucho tiempo. Nos acercan a lugares lejanos que no podríamos visitar tan fácilmente, nos enseñan recreaciones de cómo eran los animales y los paisajes en el pasado. Además, son una fuente de información y conocimiento increíble, puesto que en ellos trabaja gente muy competente, que se dedica a actualizar las exposiciones para que estén al día con los nuevos conocimientos científicos.

Si tuviéramos que definir qué es un museo y para qué sirve, una buena definición podría ser la siguiente, tal como dice la ICOM (Consejo Internacional de Museos): los museos son instituciones permanentes, sin ánimo de lucro, que están al servicio de la sociedad y su desarrollo. Pero también deben estar abiertos al público, para que la gente pueda visitarlos.

¿Sabías que los museos de ciencias tienen cantidad de funciones? La primera y primordial es la de la conservación

La labor de divulgación en los museos es fundamental. En la imagen de
la izquierda vemos a la conservadora de paleontología de vertebrados
del Museo Nacional de Ciencias Naturales haciendo una visita guiada
por la exposición permanente «Minerales, fósiles y evolución humana».
Foto: Adriana Oliver. A la derecha vemos a la conservadora retocando el
esqueleto del Diplodocus. Foto cortesía de Jesús Juez.

de las colecciones, normalmente, solo una mínima parte de
lo que se guarda en el museo está expuesto. Los sótanos del
museo guardan espectaculares tesoros, que pueden ser desde
ejemplares muy frágiles, o muy pequeños, u holotipos (el fósil
que define una especie) o simplemente ¡que hay tantos que no
entran todos en las salas!

Los museos adquieren colecciones por muchos medios,
bien porque son colecciones históricas o reales, bien por intercambios con otros museos, por donaciones e incluso por
depósitos judiciales.

Por supuesto las exposiciones son primordiales en los
museos, tanto las exposiciones permanentes, que son las que
están expuestas siempre, como las exposiciones temporales,
que duran unos pocos meses y enfatizan en aspectos mucho
más concretos. Las exposiciones deben ser claras y visuales,
mostrando toda la variedad posible de las colecciones, ya que
será lo que vea el gran público. Los ejemplares completos son

siempre espectaculares. ¿Porque quién no alucina cuando ve un gigantesco dinosaurio? ¿O un oso de las cavernas? ¿O un tigre dientes de sable?

No hay que olvidar la labor de investigación que se lleva a cabo en los museos. Es increíble la cantidad de científicos que se acercan al año por los diferentes museos de ciencias para estudiar las colecciones. Gracias a sus investigaciones y publicaciones se dan a conocer nuevos datos sobre los animales y plantas que poblaban la Tierra, qué comían, cómo eran, los paisajes que habitaban o la edad que tenían las rocas.

Finalmente, la transmisión de la información, es decir, la divulgación, es una de las funciones más importantes de los museos. Las visitas guiadas a la exposición, los talleres de divulgación científica para niños o para público general, e incluso las visitas guiadas a yacimientos, son fundamentales para difundir el conocimiento científico y ampliar nuestra cultura general.

99

¿DE MAYOR PUEDO TRABAJAR DE PALEONTÓLOGO O PALEONTÓLOGA?

Por supuesto que sí. Hay que estudiar mucho, pero si tu sueño es trabajar en paleontología es posible ¡y te animamos a que lo intentes!

Recordemos que la paleontología es una disciplina de ciencias, a la que se llega estudiando las carreras universitarias de Geología o Biología y que no hay que confundir con arqueología, que es una especialidad de letras a la que se llega estudiando la carrera de Historia.

Accedas por la rama de Biología o por la rama de la Geología, al final vas a aprender la importancia que tienen las dos ciencias y lo relacionadas que están entre sí. La paleontología consiste en el estudio de la vida en la Tierra y de los seres vivos que la habitaron, para lo cual es muy útil conocer cómo viven los organismos actualmente, pero además los fósiles son, casi siempre, restos petrificados de organismos del pasado (o restos de sus actividades biológicas como las huellas, las madrigueras o los excrementos). Es decir, que se han convertido en piedras y, por lo tanto, no solo estudiamos los diferentes organismos (plantas, animales, fungi, protistas, arqueobacterias y eubacterias) sino que además es importante saber en qué rocas podemos encontrarlos y los procesos geológicos que han hecho falta para que se forme un fósil y se conserve hasta nuestros días. Además de saber en qué regiones es más probable encontrar fósiles.

En cualquier caso, después de los cuatro años de Geología o Biología, hay que hacer un posgrado de Paleontología.

A partir de aquí, empieza la complicada tarea de decidir qué hacer. ¿Quieres dedicarte a la investigación? ¿O acaso prefieres dedicarte a la divulgación científica? ¿Quieres trabajar en una empresa privada? ¿O prefieres montar tu propia empresa y ser emprendedor?

Como puedes ver hay multitud de posibilidades y de ti depende elegir una u otra.

Si tu opción preferida es la carrera investigadora, después del máster debes hacer la tesis doctoral para conseguir el título de doctor en paleontología. Hay becas predoctorales remuneradas de tres años para hacer la tesis que se obtienen por concurso público. De manera general podemos decir que son de cuatro tipos: ayudas para la formación de profesorado universitario, que se obtienen a través del Ministerio de Economía y Competitividad; ayudas para la formación investigadora, que se obtienen a través de un proyecto de investigación; ayudas para contratos predoctorales de personal investigador en formación, que se consigue directamente a través de las universidades; y finalmente, las ayudas para la contratación de investigadores predoctorales que se obtienen de las diferentes comunidades autónomas. Son becas que se ofertan anualmente y que generalmente requieren de un expediente académico excelente.

Una vez obtenido el título de doctor, se suelen concatenar diversos contratos posdoctorales de carácter laboral, normalmente asociados a proyectos de investigación temporales. Tanto dentro como fuera de España, hay diferentes contratos posdoctorales de diferente duración y objetivos, que te permiten vivir de la paleontología y seguir investigando y especializándote.

En muchos casos, la mejor forma para dedicar toda tu vida profesional a la investigación paleontológica es la obtención

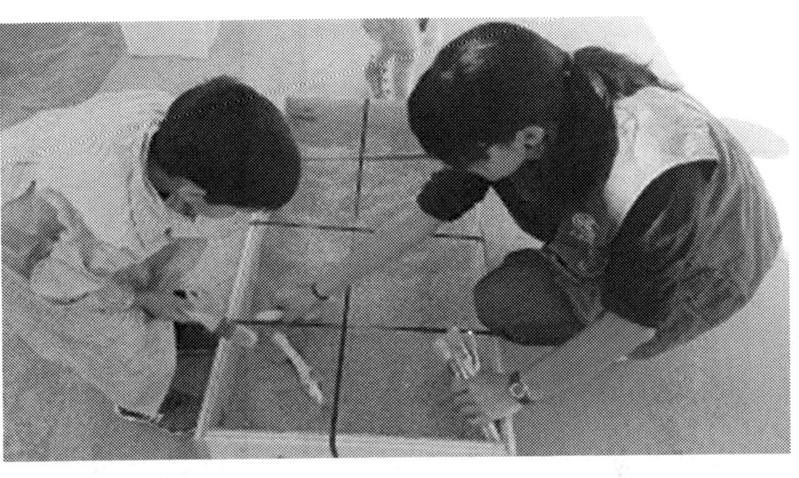

Una de las salidas profesionales de la paleontología es la divulgación científica. En la imagen vemos a una paleontóloga realizando talleres en colegios. Foto cortesía de Geosfera C. B.

de una plaza como funcionario público en organismos como universidades o museos.

Si en cambio prefieres incorporarte al mundo laboral, la empresa privada suele necesitar paleontólogos para trabajar en obra civil, ya sea contratándote como trabajador autónomo o por obra y servicio, ya que dependiendo de la comunidad autónoma cada vez que se realiza una obra (construir una casa, ampliar una estación, etc.) es obligatoria la presencia de una persona profesional de la paleontología y de la arqueología.

Si te atreves a dar el paso y formar tu propia empresa hay nuevos campos y vías que se abren camino últimamente, especialmente en la rama de la divulgación científica. Un buen ejemplo de ello serían los realizados por los paleontólogos que han formado Geosfera C. B. (empresa que ofrece servicios tanto de educación en centros de educación infantil, primaria y secundaria, como de protección y gestión del patrimonio paleontológico) o Transmitting Science (empresa que realiza cursos y *workshops* especializados para estudiantes de posgrado, investigadores posdoctorales e investigadores).

Como ves la paleontología ofrece muchas salidas laborales interesantes, ¿te atreves a intentarlo?

100

La paleontología estudia el pasado, pero... ¿tiene futuro?

Claro que sí. La paleontología es una ciencia que está en continua renovación: constantemente se están descubriendo nuevos fósiles, que ponen a prueba nuestras hipótesis y teorías. Siempre se busca el eslabón perdido entre especies, pero además muchas veces esos mismos fósiles suponen un reto para averiguar a qué organismos pertenecieron y qué aspecto tenían, ya que no siempre tienen representantes actuales.

Por otro lado, las técnicas se actualizan y mejoran constantemente, y no solo las lupas, que cada vez tienen más aumentos y nos permiten obtener más detalles, sino que además siempre se están buscando nuevas metodologías de estudio. A continuación vamos a conocer mejor alguna de estas técnicas:

El microdesgaste dental es una metodología, que como su propio nombre indica, mide el desgaste de los dientes de los mamíferos. Se utiliza para inferir las dietas tanto de animales actuales como de animales que ya se han extinguido.

¿Sabías que el microdesgaste proporciona información sobre la dieta que tuvo el individuo en el período justo anterior a su muerte? Pues sí. Y es que resulta que los diferentes alimentos, al ser masticados por los animales, dejan unas marcas muy características en sus dientes. Por supuesto estas marcas son minúsculas, y solo somos capaces de verlas al microscopio. Lo curioso es que cualquier alimento deja marca, desde las frutas, las hierbas o las semillas, hasta los insectos y los pequeños mamíferos. Aunque como te habrás imaginado, en función del alimento la marca es de una manera o de otra. Contando y estudiando estas marcas podemos averiguar una gran cantidad de parámetros, desde reconstruir la dieta que tenían los animales, detectar si había estacionalidad en su alimentación (es decir, si en una época del año comían una cosa y en otra época del año, otra diferente), e incluso reconstruir las condiciones ambientales en las que vivían, ya que el microdesgaste vincula directamente el individuo con su hábitat correspondiente.

Hay dos técnicas de análisis del microdesgaste: el método clásico requiere un microscopio electrónico (o una lupa binocular) y consiste en cuantificar el número de puntos y rayas que hay en la superficie de los molares en un área determinada. Se cuantifican seis variables: puntos finos y gruesos, rayas finas y gruesas, longitud y orientación de las rayas.

El método más novedoso analiza la textura del diente usando un microscopio confocal, obteniéndose un escáner en 3D de la superficie seleccionada. En este caso no se cuentan los puntos y las rayas, sino otros párametros un poco más complicados, como son la anisotropía, el volumen textural, la complejidad, la escala de máxima complejidad y la heterogeneidad de la superficie.

En cualquier caso, ambos métodos requieren, una vez obtenidas las variables, que se realicen unos análisis estadísticos para poder interpretar los resultados.

Otra técnica, completamente diferente a la anterior, es la paleontología virtual. Dentro de ella, la fotogrametría o la microtomografía computerizada están muy en auge y se han desarrollado mucho en los últimos años.

La fotogrametría consiste en tomar muchas fotografías de un fósil, desde diferentes ángulos y orientaciones, para posteriormente tratar las imágenes con un programa 3D que superpondrá las fotografías identificando los puntos comunes. El programa formará una nube de puntos en primera instancia, a continuación, una malla poligonal sobre la que se aplican mapas de texturas y, finalmente, un modelo tridimensional del fósil. ¡Únicamente con una cámara de fotos y el programa adecuado se puede tener un fósil en 3D!

Además, estos modelos digitales 3D de restos paleontológicos permiten no solo documentar el fósil, tomar medidas, obtener secciones y calcular áreas y volúmenes favoreciendo la comparación morfológica, sino que además permiten almacenar muchísima información. De ahí que los museos hayan comenzado a digitalizar y documentar tridimensionalmente sus fondos.

La microtomografía computerizada, también llamada CT-SCAN, es una técnica con un nombre complicado pero muy sencillo de entender. El CT-SCAN es una máquina relativamente grande que mediante rayos X permite obtener una imagen en 3D del fósil que se haya escaneado. Funciona igual

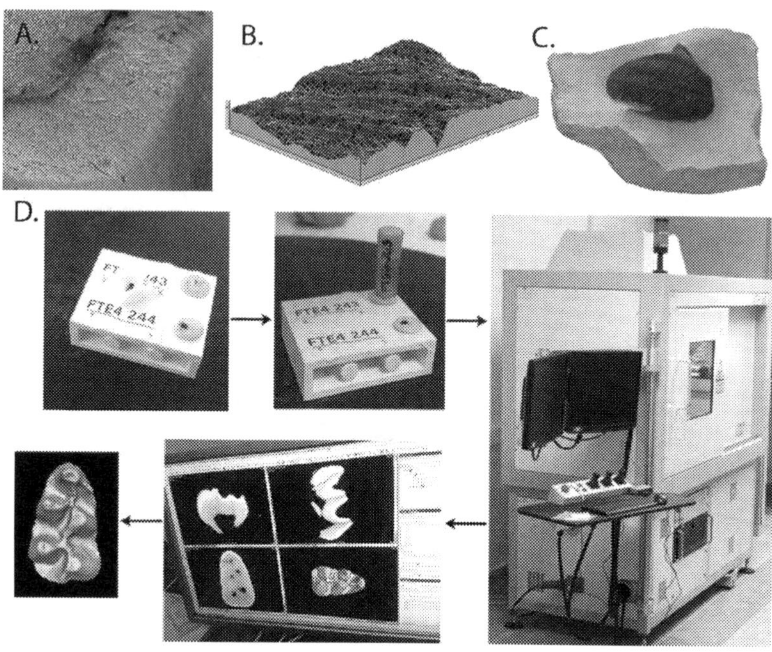

Nuevas metodologías usadas en paleontología para el estudio de los fósiles. El microdesgaste dental permite inferir la dieta de los animales y reconstruir ambientes. A. Fotografía de microscopio electrónico mostrando las marcas dentales de lirón fósil, usando la técnica clásica de microdesgaste. Modificado de Oliver *et al.* 2014. B. Análisis de textura de microdesgaste dental de una muela de primate actual usando un microscopio confocal. Modificado de Estalrrich *et al.* 2015. C. La fotogrametría permite generar modelos en 3D. En la imagen se observa un trilobites (artrópodo fósil). Cortesía de Geosfera C. B. D. Microtomografía computerizada o CT-SCAN. Proceso de escaneado de un diente fósil de hámster para obtener una imagen 3D del diente. Fotos: Adriana Oliver.

que un TAC humano, pero es un aparato más pequeño, que permite meter objetos de hasta veinte centímetros y quince kilos. Es muy útil para obtener modelos tridimensionales del interior de dientes y cráneos. ¡Te permite averiguar cómo eran las estructuras internas, si estaban mineralizadas y todo ello sin que los fósiles sufran ningún daño!

Otra técnica muy usada últimamente es la paleohistología, que consiste en estudiar los huesos fósiles, concretamente la microanatomía de estos.

¿Qué significa este *palabro* tan raro? Muy sencillo. Los vertebrados, especialmente aquellos con metabolismos altos (como los mamíferos o los dinosaurios), tendemos a que nuestros huesos crezcan y se remodelen de manera diferente dependiendo de nuestra edad, variando en recién nacidos, crías, jóvenes, adultos e individuos viejos. Los cambios que experimenta la histología a lo largo del tiempo de vida de un organismo (también llamado ontogenia) al pasar por esas etapas se han usado para definir unos estadios ontogenéticos histológicos. De manera general podemos decir que el hueso infantil se caracteriza por espacios de canales vasculares grandes y de forma irregular. Los juveniles, por otro lado, aún retienen los espacios grandes, aunque se muestran alargados y paralelos a la superficie del hueso con un patrón laminar. Finalmente, el hueso adulto también presenta el patrón laminar, pero los espacios son considerablemente menores. ¿No te parece asombroso?

Desgraciadamente las técnicas de laboratorio de paleohistologia son destructivas, ya que hace falta cortar una sección del hueso o extraer un testigo con un taladro. Afortunadamente, en los últimos tiempos se está aplicando microtomografía computerizada (CT-SCAN), que como hemos dicho antes no altera el hueso, aunque de momento solo se pueda emplear en el caso de huesos de menor tamaño.

En cualquier caso, la información que obtenemos con la paleohistología es de gran interés, ya que nos permite interpretar tasas de crecimiento, edad o tamaño de los distintos grupos de vertebrados fósiles, razón por la cual se están perfeccionando las técnicas de muestreo para que los daños al hueso original sean mínimos.

Después de haber visto estas nuevas metodologías, ¿a que ya no piensas que no tiene futuro?

AGRADECIMIENTOS

AGRADECIMIENTOS ADRIANA OLIVER

Quiero agradecer especialmente la ayuda de Iñaki Oliver y Héctor Herreras. Sin ellos este libro no habría sido posible. Quiero agradecer a mis compañeros y amigos paleontólogos su ayuda: María Ríos, Paloma López, Ana Rosa Gómez, Enrique Cantero, Susana Fraile, Verónica Hernández, Juan Cárdaba, María Presumido y Pak Gascó. También quiero agradecer la ayuda de Antonia Pérez. A Jaime Mora quiero agradecerle el que se acordara de mí y me diera esta maravillosa oportunidad.

AGRADECIMIENTOS FRANCISCO GASCÓ

Todo gran proyecto necesita de mucho apoyo y muchas manos amigas. Sin Adri, mi otra mitad en este libro, este proyecto no habría sido posible. Y sin el apoyo de familia y amigos, que saben demasiado cómo tratarme durante mis etapas de estrés, tampoco. Mi familia paleontológica ha sido el caldo de cultivo en el que me he formado y en especial quiero dar las gracias a mis compañeros y amigos de Geosfera, Paleoymás y Grupo de Biología Evolutiva de la UNED, con quienes trabajo actualmente codo con codo. Y a ti, que estás leyendo este libro, ¡Gracias por apoyar este proyecto!

BIBLIOGRAFÍA

BIBLIOGRAFÍA RECOMENDADA

ARSUAGA, J. L. y MARTÍNEZ, I. *La especie elegida*. Madrid: Temas de Hoy, 1998.

Libro muy divulgativo sobre el proceso de la evolución humana y la hominización. ¿Somos tan especiales como creemos ser, o somos una mera especie más en la historia evolutiva de nuestro linaje? Los codirectores del Proyecto Atapuerca Juan Luis Arsuaga e Ignacio Martínez acercan el proceso de la evolución humana a todos los públicos en este libro, adictivo y fácil de leer.

BENTON, M. J. *Paleontología y evolución de vertebrados*. Lleida: Perfils, 1996.

Un manual de paleontología de todos los grupos de vertebrados indispensable en la estantería de todo paleontólogo o aficionado. En él se puede recorrer la historia evolutiva de los vertebrados desde los primeros cordados y peces sin mandíbula hasta la megafauna de mamíferos. Michael Benton es paleontólogo y profesor de paleontología de vertebrados en la Universidad de Bristol, Inglaterra.

BRYSON, B. *Una breve historia de casi todo.* Barcelona: RBA, 2003.

El autor Bill Bryson aborda en este libro, de manera muy amena y comprensible, grandes temas de ciencia, tocando la química, la biología o la física. Y aborda temáticas tan variadas como el origen del universo o la troposfera, pasando por el surgimiento de la civilización humana o las primeras células.

CANUDO, J. I.; CUENCA, G.; BADIOLA, A.; BARCO, J. L.; GASCA, J. M.; CRUZADO, P.; GÓMEZ, D. y MORENO, M. *Los dinosaurios de las cuencas mineras de Teruel.* Teruel: Comarca Cuencas Mineras, 2009.

Interesante libro sobre los diferentes yacimientos de dinosaurios de las cuencas mineras de Teruel, donde aprenderás desde historia de los dinosaurios hasta los principales descubrimientos turolenses. Escrito por el Grupo Aragosaurus. Este variopinto grupo está formado por profesores, contratados, doctores, doctorandos y personal de apoyo de la Universidad de Zaragoza.

EVANS, D. y SELINA, H. *Evolución para todos.* Barcelona: Paidós Ibérica, 2005.

En este libro, corto, directo ameno y divertido, se llega a conocer el tema de la evolución en profundidad. Ya no solo la historia de su descubrimiento, sino también sus mecanismos. Una manera divertida, rápida y muy divulgativa de acercar la evolución a todos los públicos.

GOULD, S. J. *La vida maravillosa.* Barcelona: Crítica, 1989.

Un libro indispensable para entender el origen de los animales. En él, Stephen Jay Gould, paleontólogo y divulgador, nos acerca a la explosión cámbrica y a la fauna de Burgess Shale, donde podemos conocer la variedad y disparidad de formas con las que la evolución experimentó en este momento. Algunos linajes sobrevivieron hasta hoy día, otros no. Un recorrido sorprendente por unas criaturas que si bien se encuentran en el registro fósil, parecen sacadas de un relato de ciencia ficción.

—, *Brontosaurus y la nalga del ministro*. Barcelona: Crítica, 1991.

El genial divulgador y paleontólogo Stephen Jay Gould indaga en este libro en varios temas de paleontología y evolución a través de ensayos muy entretenidos y didácticos. Además, como este hay otros muchos libros a base de ensayos suyos, de modo que si os gusta, podréis seguir con otros muchos títulos, como *Dientes de gallina y dedos de caballo* o *El pulgar del panda*.

Johanson, D. G. «Cara a cara con la familia de Lucy». En: VV. AA. *Los orígenes del hombre. De los primeros homínidos al Homo sapiens*. Madrid: National Geographic, 2003: 24-45.

A través del célebre descubridor del fósil más importante de *Australopithecus afarensis*, Donald Johanson describe en este artículo cómo eran los primeros homínidos, dónde habitaron, qué aspecto tenían, cómo se comportaban y qué relación tenían con nuestra especie.

Kardong, K. V. *Vertebrados: anatomía comparada, función y evolución* (4.ª edición). Madrid: McGraw-Hill, Interamericana de España, 2007.

Un libro de texto muy didáctico sobre la diversidad, evolución y anatomía de los vertebrados indispensable para cualquier paleontólogo o zoólogo, así como para aficionados a estas ciencias y a la naturaleza.

Leakey, M. (2003). «El horizonte más lejano». En: *Los orígenes del hombre. De los primeros homínidos al Homos sapiens*. Allen, B. (editor). National Geographic. Edición Círculo de Lectores, S. A. 10-23.

La increíble divulgadora y científica Meave Leakey ilustra en este artículo cómo fue la continua búsqueda de nuestros orígenes, cómo eran nuestros primeros antepasados africanos, qué características y aspecto tenían y cuáles fueron los primeros pasos en el camino hacia el género humano.

López Martínez, N. y Truyols Santonja, J. *Paleontología: conceptos y métodos*. Madrid: Síntesis, 1994.

Este es el libro de cabecera de todo paleontólogo para aprender sobre fundamentos de paleontología, tafonomía, sistemática, paleoecología, paleobiogeografía o paleontología evolutiva. ¡Todo un clásico!

Lucas, S. G. *Dinosaurios: un libro de texto*. Barcelona: Omega, 2006.

Un libro de texto, que bien podría ser el manual a seguir en un curso dedicado a estos animales. El libro se organiza en torno a temas, con su parte de textos y esquemas perfectamente explicados, e incluye ejercicios y preguntas para profundizar en los temas y afianzar conocimientos. Una manera estupenda de aprender mucho sobre los dinosaurios, su descubrimiento, su diversidad y su paleobiología.

Martín Chivelet, J. *Cambios climáticos. Una aproximación al sistema Tierra*. San Lorenzo de El Escorial: Libertarias, 1999.

Apasionante y divulgativo libro sobre el cambio climático. Temas de absoluta actualidad como el calentamiento global, el fenómeno de «el Niño», el agujero de la capa de ozono o la aceleración del cambio climático por factores antrópicos, son tratados de manera asombrosa por el doctor Javier Martín Chivelet.

Meléndez, B. *Paleontología*. Tomo 1. Madrid: Paraninfo, 1930.

Un clásico de referencia mundial para profundizar sobre el apasionante mundo de los invertebrados fósiles: desde los protozoos a los cnidarios, pasando por los moluscos, los artrópodos o los equinodermos.

Morales, J. y Antón, M. (coords.). *Madrid antes del hombre*. Madrid: Comunidad de Madrid, Dirección General de Patrimonio, 2009.

Este libro completamente ilustrado, lleno de fotos, gráficos y reconstrucciones ambientales se acerca a los fósiles más abundantes de Madrid. Y es que los fósiles, lejos de encontrarse exclusivamente en parajes exóticos y desérticos en otros puntos del planeta, pueden estar más cerca de lo que nos creemos, como demuestra este volumen, escrito por un puñado de paleontólogos especializados en vertebrados, principalmente en mamíferos del Mioceno.

Oliver, A. y López-Guerrero, P. (2016). De Ratones y Gonfoterios. Breve guía de los yacimientos del Mioceno de Somosaguas. Proyecto Somosaguas de Paleontología. Universidad Complutense de Madrid, 2016.

Esta breve guía del yacimiento madrileño de Somosaguas está escrita por las paleontólogas responsables de la divulgación del Proyecto Somosaguas de Paleontología. En ella nos cuentan a través de coloridas ilustraciones qué es un fósil, qué información nos dan, cómo era Madrid hace 14 millones de años y qué asombrosos animales lo poblaban.

Parker, S. *La evolución humana*. Madrid: Edilupa Ediciones, 2006.

La evolución humana es un tema que no deja de fascinarnos con el tiempo. El paleontólogo Steve Parker hace un interesante y accesible libro sobre el origen de la humanidad y la evolución de nuestro sorprendente linaje evolutivo, totalmente ilustrado y con algunos de los fósiles más importantes descubiertos hasta la fecha.

Poza, B., Galobart, A. y Suñer, M. (eds.). *Dinosaurios del Levante peninsular*. Sabadell: Institut Català de Paleontologia Miquel Crusafont, 2008.

Un libro muy divulgativo sobre los dinosaurios encontrados en los yacimientos levantinos en la península ibérica. Escrito por paleontólogos especialistas en estos animales, que además han excavado y estudiado sus fósiles y son conocedores de ellos de primera mano. Un libro excepcional, completamente ilustrado, con el que conocer los yacimientos de dinosaurios de esta región española.

Sanz, J. L. *Cazadores de Dragones: historia del descubrimiento e investigación de los dinosaurios*. Barcelona: Ariel, 2007.

En este apasionante y adictivo libro José Luis Sanz, catedrático de Paleontología de la Universidad Autónoma de Madrid, nos relata cómo fue el descubrimiento de los fósiles de dinosaurio, desde interpretaciones folclóricas y mitológicas de hace siglos, hasta los grandes descubrimientos que nos han hecho cambiar la visión que tenemos de estos animales.

Selden, P. A. y Nudds J. R. *Evolution of Fossil Ecosystems.* London: Manson Publishing Ltd, 2004.

A través de este libro, los paleontólogos Paul Selden y John Nudds nos hablan sobre catorce yacimientos excepcionales de todo el mundo. Sobre cómo a través de ellos podemos conocer diferentes períodos de tiempo, así como el tener una increíble perspectiva de cómo eran los ecosistemas hace muchos millones de años.

Bibliografía consultada

Aparicio Pérez, J. «Cova Foradà (Oliva-Valencia)». En: Sala Ramos, R. (ed.). *Los cazadores recolectores del Pleistoceno y del Holoceno en Iberia y el Estrecho de Gibraltar.* Burgos: Universidad de Burgos: Fundación Atapuerca, 2014.

Arsuaga, J. L. y Martínez, I. *La especie elegida.* Madrid: Temas de Hoy, 1998.

—, *Atapuerca y la evolución humana. Monografía.* Barcelona: Fundació Caixa Catalunya, 2004.

Bartolomé, J., Retuerto, C., Martínez, X., Alcover, J., Bover, P., Cassinello, J. y Baraza, E. «Sobre la dieta de *Myotragus balearicus,* un bóvido sumamente modificado del Pleistoceno-Holoceno de las Baleares». En: *Naturaleza aragonesa: revista de la Sociedad de Amigos del Museo Paleontológico de la Universidad de Zaragoza,* 2011; n.° 27: 4-7.

Benton, M. J. *Paleontología y evolución de vertebrados.* Lleida: Perfils, 1996.

Bover, P., Rofes, J., Bailon, S., Agustí, J., Cuenca-Bescós, G., Torres-Roig, E. y Alcover, J. «Late Miocene/ Early Pliocene vertebrate fauna from Mallorca (Balearic Islands, Western Mediterranean): an update». En: *Instituto Mediterráneo de Estudios Avanzados (CSIC),* 2014: 1-42.

Briggs, D. E. G. y Collins, D. «A middle Cambrian Chelicerate from Mount Stephen, British Columbia». En: *The Palaeontological Association*. 1988; n.º 3 (vol. 31): 779-798.

Bryson, B. *Una breve historia de casi todo*. Barcelona: RBA, 2003.

Canudo, J. I.; Cuenca, G.; Badiola, A.; Barco, J. L.; Gasca, J. M.; Cruzado, P.; Gómez, D. y Moreno, M. *Los dinosaurios de las cuencas mineras de Teruel*. Teruel: Comarca Cuencas Mineras, 2009.

Cohen, K. M.; Finney, S. C.; Gibbard, P. L. y Fan, J.-X. «The ICS International Chronostratigraphic Chart». En: *International Union of Geological Sciences*, 2013; n.º 3 (vol. 36): 199-204.

Estalrrich, A.; Young, M. B.; Teaford, M. F. y Ungar, P. S. «Environmental perturbations can be detected through microwear texture analysis in two platyrrhine species from Brazilian Amazonia». En: *American Journal of Primatology*, 2015; n.º 77 (vol. 11): 1230-1237.

Fernández-López, S. «Tafonomía y fosilización». En: Meléndez, B. (ed.). *Tratado de Paleontología*. Madrid: Consejo Superior de Investigaciones Científicas, 1998: 51-107.

Freudenthal, M. «*Deinogalerix koenigswaldi* nov. gen., nov. spec. a giant insectivore from the Neogene of Italy». En: *Scripta Geologica*, 1972; n.º 14: 1-19.

Freudenthal, M.; Van den Hoek Ostende, L. W. y Suárez, E. «When and how did the Mikrotia fauna reach Gargano (Apulia, Italy)?». En: *Geobios*, 2013; n.º 46: 105-109.

Gayrard-Valy, Y. *Los fósiles, huellas de mundos desaparecidos*. Madrid: Aguilar, 1989.

Gómez, E. y Morales, J. (2000). «Inventario y valoración». En: VV. AA. *Patrimonio Paleontológico de la Comunidad de Madrid*. Madrid: Comunidad de Madrid, Consejo Superior de Investigaciones Científicas: 316-331.

GORE, R. (2003). «Los primeros pasos». En: *Los orígenes del hombre. De los primeros homínidos al Homos sapiens.* ALLEN, B. (editor). National Geographic. Edición Círculo de Lectores, S. A. 46-73.

GOULD, S. J. *La vida maravillosa.* Barcelona: Crítica, 1989.

JOHANSON, D. G. (2003). «Cara a cara con la familia de Lucy». En: *Los orígenes del hombre. De los primeros homínidos al Homos sapiens.* ALLEN, B. (editor). National Geographic. Edición Círculo de Lectores, S. A. 24-45.

Leakey, M. (2003). El horizonte más lejano. En: Los orígenes del hombre. De los primeros homínidos al Homos sapiens. Allen, B. (editor). National Geographic. Edición Círculo de Lectores, S. A. 10-23.

LOMOLINO, M.; VAN DER GEER, A.; LYRAS, G.; PALOMBO, M. R.; SAX, D. y ROZZI, R. «Of mice and mammoths: generality and antiquity of the island rule». En: *Journal of Biogeography*, 2013; n.º 40: 1427-1439.

LÓPEZ MARTÍNEZ, N. y TRUYOLS SANTONJA, J. *Paleontología: conceptos y métodos.* Madrid: Sintesis, 1994.

MARTÍNEZ BERNET, I. (2006). «Teorías del origen de la vida. Desde la primera macromolécula hasta la fauna de Ediacara». En: MARTÍNEZ PÉREZ, C. (coord.). *La evolución de la vida en la Tierra. Actas del I Curso de Paleontología de Macastre.* Macastre: Ayuntamiento de Macastre: 17-29.

MARTÍN CHIVELET, J. *Cambios climáticos. Una aproximación al sistema Tierra.* San Lorenzo de El Escorial: Libertarias, 1999.

MARTÍNEZ PÉREZ, C.; GASCÓ, F. y SANISIDRO-MORANT, O. (2006). «Principales eventos evolutivos durante el Paleozoico». En: MARTÍNEZ PÉREZ, C. (coord.). *La evolución de la vida en la Tierra. Actas del I Curso de Paleontología de Macastre.* Martínez Pérez, C. Macastre: Ayuntamiento de Macastre: 31-42.

Martínez Pérez, C.; Villena Gómez, J. A.; Martínez Bernet, I. y Sanisidro Morant, O. *Paleontología de La Hoya de Buñol-Chiva. Del Jurásico marino a las sabanas del Mioceno.* La Hoya de Buñol-Chiva: Asociación Interior Hoya de Buñol-Chiva, 2006.

Masini, F.; Rinaldi, P. M., Petruso, D. y Surdi, G. «The Gargano Terre Rosse Insular Faunas: An Overview». En: *Rivista Italiana Di Paleontologia E Stratigrafia,* 2010; n.º 116 (vol. 3): 421-435.

Meléndez, B. *Paleontología.* Tomo 1. Madrid: Paraninfo, 1930.

Meléndez, G. y Molina, A. «El patrimonio paleontológico en España: Una aproximación somera». En: *Enseñanza de las Ciencias de la Tierra,* 2001; n.º 2 (vol. 9): 160-172.

Mendoza, A. de; Sebé Pedrós, A. y Ruiz Trillo, I. (2013). «El origen de la multicelularidad». En: *Investigación y Ciencia,* 2013; n.º 437: 32-39.

Minelli, G. *Historia de la vida sobre la Tierra.* Tomo 3. Madrid: SM, 1987.

Morales, J. «El Patrimonio paleontológico». En: Querol Fernández, M.ª Á. *Manual de Gestión del Patrimonio Cultural.* Madrid: Akal, 2010: 164-165.

Morales Romero, J. y Baquedano, E. (coords.). *La colina de los tigres dientes de sable. Los yacimientos Miocenos del Cerro de los Batallones (Torrejón de Velasco, Comunidad de Madrid).* Museo Arqueológico Regional, CosmoCaixa, Museo Nacional de Ciencias Naturales (CSIC) y Comunidad de Madrid, 2017.

Morales, J. y Antón, M. (coords.). *Madrid antes del hombre.* Madrid: Comunidad de Madrid, Dirección General de Patrimonio, 2009.

Morales Romero, J.; Azanza Asensio, B. y Gómez Ruiz, E. «El Patrimonio Paleontológico Español». En: *Coloquios de Paleontología*, 1999; n.º 50: 53-61.

Moyà-Solà, S. y Pons-Moyà, J. «*Myotragus pepgonellae* nov. sp., un primitivo representante del género Myotragus Bate, 1909 (Bovidae, Mammalia) en la isla de Mallorca (Baleares)». En: *Acta Geológica Hispánica*, 1982; n.º 1-2 (vol. 17): 75-86.

Narbonne, G. M. (1998). «The Ediacara Biota: A terminal Neoproterozoic Experiment in the Evolution of Life». En: *Geological Society of America*. 1998; n.º 2 (vol. 8): 1-6.

Navás, L. «Algunos fósiles de Libros (Teruel)». En: *Boletín de la Sociedad Ibérica de Ciencias Naturales*, 1922; n.º 3-4 (vol. 21-IV): 52-61.

Oliver, A. y López-Guerrero, P. (2016). De Ratones y Gonfoterios. Breve guía de los yacimientos del Mioceno de Somosaguas. Proyecto Somosaguas de Paleontología. Universidad Complutense de Madrid. 31 pp.

Oliver, A. y Peláez-Campomanes, P. «*Megacricetodon vandermeuleni*, sp. nov. (Rodentia, Mammalia), from the Spanish Miocene: a new evolutionary framework for Megacricetodon». En: *Journal of Vertebrate Paleontology*, 2013; 4 (vol. 33): 943-955.

Oliver Pérez, A. *Evolución del género Megacricetodon del Aragoniense y Vallesiense (Mioceno) de la Península Ibérica*. (Tesis doctoral). Madrid: Universidad Complutense de Madrid, 2015.

Palombo, M. R. «How can endemic proboscideans help us understand the "island rule"? A case study of Mediterranean islands». En: *Quaternary International*, 2007; n.º 169: 105-124.

Palombo, M. R. y Rozzi, R. «Dwarfing and Gigantism in Quaternary Vertebrates». En: *Encyclopedia of Quaternary Science*, 2013; vol. 4: 733-747.

Palombo, M. R., Rozzi, R. y Bover, P. «The endemic bovids from Sardinia and the Balearic Islands: State of the art». En: *Geobios*, 2013; n.º 1-2 (vol. 46): 127-142.

Palombo, M. R.; Zedda, M. y Melis, R. T. «A new elephant fossil from the late Pleistocene of Alghero: The puzzling question of Sardinian dwarf elephants». En: *Comptes Rendus Palevol*, 2017; n.º 8 (vol. 16): 841-849.

Parker, S. *La evolución humana.* Madrid: Edilupa Ediciones, 2006.

Peñalver, E., Martínez-Delclòs, X. y Arillo, A. «Yacimientos con insectos fósiles en España». En: *Revista Española de Paleontología*, 1999; n.º 14 (vol. 2): 231-245.

Pla-García, J. y Menor-Salván, C. «La composición química de la atmósfera primitiva del planeta Tierra». En: *Anales de química*, 2017; n.º 1 (vol. 113): 16-26.

Poza, B.; Santos-Cubedo, A.; Suñer, M. y Vila B. *Dinosaurios, lagartos terriblemente grandes. Un paseo por la exposición.* Castellón: EDC Natura-Fundación Omacha. Patronato de la fundación Blasco de Alagón, 2009.

Ramos, M. G. *Los fósiles: huellas de la evolucion.* Madrid: Penthalon, S. A., 1987.

Rando, J. C.; Alcover, J. A.; Navarro, J. F.; Michaux, J. y Hutterer, R. «Poniendo fechas a una catástrofe. 14C, cronologías y causas de la extinción de vertebrados en Canarias». En: *El Indiferente*, 2011; n.º 21: 7-14.

Rozzi, R. y Palombo, M. R. «Lights and shadows in the evolutionary patterns of insular bovids». En: *Integrative Zoology*, 2014; n.º 9 (vol. 2): 213–228.

Selden, P. A. y Nudds J. R. *Evolution of Fossil Ecosystems.* London: Manson Publishing Ltd, 2004.

Serrano Suárez, M. J. «Un elemento poco conocido de la evolución: la fauna de Ediacara». En: *Rhvvaa*, 2013; n.º 5: 89-92.

Stock, C. y Harris J. M. «Rancho La Brea. A record of Pleistocene life in California». En: *Science Series Natural History Museum of Los Ángeles County*, 1930; n.º 37: 1-113.

Truyols, J.; Martínez Chacón, M. L. y Sánchez Posada, L. «Noticia sobre los Esfinctozoos del Carbonífero de la Cordillera Cantábrica y su posición estratigráfica». En: *COL-PA*, 1982; n.º 37: 73-78.

Van der Geer, A. A., Lyras, G., Lomolino, M., Palombo, M. R., Sax, D. y Masters, J. «Body size evolution of palaeo-insular mammals: Temporal variations and interspecific interactions». En: *Journal Biogeography*, 2013; n.º 8 (vol. 40): 1440–1450.

Villena Gómez, J. A. «Prospección, excavación y preparación de restos paleontológicos de vertebrados». En: Martínez Pérez, C. *La Evolución de la vida en la Tierra. Actas del I Curso de Paleontología de Macastre*. Macastre: Ayuntamiento de Macastre, 2006: 111-124.

VV. AA. «Dental microwear analysis in Gliridae (Rodentia): methodological issues and paleodiet inferences based on Armantomys from the Madrid Basin (Spain)». En: *Journal of Iberian Geology*, 2014; n.º 40 (vol. 1): 157-166.

VV. AA. *La enciclopedia del estudiante*. Tomo 10. Madrid: Santillana Educación, 2005.

VV. AA. «Las sucesiones estratigráficas del Paleozoico Inferior y Medio». En: *Libros y partes de libros (CSIC)*, 2008: 31-43.

VV. AA. «Los neandertales de El Sidron (Asturias): contexto y paleobiología». En: *Visiones del ser humano. Del pasado al presente*, 2012: 49-60.

Walker, M.; López Martínez, M.; Haber Uriarte, M.; López Jiménez, A.; Avilés Fernández, A.; Campillo Boj, M. y Ortega Rodrigáñez, J. «Nuevos esqueletos neandertales y restos preneandertalenses de Murcia: La Sima de las Palomas del Cabezo Gordo (Torre Pacheco) y la Cueva Negra del Estrecho del Río Quípar (Caravaca de la Cruz)». En: *Biodiversidad Humana y Evolución* (Actas del XVII Congreso de la Sociedad Española de Antropología Física), 2012: 14-23.

Walker, M.; López Martínez, M.; Haber Uriarte, M.; López Jiménez, A.; Avilés Fernández, A., Ortega Rodrigáñez, J.; Avilés Fernández, A. y Campillo Boj, M. «Dos yacimientos del Hombre fósil en Murcia: La Cueva Negra del Río Quípar en Caravaca de la Cruz y la Sima de las Palomas del Cabezo Gordo en Torre Pacheco». Segunda Parte: La Sima de las Palomas. En: *Biodiversidad Humana y Evolución* (Actas del XVII Congreso de la Sociedad Española de Antropología Física), 2011: 47-97.

Webgrafía

¿Tienes interés en conocer algunos de los yacimientos paleontológicos de los que hemos hablado en el libro? Aquí encontrarás la información (direcciones consultadas el 29 de junio de 2018):

Proyecto Murero
http://wzar.unizar.es/murero/index.htm

Yacimiento de Las Hoyas
http://www.yacimientolashoyas.es/

Yacimiento de Somosaguas
http://investigacionensomosaguas.blogspot.com.es/

Ayuntamiento Venta del Moro
http://www.ventadelmoro.es/content/yacimiento-paleontologico

Los 13 del Sidrón
http://www.los13delsidron.com/

¿Quieres saber de qué páginas web hemos sacado la información? Aquí tienes algunas de las más interesantes:

Nutcracker Man:
https://nutcrackerman.com

El Pakozoico
http://pakozoic.com/

El Pakozoico (YouTube)
https://www.youtube.com/user/Pakozoic

El cuaderno de Godzillin
http://godzillin.blogspot.com.es/

Dinosaur Renaissance
http://dinosaurrenaissance.blogspot.com.es/

Las imágenes se insertan con fines educativos.
Se han hecho todos los esfuerzos posibles para contactar
con los titulares del *copyright*.
En el caso de errores u omisiones inadvertidas,
contactar por favor con el editor.